职业技术·职业资格培训教材

维修电工

WEIXIU DIANGONG

（三级）

第2版 下册

主　编　柴敬镛　王照清

编　者　沈倪勇　仲葆文

主　审　唐顺华

中国劳动社会保障出版社

图书在版编目(CIP)数据

维修电工：三级．下册/人力资源和社会保障部教材办公室组织编写．—2版．—北京：中国劳动社会保障出版社，2013

职业技术·职业资格培训教材

ISBN 978-7-5167-0400-4

Ⅰ.①维… Ⅱ.①人… Ⅲ.①电工-维修-技术培训-教材 Ⅳ.①TM07

中国版本图书馆CIP数据核字(2013)第233142号

中国劳动社会保障出版社出版发行

（北京市惠新东街1号　邮政编码：100029）

*

北京市艺辉印刷有限公司印刷装订　新华书店经销

787毫米×1092毫米　16开本　19.75印张　369千字

2013年10月第2版　2024年4月第7次印刷

定价：43.00元

营销中心电话：400-606-6496

出版社网址：http://www.class.com.cn

内容简介

本教材由人力资源和社会保障部教材办公室依据上海维修电工（三级）职业技能鉴定细目组织编写。教材从强化培养操作技能、掌握实用技术的角度出发，较好地体现了当前最新的实用知识与操作技术，对于提高从业人员基本素质、掌握高级维修电工的核心知识与技能有直接的帮助和指导作用。

本教材在编写中根据本职业的工作特点，以能力培养为根本出发点，采用模块化的编写方式。本教材分上、中、下三册，主要内容包括：电子技术基础、电力电子技术、电气自动控制技术和可编程序控制器应用技术 4 篇共 26 章。

下册内容为第 4 篇可编程序控制器应用技术，包括可编程序控制器及其应用、松下可编程序控制器简介、可编程序控制器操作技能实例。

本教材由柴敬镛、王照清任主编，由唐顺华主审。参加本教材编写的具体分工为：第 1 章至第 8 章由柴敬镛编写，第 9 章至第 15 章由沈倪勇编写，第 16 章至第 21 章和第 23 章中第 1 节、第 2 节由王照清编写，第 22 章、第 23 章中第 3 节、第 24 章至第 26 章由仲葆文编写。

本教材可作为维修电工职业技能培训与鉴定考核教材，也可供全国中、高等职业院校相关专业师生参考使用以及本职业从业人员培训使用。

改版说明

中国劳动社会保障出版社于2003年出版的《1+X职业技术·职业资格培训教材——维修电工（高级）》使用至今已有10年。在这10年中得到了广大教师、同学和读者的充分肯定，也提了不少宝贵的意见。《1+X职业技术·职业资格培训教材——维修电工（高级）》是根据当时《国家职业标准——维修电工》中三级部分要求和上海维修电工（三级）职业技能鉴定考核细目表编写的。

在这10年中，随着科学技术的进步与发展，尤其是微电子与计算机控制技术的发展与应用，自动化水平日益显著提高，电气设备及自动控制系统越来越先进，如交流变频调速系统和可编程序控制器已经得到了广泛应用，而且还在日新月异地发展。对于承担电气设备及自动控制系统的安装、调试与维修任务的维修电工来说，所需要掌握与了解的理论知识及技能要求也越来越高。国家职业标准——维修电工中三级部分要求和上海维修电工（三级）职业技能鉴定考核细目表也进行了相应修订。因此，有必要根据新的国家职业标准和职业技能鉴定考核细目表对《1+X职业技术·职业资格培训教材——维修电工（高级）》进行修改和再版。

第2版教材继承了原第1版教材的特点，突出应用性、实用性、理论与实际相结合的原则，力求体现三级维修电工所必需的理论知识及操作技能和本职业当前最新的实用知识和操作技能。

第2版教材重点增加了交流变频调速系统和可编程序控制器等应用的相关知识和操作技能，同时增加了电子技术、电力电子技术、步进电动机及其驱动电路、软启动器、典型生产设备电气控制电路等相关知识和操作技能内容。

第2版教材除了讲述必要的理论知识外，还重点讲述了操作技能实例分析。理论知识部分每章后附有部分模拟测试题，教材最后附有理论知识考核模拟试卷和操作技能考核模拟试卷，供读者检验学习效果时使用。

本教材可作为维修电工（三级）职业资格培训与鉴定考核教材，也可供维修电工学习先进的维修电工技术，或进行岗位培训与技术业务培训参考用书。本教材还对维修电工技师及高级技师层次的培训有很好的学习和使用价值，同时可作为中等、高等职业技术院校相关专业的教学用书。

目　录

第4篇　可编程序控制器应用技术

第24章　可编程序控制器及其应用

第1节　可编程序控制器概述 …………………………… 4
第2节　可编程序控制器的指令及编程 ……………… 16
第3节　顺序控制程序的编制 ………………………… 37
第4节　常用功能指令及其应用 ……………………… 55
第5节　编程软件 FXGP－WIN 的应用方法 ………… 70
第6节　可编程序控制器的应用技术 ………………… 82
测试题 ………………………………………………… 102
测试题答案 …………………………………………… 118

第25章　松下可编程序控制器简介

第1节　松下 FP 系列 PLC 简介 ……………………… 122
第2节　FP0 的指令及其编程 ………………………… 136

第26章　可编程序控制器操作技能实例

第1节　位置类控制系统的编程 ……………………… 200
第2节　时序类控制系统的编程 ……………………… 226
第3节　位置和时序综合控制系统的应用 …………… 244

理论知识考核模拟试卷 ………………………………… 263
理论知识考核模拟试卷答案 …………………………… 280
操作技能考核模拟试卷（一） ………………………… 281
操作技能考核模拟试卷（二） ………………………… 294

第 4 篇　可编程序控制器应用技术

第 24 章

可编程序控制器及其应用

第 1 节　可编程序控制器概述　/4

第 2 节　可编程序控制器的指令及编程　/16

第 3 节　顺序控制程序的编制　/37

第 4 节　常用功能指令及其应用　/55

第 5 节　编程软件 FXGP－WIN 的应用方法　/70

第 6 节　可编程序控制器的应用技术　/82

第1节 可编程序控制器概述

一、可编程序控制器的定义及特点

1. 可编程序控制器的产生和发展

在现代化生产过程中，许多自动控制设备、自动化生产线均需要配备电气控制装置。以往的电气控制装置主要采用继电器、接触器或电子元件来实现，由连接导线将这些元器件按照一定的工作程序组合在一起，以完成一定的控制功能，这种控制叫做接线程序控制。在这类控制装置中，指令元件有按钮、开关、时间继电器、压力继电器、温度继电器、过流过压继电器等，用于产生输入信号；电气控制装置的输出信号用于控制接触器、继电器、电磁阀等对象。这样的电气控制装置体积大，生产周期长，接线复杂，故障率高，可靠性差。若控制功能略加变动，就需重新组合、改变接线。

1968年，美国通用汽车公司（GM）为满足生产工艺不断更新的需要，提出一种设想：把计算机的功能完善、通用、灵活等优点和继电器控制系统的简单易懂、操作方便、价格便宜等优点结合起来，制成一种通用控制装置。这种通用控制装置把计算机的编程方法和程序输入方式加以简化，采用面向控制过程、面向对象的语言编程，使不熟悉计算机的人也能方便地使用。美国数字设备公司（DEC）根据这一设想，于1969年研制成功了第一台可编程序控制器PDP-14，并在汽车自动装配线上试用获得了成功。该设备用计算机作为核心设备。其控制功能是通过存储在计算机中的程序来实现的，这就是人们常说的存储程序控制。由于当时主要用于顺序控制，只能进行逻辑运算，故称为可编程序逻辑控制器（Programmable Logic Controller，简称PLC）。进入20世纪80年代，随着微电子技术和计算机技术的迅猛发展，使得可编程序控制器逐步形成了具有特色的多种系列产品。其功能已经远远超出逻辑控制、顺序控制的应用范围，故称为可编程序控制器（Programmable Controller，简称PC）。但由于PC容易和个人计算机（Personal Computer）混淆，所以人们还沿用PLC作为可编程控制器的英文缩写名字。

国际电工委员会（IEC）在1985年的PLC标准草案第3稿中，对PLC作了如下定义："可编程序控制器是一种数字运算操作的电子系统，专为在工业环境下应用而设计。它采用可编程序的存储器，用来在其内部存储执行逻辑运算、顺序控制、定时、计数和算术运算等操作的指令，并通过数字式、模拟式的输入和输出，控制各种类型的机械或生产过程。可编程序控制器及其有关设备，都应按易于使工业控制系统形成一个整体，易于扩充其功能的原则设计。”从上述定义可以看出，PLC 是一种用程序来改变控制功能的工业控制计算机。

同计算机的发展类似，目前可编程序控制器正朝着两个方向发展。一是朝着小型、简易、价格低廉的方向发展，用于单机控制和规模比较小的自动化生产线控制。二是朝着大型、高速、多功能和多层分布式全自动网络化方向发展，以实现自动化工厂的全面控制要求。

2. PLC 的分类

可编程序控制器一般按控制规模的大小及结构特点进行分类。

（1）按控制规模分类，可以分为大型机、中型机和小型机（见图 24—1）。

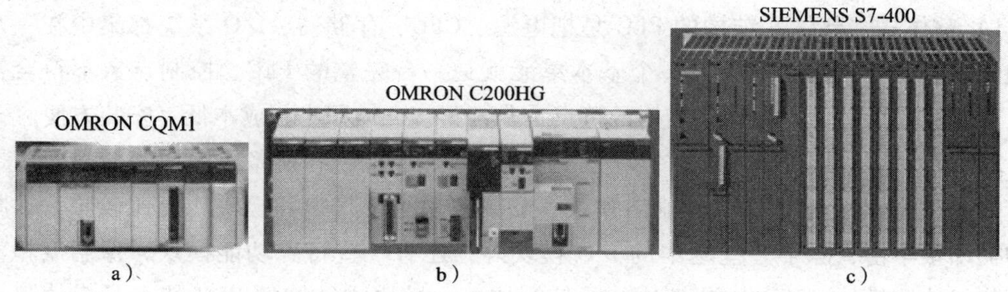

a）、　　b）　　c）

图 24—1　PLC 按控制规模分类

a）小型机　b）中型机　c）大型机

1）小型机。小型机的控制点一般在 256 点之内，适合单机控制或小型系统的控制。如日本 OMRON 公司的 CQM1，其输入输出的点数为 192 点；三菱公司的 FX_{2N}，其输入输出的点数为 256 点；德国 SIEMENS 公司的 S7－200，其输入输出的点数为 248 点。

2）中型机。中型机的控制点一般不大于 2 048 点，可用于对设备进行直接控制，还可以对多个下一级的可编程序控制器进行监控，它适合中型或大型控制系统的控制。如日本 OMRON 公司的 C200HG，其数字量输入输出的点数为 1 184 点；德国 SIEMENS 的 S7－300，输入输出的点数为数字量 1 024 点，模拟量 128 路，并提供 MPI、PROFIBUS、工业以太网等网络功能。

3）大型机。大型机的控制点一般大于 2 048 点，不仅能完成较复杂的算术运算还能进行复杂的矩阵运算。它不仅可用于对设备进行直接控制，还可以对多个下一级的可编程序控制器进行监控。如德国 SIEMENS 的 S7－400，I/O 点为 12 672 点；日本三菱公司的 Q2A，I/O 点为 4 096 点，提供以太网、MELSECNET/H、CCLINK 等网络功能。

（2）按结构特点分类，可分为整体式和模块式。（见图24—2）

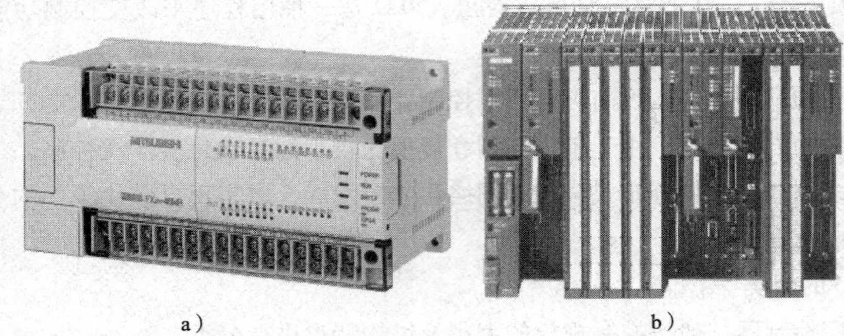

a）　　　　b）

图24—2　PLC按结构特点分类

a）整体式　b）模块式

1）整体式。整体式结构的PLC是把电源、CPU、存储器、I/O系统都集中在一个单元内，该单元叫做基本单元。一个基本单元就是一台完整的PLC。控制点数不符合需要时，可再接扩展单元。整体式结构的特点是非常紧凑、体积小、成本低、安装方便。

2）模块式。模块式结构的PLC是把PLC系统的各个组成部分按功能分成若干个模块，如CPU模块、输入模块、输出模块、电源模块等。其中各模块功能比较单一，模块的种类却很丰富，除了一些基本的I/O模块外，还有一些特殊功能模块，像温度检测模块、位置检测模块、PID控制模块、通信模块等。模块式结构的PLC特点是模块尺寸统一，安装整齐，I/O点选型自由，安装调试、扩展、维修灵活方便。

二、可编程序控制器的硬件结构及其特点

1. 可编程序控制器的硬件结构

尽管PLC有许多品种和类型，但其硬件结构基本组成相同，主要由中央处理器CPU、存储器、输入输出电路、电源等内部部件及编程器等外围设备组成，如图24—3所示。

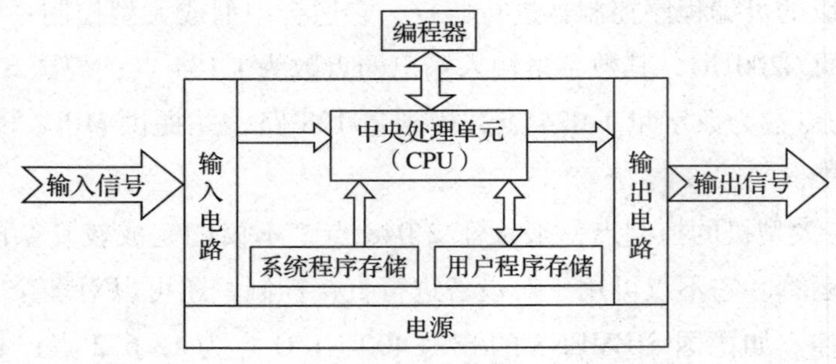

图24—3　PLC的硬件结构

（1）中央处理单元（CPU）。CPU 是系统的核心部件，是由大规模或超大规模的集成电路微处理器芯片构成，主要完成运算和控制任务，可以接收并存储从编程器输入的用户程序和数据。进入运行状态后，用扫描的方式接收输入装置的状态或数据，从内存中逐条读取用户程序，通过解释后按指令的规定产生控制信号。执行数据的存取、传送、比较和变换等处理过程。完成用户程序所设计的逻辑或算术运算任务，根据运算结果控制输出设备。PLC 中的中央处理单元多数使用 8 位到 32 位字长的单片机。

（2）存储器单元。按照物理性能存储器可以分为两类：随机存储器和只读存储器。

随机存储器（RAM）由一系列寄存器阵列组成，每位寄存器可以代表一个二进制数，在刚开始工作时，它的状态是随机的，只有经过置“1”或清“0”的操作后，它的状态才确定。若关断电源，状态丢失。这种存储器可以进行读、写操作，主要用来存储输入输出状态，计数、计时以及系统组态参数。为防止断电后数据丢失，可采用后备电池进行数据保护。

只读存储器有两种。一种是不可擦除 ROM，这种存储器只能写入一次，不能改写。另一种是可擦除 EPROM 和 E^2PROM，这种存储器经过擦除以后还可以重写。其中 EPROM 只能用紫外线擦除内部信息，E^2PROM（EEPROM）可以用电擦除内部信息。只读存储器主要用来存储程序。

（3）电源单元。PLC 配有开关电源，电源的交流输入端一般都有滤波电路，交流输入电压范围一般都比较宽，抗干扰能力比较强。有些 PLC 还配有大容量电容作为数据后备电源，停电可以保持 50 h。

一般直流 5 V 电源供可编程序控制器内部使用，直流 24 V 电源供输入输出端和各种传感器使用。

（4）输入输出单元。输入单元用于处理输入信号，对输入信号进行滤波、隔离、电平转换等，把输入信号的逻辑值安全可靠地传递到 PLC 内部。输入单元有直流输入模块、交流输入模块和交直流输入模块三种类型。

输出单元用于把用户程序的逻辑运算结果输出到 PLC 外部。输出单元具有隔离 PLC 内部电路和外部执行元件的作用，还具有功率放大的作用。输出单元有晶体管输出模块、晶闸管输出模块和继电器输出模块三种类型。

中央处理单元与输入输出设备的联系，是由输入单元和输出单元实现的。

（5）外围设备。PLC 的外围设备主要有编程器、文本显示器、操作面板、人机界面、打印机等。其中编程器是 PLC 的重要外围设备，利用编程器可进行 PLC 程序编程、调试和监控，是应用 PLC 不可缺少的部分。编程器有简易编程器和智能编程器（专用图形编程器和计算机软件编程）两种。简易编程器功能较少，一般只能用指令语句表形式进行编程，但价格便宜、体积小、重量轻、便于携带，适合小型PLC使用。但随着技术水平的提高，用计算机软件编程已越来越多。

2. PLC的特点

（1）可靠性高、抗干扰能力强。PLC是专为工业环境下应用而设计制造的，在硬件和软件中采取了一系列抗干扰措施，如在硬件方面采用光电隔离和滤波等抗干扰措施和密封、防尘、抗震的外壳封装结构等，在软件方面设置故障检测与自诊断程序，状态信息保护功能等抗干扰措施，能适应各种恶劣的工作环境。一般PLC平均无故障时间可高达3×10^5 h。

（2）系统扩充方便、组合灵活；用户应用控制程序可变、柔性强。PLC不仅具有逻辑运算、顺序控制、计时、计数等功能，而且还具有数值运算、数据处理和A/D、D/A等功能。因此，它既可以进行开关量控制，又可以进行模拟量控制，可以用于各种规模的工业控制场合。对于不同的控制要求，只要选用相应的模块和编制不同程序就可以实现。

（3）编程简单、易学易用。可编程序控制器是从电气继电器控制系统基础上发展起来，其编程语言面向现场，面向用户，尤其是采用类似继电器控制系统的梯形图编程语言，编程简单，易学易懂，使用方便。

（4）系统设计、调试时间短，安装简单，维修方便。可编程序控制器采用软件编程来代替继电器控制的硬连线，大大减轻了繁重的安装和接线工作，缩短了设计、施工、调试周期。PLC还具有完善的自诊断功能，运行状态监控和显示功能，故障状态显示功能，便于调试与维护。

（5）体积小、能耗低。可编程序控制器是专为工业控制设计的专用计算机，结构紧凑，体积小，能耗低，质量轻。由于体积小容易装入机械设备内部，是实现机电一体化的理想控制器。

三、可编程序控制器的编程语言及其表达方式

国际电工委员会（IEC）于1994年5月公布了可编程序控制器标准（IEC 1131），该标准由以下五部分组成：通用信息、设备与测试要求、可编程序控制器的编程语言、用户指南和通信。其中的第三部分（IEC 1131—3）就是可编程序控制器的编程语言标准。按照统一的标准设计PLC的编程语言，使用户在使用新的可编程序控制器时，可以减少重新培训的时间；而对于厂家则可以减少产品开发的时间，可以投入更多的精力去满足用户的特殊要求。因此，尽管不同厂家，甚至不同型号的PLC可以有不同的编程语言，但都是符合统一标准的，各种编程语言及编程工具大体都差不多。目前PLC常用的

编程语言有以下几种。

1. 梯形图（LAD）

梯形图语言是一种以图形符号及图形符号在图中的相互关系来表示控制关系的编程语言，是从继电器电路图演变过来的。如图 24—4a 所示梯形图与图 24—4b 所示继电器控制电路图相比，不仅图形符号相似，而且图形符号之间的逻辑含义也是一样的，所以很容易被工厂中熟悉继电器控制的电气人员掌握。梯形图是使用最广泛的编程语言。

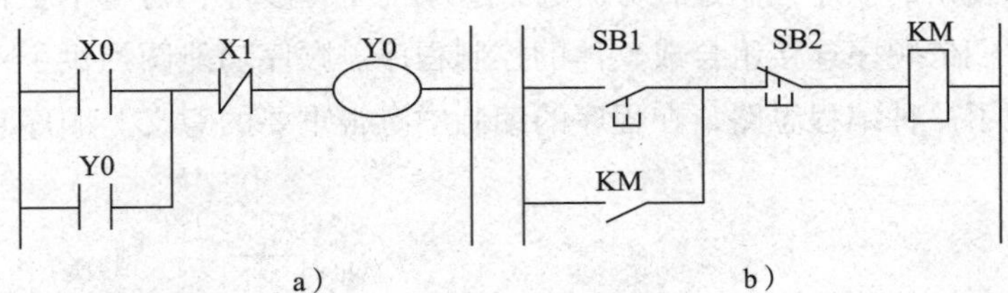

图 24—4　梯形图程序与控制电路图

a）梯形图　b）控制电路图

梯形图由触点、线圈和应用指令等组成。触点代表逻辑输入条件，例如外部的开关、按钮和内部元件的触点等。线圈代表逻辑输出结果，用来控制外部的指示灯、交流接触器和内部的输出标志位等。

在分析梯形图中的逻辑关系时，设定在梯形图左右两侧垂直母线之间有一个左正右负的假想电流，这个假想电流只能从左向右流动，层次改变只能先上后下，称为“能流”。利用能流这一概念，可以更好地理解和分析梯形图。

2. 指令语句表（STL）

PLC 的指令是一种与微机的汇编语言中的指令相似的助记符表达式。指令是要求 PLC 执行某种操作的命令，一条指令一般由操作码和操作数两部分组成。操作码规定了指令的操作功能，用助记符（英文缩写符）表示，操作数是指参加操作的对象，一般是数据或数据所处的地址。将若干条指令按控制要求所组成的有序集合就构成程序，可称为指令语句表程序。指令语句表程序较难阅读，其中的逻辑关系很难一眼看出。所以在设计时一般使用梯形图语言。对于某些 PLC，如果使用手持式编程器，必须将梯形图转换成指令语句表后才能写入 PLC。在用户程序存储器中，指令按步序号顺序排列。如图 24—5 所示是与图 24—4a 所示梯形图对应的指令语句表程序。

```
LD     X000
OR     Y000
ANI    X001
OUT    Y000
```

图 24—5　指令语句表

3. 功能块图（FBD）

功能块图是一种类似于数字逻辑门电路的编程语言，有数字电路基础的人很容易掌握。该编程语言用类似与门、或门的方框来表示逻辑运算关系，方框的左侧为逻辑运算的输入变量，右侧为输出变量，输入、输出端的小圆圈表示“非”运算，方框被“导线”连接在一起，信号自左向右流动。如图 24—6 所示是对应于图 24—4a 所示梯形图的功能块图表示形式。

4. 顺序功能图（SFC）

顺序功能图常用来编制顺序控制类程序，它包含步、动作、转换三个要素，顺序功能编程法是将一个复杂的顺序控制过程分解为一些小的工作步序，对每个工作步序的功能分别处理后再将它们依顺序连接组合成整体的控制程序。顺序功能图提供了一种组织程序的图形方法，体现了一种编程思路，在程序的编制中有很重要的意义。顺序功能图的形式如图 24—7 所示。

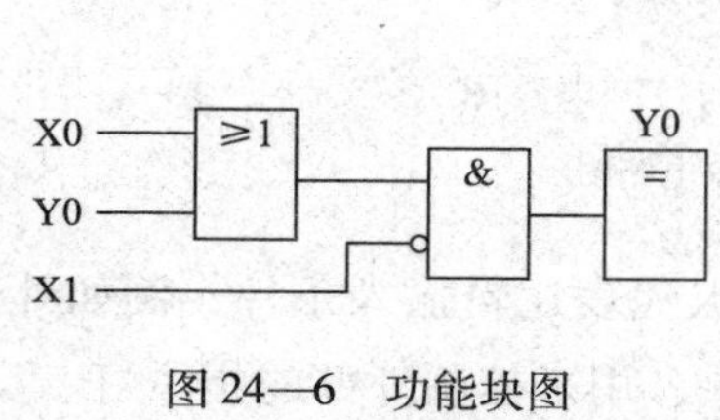

图 24—6　功能块图

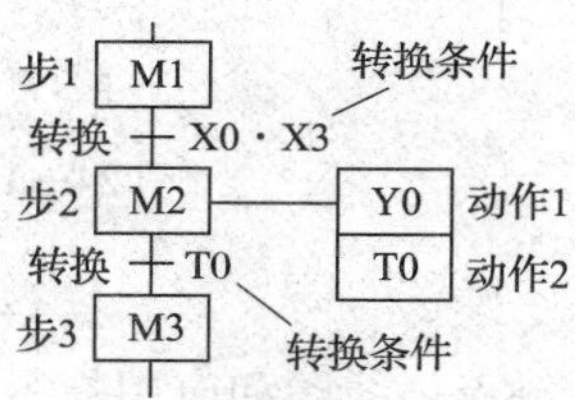

图 24—7　顺序功能图

以上几种编程语言的表达方式是由国际电工委员会在 IEC 1131—3 标准中推荐的。对于一款具体的 PLC，生产厂家可在这些表达方式中提供其中的几种供用户选择，也就是说，并不是所有的 PLC 都支持全部的编程语言。

四、可编程序控制器的工作原理

PLC 工作采用循环扫描的工作方式，其扫描过程示意图如图 24—8 所示。当 PLC 处于“停止（STOP）”工作状态时，只进行内部处理和通信操作。当 PLC 处于“运行（RUN）”工作状态时，顺序执行内部处理、通信操作、输入处理、程序执行和输出处理等工作。

PLC 运行时周期性地循环执行上述操作，一次循环称为一个扫描周期。PLC 的扫描工作过程主要是输入处理、程序执行和输出处理三个阶段，如图 24—9 所示。

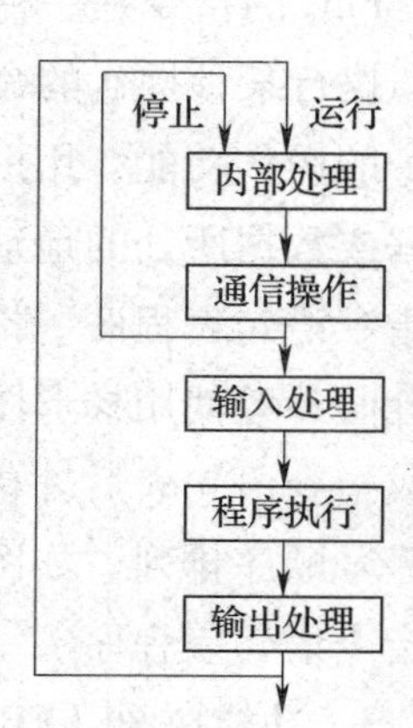

图 24—8　PLC 的工作方式

1. 输入处理阶段

输入处理也称输入采样。CPU 顺序读入所有输入端子（不论输入端接线与否）的状态，将读到的输入继电器的通断（1 或 0）状态存入各自对应的输入映像寄存器。在程序执行阶段，如输入状态发生变化，但其读入的输入信号内容不变，只有在下一个扫描周期的输入采样阶段才能重新把输入状态采样存入输入映像寄存器中。

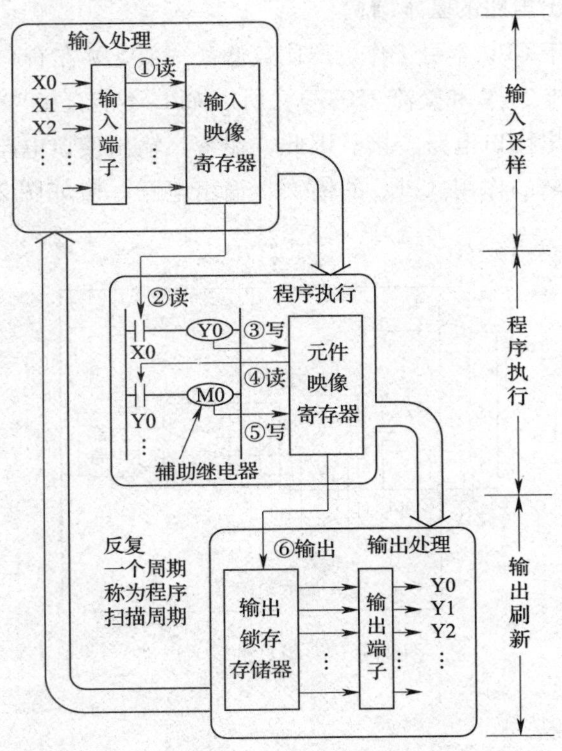

图 24—9　PLC 的循环扫描工作周期

2. 程序执行阶段

CPU 按照先上后下，先左后右的顺序，逐“步”读取指令并根据读入的输入、输出的状态，进行相应的运算，运算结果存入元件映像寄存器。

3. 输出处理阶段

输出处理也称输出刷新，这是一个程序执行周期的最后阶段。程序执行完毕后，把元件映像寄存器中输出元件的通断状态送到输出锁存存储器，通过输出部件控制外部执行部件（如继电器、接触器等）的相应动作。然后又返回去进行下一个周期循环的扫描。

PLC 处于运行工作状态时，执行一次如图 24—9 所示的扫描全过程所需的时间称为扫描周期。扫描周期是 PLC 的一个重要性能指标，扫描周期的长短取决于 PLC 的指令执行速度、CPU的主振频率、输入输出点数、用户程序长短及程序的结构。小型PLC的扫描周期一般为几毫秒到十几毫秒。

五、可编程序控制器的输入/输出电路和主要性能指标

1. PLC输入/输出电路的基本结构

在PLC内部，由于CPU本身工作电压比较低（一般5 V左右），而输入、输出信号电压一般比较高（如直流24 V和交流220 V），所以CPU不能直接与外部输入、输出装置连接，而需由输入、输出接口电路转接。因此，输入、输出接口电路除了传递信号外，还有电平转换和噪声隔离的作用。PLC的输入、输出电路一般如图24—10和图24—11所示。

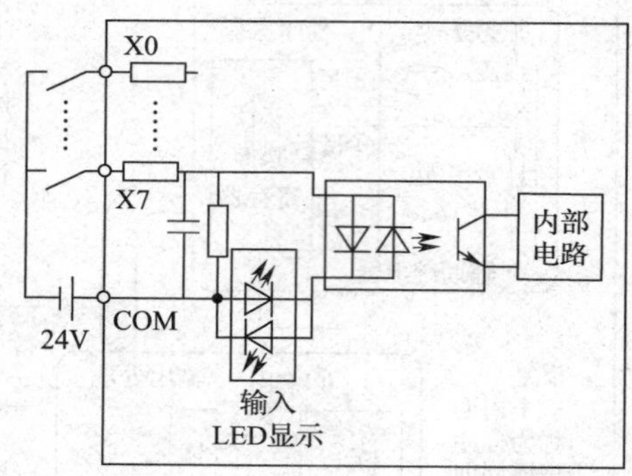

图24—10　PLC的输入电路

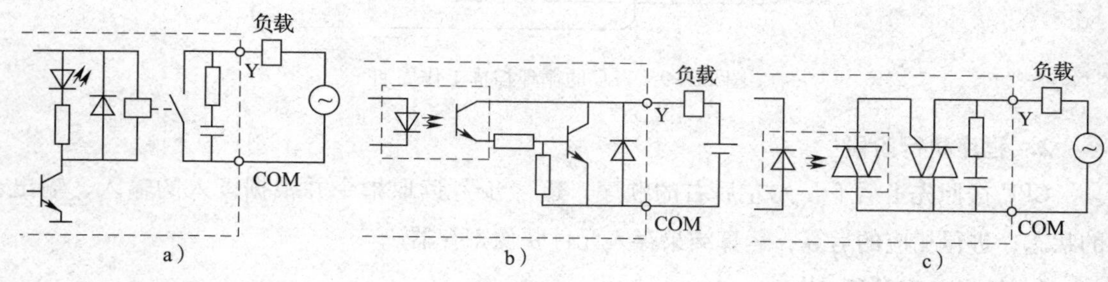

图24—11　PLC的输出电路

a）继电器输出　b）晶体管输出　c）双向晶闸管输出

如图24—10所示给出了PLC的输入接口电路。外部输入器件是通过输入端（例如X0、X1……）与PLC连接的。输入接口电路的一次电路与二次电路间用光耦合器隔离，在电路中设有RC滤波器，以消除输入触点的抖动和沿输入线引入的外部噪声的干扰。当

输入开关闭合时，一次电路中流过电流，输入指示灯亮，光耦合器的发光二极管发光，而光敏三极管从截止状态变为饱和导通状态，PLC 的输入数据产生了从 0 变为 1 的状态改变。输入电路中的 24 V 直流电源一般需要外接，也有的 PLC 具有内部 24 V 电源，不需外接。

如图 24—11 所示给出了 PLC 的输出接口电路图，输出电路的负载电源需由外部提供。PLC 一般有继电器输出、晶体管输出和双向晶闸管输出（也称为 SSR 输出）三种类型。其中继电器输出型最常用。当 CPU 有输出时，接通或断开输出电路中继电器的线圈，继电器的接点闭合或断开，通过该接点控制外部负载电路的通断。继电器输出是利用继电器的接点和线圈将 PLC 的内部电路与外部负载电路进行电气隔离。继电器输出的负荷能力较强，触点上允许流过的电流一般为 2 ~3 A，但响应速度相对较慢。晶体管输出型是通过光电耦合使晶体管截止或饱和，以控制外部负载电路，并同时对 PLC 内部电路和输出晶体管电路进行电气隔离。晶体管输出最大的特点是响应速度较快，但只能带直流负载，输出负载电流一般不超过 1 A。双向晶闸管输出型采用了光触发型双向晶闸管进行隔离，只能带交流负载。

从图 24—10 和图 24—11b 所示可以看出，输入端口和晶体管输出端口中电流的方向是确定的，用户在连接外部设备时必须与此相符。在 PLC 产品中，用源型或漏型来表示输入/输出端口中电流的方向。对于漏型的 PLC，其输入电流是从 PLC 内部流出输入端口的，输出电流是从输出端口流进 PLC 的。而对于源型的 PLC，其输入电流是从输入端口流进 PLC 内部，输出电流是从 PLC 内部流出输出端口的。

2. 常用输入设备的连接方法

外部输入设备通常为按钮、开关、继电器的触点、传感器等。以三菱 FX_{2N} 系列 PLC 为例，由于在其内部具有 24 V 电源，且内部电源的负极是与输入端的 COM 端子相连，因此在接线时可以将 COM 端子作为各输入元件的公共端，各输入端子和 COM 端子之间用无源接点或 NPN 开路集电极晶体管连接。在触点未接通时，输入端子中无电流流过，输入点的状态为“OFF”（“0”）；而当触点接通时，输入端子中就有电流流过，相对应输入点的状态从“OFF”变为“ON”（“1”），这时表示输入的 LED 亮灯，该信号送到 PLC 内部。输入回路连接示意图如图 24—12 所示。

3. 常用输出设备的连接方法

输出回路是 PLC 的负载驱动回路，PLC 的负载通常为继电器、电磁阀、指示灯等，PLC 仅提供输出点，通过输出点将负载和驱动电源连接成一个回路，负载的状态由 PLC 输出点进行控制。负载的驱动电源需外接，其规格根据负载的需要和 PLC 输出接口类型、规格进行选择。

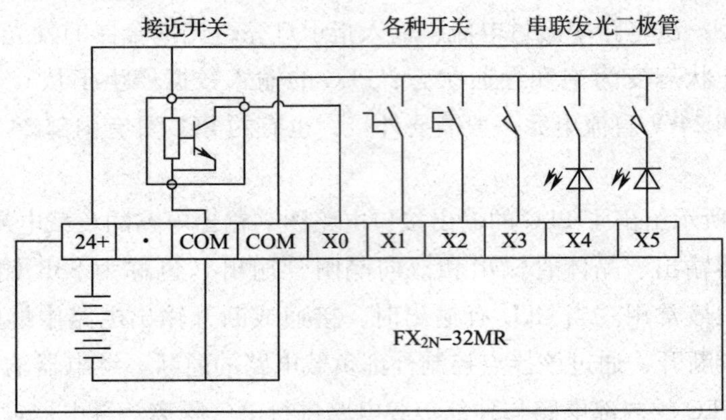

图 24—12　输入端子接线示意图

在三菱 FX_{2N}系列 PLC 的输出接口中，若干输出端子构成一组，共用一个输出公共端，各组的输出公共端用 COM1、COM2 等表示，各组公共端间相互独立。对共用一个公共端的同一组输出必须用同一电源类型且为同一电压等级的负载驱动电源；但不同的公共端组可使用不同电源类型和电压等级的负载驱动电源。如 Y0 ~ Y3 共用 COM1，Y4 ~ Y7 共用 COM2，Y10 ~ Y13 共用 COM3，如果将 Y0 ~ Y3 组和 Y4 ~ Y7 组共用 AC220V 的负载驱动电源，而 Y10 ~ Y13 组使用的负载驱动电源可以为 DC24V。输出回路连接示意图如图 24—13 所示。

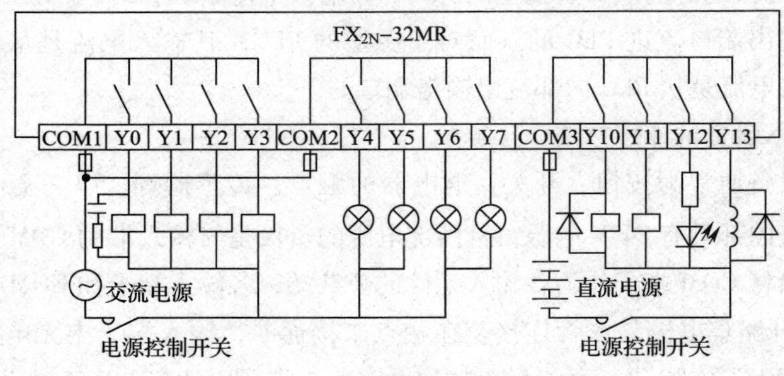

图 24—13　输出回路连接示意图

4. 接线注意事项

（1）接地最好采用专用接地，也可以采用共用接地（1 点接地），但不可采用与其他设备公共接地的方法（见图 24—14）。接地线必须用 2 mm^2 以上的电线，接地电阻必须小于 100 Ω。

（2）为得到可靠的输入状态，当输入元件的触点上串联有 LED 时，应把 LED 上的电压降控制在 4 V 以下。

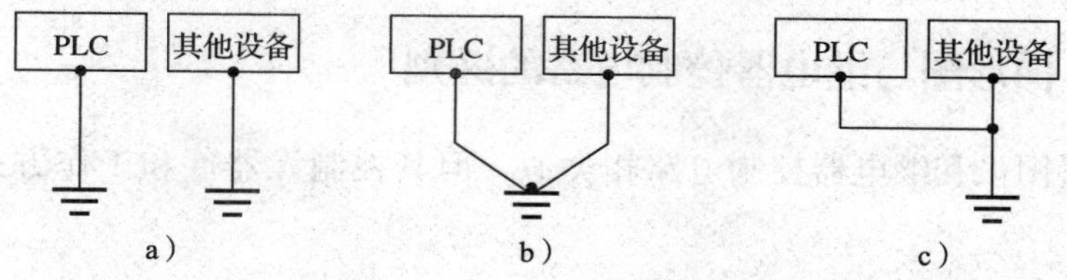

图 24—14　PLC 的接地方式

a）专用接地（最好）　b）共用接地（可以）　c）公共接地（不可）

（3）空端子“[•]”上不可接线，以免损伤 PLC。

5. PLC 的主要性能指标

PLC 的性能指标有很多，而在应用系统中选用 PLC 时通常考虑的有以下几个。

（1）输入/输出点数。输入输出点数是 PLC 组成控制系统时所能接入的输入输出信号的最大数量，表示 PLC 组成系统时可能的最大规模。在输入输出总的点数中，输入点与输出点总是按一定的比例设置的，往往是输入点数大于输出点数，且输入与输出点数不能互相替代。

（2）应用程序的存储容量。应用程序的存储容量是存放用户程序的存储器的容量，通常用 k 字（kW）、k 字节（kB）或 k 位来表示，1 k 位 =1 024 位。也有的 PLC 直接用所能存放的程序量来表示。在三菱 PLC 中称存放程序的地址单位为“步”，一条基本指令一般为 1 步。功能复杂的指令，特别是功能指令，往往可有若干步。因而用“步”来表示存储容量时，可称为多少 k 步。例如三菱 FX_{2N} 的存储容量为 8 k 步。

（3）扫描速度。一般以执行 1 000 条基本指令所需的时间来衡量。单位为毫秒/千步（ms/k），也有以执行一步指令的时间计，如微秒/步（μs/指令）。一般逻辑指令与运算指令的平均执行时间有较大的差别，因而大多场合，扫描速度还往往需要标明是执行哪类指令。从目前 PLC 所采用的 CPU 的主频来看，扫描速度一般可达到 1 ms/k 逻辑指令，5 ms/k 算术运算指令；更快的能达到 0. 15 ms/k 逻辑指令以下。

（4）编程语言及指令功能。不同厂家的 PLC 编程语言不同且互不兼容。从编程语言的种类来说，一台机器能同时使用的编程方法越多，则越容易为更多的人所使用。

指令功能主要从两个方面来衡量，一是指令条数多少，另一是指令中有多少综合性指令。一条综合性指令一般即能完成一项专门操作，如查表、排序及 PID 功能等，相当于一个子程序。指令的功能越强，使用这些指令完成一定的控制目的就越容易。

此外，可编程序控制器的可扩展性、可靠性、易操作性及经济性等性能指标也较受用户的关注。

六、PLC梯形图与继电器控制电路的区别

PLC的梯形图虽和继电器控制电路相类似，但其控制元器件和工作方式是不一样的，主要区别如下。

1. 元器件不同

继电器控制电路是由各种硬件继电器组成的，而PLC梯形图中输入继电器、输出继电器、辅助继电器、定时器、计数器等软继电器是由软件来实现的，不是硬件继电器。

2. 工作方式不同

继电器控制电路工作时，电路中硬件继电器都处于受控状态，凡符合条件吸合的硬件继电器都同时处于吸合状态，受各种制约条件不应吸合的硬件继电器都同时处于断开状态，也就是说，继电器控制采用并行工作方式。如在忽略电磁滞后及机械滞后时间的情况下，在工作过程中，如果一个继电器的线圈通电，那么该继电器的所有常开和常闭触点都会立即动作，其常开触点闭合，常闭触点打开。但是在PLC梯形图中软继电器都处于周期性循环扫描工作状态，受同一条件制约的各个软继电器的动作顺序取决于程序扫描顺序，同一个软继电器的线圈和常开、常闭触点的动作并不同时发生，也就是说，PLC采用串行工作方式。在PLC的工作过程中，如果某个软继电器的线圈接通，该线圈的所有常开和常闭触点，并不一定都会立即动作，只有CPU扫描到该触点时才会动作，其常开触点闭合，常闭触点打开。PLC采用这种工作方式有利于避免电路中竞争冒险现象的产生。

3. 元件触点数量不同

硬件继电器的触点数量有限，一般只有4~8对，而PLC梯形图中软继电器可以有无限多个常开、常闭触点。

4. 控制电路实施方式不同

继电器控制电路是通过各种硬件继电器之间接线来实施的，控制功能固定，当要修改控制功能时必须重新接线。PLC控制电路由软件编程来实施，可以灵活变化和在线修改。

第2节　可编程序控制器的指令及编程

虽然各种PLC的编程元件及指令系统各不相同，但由于各种PLC都是按照统一的标准设计的，因此各种指令系统有其相通之处。在熟悉了某一种PLC之后，再学习其他种类的PLC时即可举一反三，触类旁通。在本节中，选择了在我国应用面较广的三菱FX_{2N}系

列 PLC 来介绍 PLC 的指令系统和编程方法。

一、三菱 PLC 简介

三菱电机公司生产的 PLC 可分为小型系列和中、大型系列。小型系列是 I/O 点数最大为 256 点的 FX 系列，中大型系列 I/O 点数可达到 8 192 点，并且有丰富网络功能的 A 系列、Q 系列和 QnA 系列。本书只对小型 PLC 进行介绍。

在 FX 系列的小型 PLC 中，FX2 系列早已被淘汰，目前在 FX 系列 PLC 的产品样本中有 FX_{1S}、FX_{1N}、FX_{1NC}、FX_{2N}、FX_{2NC}、FX_{3G}、FX_{3U} 和 FX_{3UC} 等子系列。作为 FX_{2N} 系列的升级产品，第三代小型可编程序控制器 FX3 系列在性能价格比上又有明显的提高。

1. FX_{2N} 系列 PLC 的特点

FX_{2N} 系列 PLC 为整体式结构，具有以下特点。

（1）结构紧凑、体积小巧、安装方便。

（2）功能强、速度高，它的基本指令执行时间高达 0. 08 μs，内置的用户存储器为 8 k 步。机内有实时时钟，PID 指令。有功能很强的数学指令集，例如浮点数运算、开平方和三角函数等。

（3）灵活多变的配置，进一步拓宽 FX_{2N} 系列 PLC 的功能。

FX_{2N} 系列 PLC 除了配有扩展单元、扩展模块外，还配有模拟量输入和输出模块，高速计数模块、位置控制模块等特殊功能模块，使 FX_{2N} 系列 PLC 能实现模拟量闭环控制，多轴定位控制等功能，大大拓宽了它的使用范围。

通过通信扩展板或特殊适配器可以实现多种通信和数据链接。

FX_{2N} 系列 PLC 的主要技术性能指标见表 24—1。

表 24—1　FX_{2N}、FX_{2NC} 系列 PLC 的主要技术性能指标

项目		FX_{2N}	FX_{2NC}
程序内存	内置存储器容量、形式	8 000 步 ROM（内置锂电池备份），有密码保护功能	
	运行中写入功能	有（可编程序控制器运行过程中可变更程序）	
指令的种类	顺控程序、步进梯形图	顺控程序指令：27 个，步进梯形图指令：2 个	
	应用指令	128 条	
运算处理速度	基本指令	0. 08 μs/指令	
	应用指令	1. 52 ~ 数百 μs/指令	
输入输出点数	扩展使用时的输入点数	X000 ~ X267　184 点（8 进制编号）	
	扩展使用时的输出点数	Y000 ~ Y267　184 点（8 进制编号）	
	扩展使用时的合计点数	256 点	

续表

项目		FX_{2N}	FX_{2NC}
辅助继电器	一般用*1	M0～M499　500点	
	保持用*2	M500～M1023　524点	
	保持用*3	M1024～M3071　2 048点	
	特殊用	M8000～M8255　256点	
状态	初始状态	S0～S9　10点	
	一般用*1	S10～S499　490点	
	保持用*2	S500～S899　400点	
	信号器用*2	S900～S999　100点	
计时器（ON延时）	100 ms	T0～T199　200点（0.1～3 276.7 s）	
	10 ms	T200～T245　46点（0.01～327.67 s）	
	1 ms累计式*3	T246～T249　4点（0.001～32.767 s）	
	100 ms累计式*3	T250～T255　6点（0.1～3 276.7 s）	
计数器	16位上升*1	C0～C99　100点（0～32 767计数）	
	16位上升*2	C100～C199　100点（0～32 767计数）	
	32位双向*1	C200～C219　20点（－2 147 483 648～＋2 147 483 647计数）	
	32位双向*2	C220～C234　15点（－2 147 483 648～＋2 147 483 647计数）	
高速计数器	32位双向*2	C235～C255［单相］60 kHz/2点，10 kHz/4点［2相］30 kHz/1点，5 kHz/1点	
数据寄存器（成对使用时为32位）	16位一般用*1	D0～D199　200点	
	16位保持用*2	D200～D511　312点	
	16位保持用*3	D512～D7999　7 488点（通过参数设定，可以从D1000开始，以每500点为单位，在文件寄存器中设定）	
	16位特殊用	D8000～D8195　196点	
	16位变址	V0～V7，Z0～Z7　16点	

*1——非电池后备区。通过参数设置可变为电池后备区。

*2——电池后备区。通过参数设置可以改为非电池后备区。

*3——电池后备固定区。区域特性不可改变。

2. FX系列PLC型号的表示形式

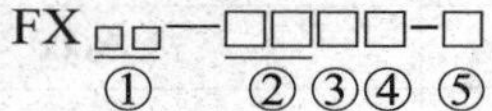

FX系列PLC型号名称中各部分的含义如下。

（1）子系列名称，例如1S，1N，2N，2NC，3U，3G等。

（2）输入输出的总点数。

（3）单元类型：M为基本单元，E为输入输出混合扩展单元与扩展模块，EX为输入专用扩展模块，EY为输出专用扩展模块。

（4）输出形式：R为继电器输出，T为晶体管输出，S为双向晶闸管输出。

（5）电源、输入类型：D——DC电源，DC输入；AI——AC电源，AC输入：H——大电流输出扩展模块；S——独立端子（无公共端）扩展模块。若在这一项中没有符号，即说明通指：AC 100/220 V电源DC 24 V输入（内部供电），横排端子排；继电器输出：2 A/点；晶体管输出：0.5 A/点；晶闸管输出：0.3 A/点。

二、三菱FX_{2N}系列PLC的主要编程元件

PLC是借助于大规模集成电路和计算机技术开发的一种新型工业控制器。使用者可以不必考虑PLC内部元器件具体组成线路，可以将PLC看成由各种功能软元件组成的工业控制器，利用编程语言对这些软元件的线圈、触点等进行编程以达到控制要求，为此使用者必须熟悉和掌握这些软元件的功能、编号及其使用方法。每种软元件都用特定的字母来表示，如X表示输入继电器、Y表示输出继电器、M表示辅助继电器、T表示定时器、C表示计数器、S表示状态元件等，并对这些软元件给予规定的编号。使用时一般可以认为软元件和继电器元件相类似，具有线圈和常开、常闭触点。当线圈通电时，常开触点闭合，常闭触点断开；反之，当线圈断电时，常开触点断开，常闭触点接通。但软元件和继电器元件在本质上是不相同的，软元件仅仅是PLC中的存储单元，线圈通电仅是表示该元件存储单元置“1”，反之，线圈断电表示该元件存储单元被置“0”。由于软元件是存储单元，可以无限次地访问，因而软元件可以有无限个常闭触点和常开触点，这些触点在PLC编程时可以随意使用。下面对主要软元件进行说明。

1. 输入继电器和输出继电器

（1）输入继电器（X）。输入继电器用“X”表示，它是PLC中用来专门接收外部用户输入设备（如开关、传感器等）输入信号的器件。输入继电器只能由外部信号所驱动，而不能用程序指令来驱动。在梯形图中只能出现输入继电器的触点，不能出现输入继电器线圈。它可提供无限个常开触点、常闭触点供编程使用。它的元件号按八进制编号，如X0～X7、X10～X17……不同型号的PLC拥有的输入继电器数量是不相同的，如FX_{2N}－16M的输入点为8点，对应的输入继电器的编号为X0～X7；FX_{2N}－32M的输入点为16点，对应的输入继电器的编号为X0～X7、X10～X17。FX_{2N}系列PLC可使用的输入继电器最多可达184点（X0～X267）。

（2）输出继电器（Y）。输出继电器用“Y”表示，它是PLC中唯一具有外部硬触点的软继电器，PLC只能通过输出继电器的外部硬触点来控制输出端口连接的外部负载。输出继电器只能用程序指令驱动，外部信号无法驱动。输出继电器具有一个外部硬触点和无限个常开、常闭软触点供编程使用。它的元件号按八进制编号，如Y0~Y7、Y10~Y17……不同型号PLC的输出继电器数量是不相同的，如$FX_{2N}-16M$的输出点为8点，对应的输出继电器的编号为Y0~Y7；$FX_{2N}-32M$的输出点为16点，对应的输出继电器的编号为Y0~Y7、Y10~Y17。FX_{2N}系列PLC可使用的输出继电器最多可达184点（Y0~Y267）。

2. 辅助继电器（M）

辅助继电器用“M”表示，它和继电器控制电路中的中间继电器作用类似，但是它的触点不能直接驱动外部负载。辅助继电器与输出继电器一样只能用程序指令驱动，外部信号无法驱动。它可提供无限个常开触点、常闭触点供编程使用。它的元件号按十进制编号。辅助继电器可分为通用辅助继电器、断电保持辅助继电器、特殊功能辅助继电器三种类型。

（1）通用辅助继电器（M0~M499）共500点。当PLC在运行中发生停电，通用辅助继电器将全部变为断开状态。

（2）断电保持辅助继电器（M500~M3071）共2 572点，该类继电器是有电池后备的辅助继电器，具有记忆能力。当PLC在运行中发生停电，断电保持辅助继电器仍能保持原来停电前的状态。

（3）特殊功能辅助继电器（M8000~M8255）共256点，这些特殊功能辅助继电器每个都具有特定的功能。可分为两类。

1）只能利用其触点的特殊辅助继电器。其线圈由PLC自行驱动，用户只能利用其触点。如M8000——PLC运行时接通，可作为PLC运行（RUN）监控；M8002——仅在PLC运行开始瞬间接通，产生初始脉冲。M8011、M8012、M8013、M8014是时钟脉冲继电器，分别为每隔10 ms、100 ms、1 s或1 min发出一个脉冲，脉冲的占空比为50%。

2）可驱动线圈的特殊辅助继电器。用户驱动线圈后，PLC作特定动作。如M8033为PLC停止时输出保持辅助继电器，M8034为禁止全部输出辅助继电器，M8039为恒定扫描周期使能辅助继电器等。

3. 定时器（T）

PLC中定时器用“T”表示，共有256个。定时器相当于继电器控制电路中的时间继电器，它可提供无限个常开触点、常闭触点供编程使用。定时器的元件号按十进制编号，为T0~T255。其中T0~T199为100 ms定时器，设定值范围为0.1~3 276.7 s，最小单位为0.1 s；T200~T245为10 ms定时器，设定值范围为0.01~327.67 s，最小单位为0.01 s；

T246～T249 为 1 ms 积算型定时器，T250～T255 为 100 ms 积算型定时器。PLC 中定时器 T 是根据时钟脉冲累积计时的，实质上是对时钟脉冲计数。定时器 T 为字、位复合软元件，由设定值寄存器、当前值寄存器和定时器的触点组成。设定值寄存器存储计时时间设定值，当前值寄存器记录计时当前值。当定时器 T 的计时条件被满足时即开始计时，当前值寄存器则开始计数。当前值计数到与设定值相等时，定时器触点动作，其常开触点接通，常闭触点断开。定时器可以在指令中使用立即数直接进行定时值的设定，也可用数据寄存器的内容作为定时的间接设定值。

上述定时器也可用非积算型定时器和积算型定时器来进行分类。二者的区别在于积算型定时器是对输入信号有效时间的累加来进行定时的；而非积算型定时器则对输入信号连续有效的时间来进行定时，定时过程中输入信号不能间断，一旦间断则定时就被取消。如图 24—15 所示是两种定时器的定时过程示意图。

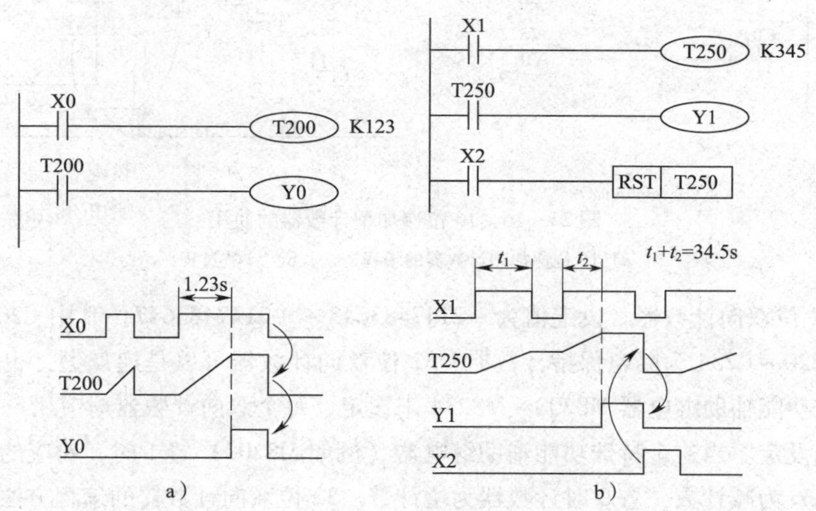

图 24—15　积算型和非积算型定时器的定时过程

a）非积算型定时器的定时过程　b）积算型定时器的定时过程

4. 状态元件（S）

状态元件用“S”表示，是步进顺控指令中所使用的元件，用来表示顺序控制程序中的步序。在不用步进顺控指令时，状态元件也可作为一般辅助继电器使用。它的元件号按十进制编号，S0～S9 为初始状态元件，S10～S499 为通用状态元件，共 490 点，S500～S899 为断电保持状态元件，共 400 点，S900～S999 为报警用的状态元件，共 100 点。

5. 计数器（C）

计数器在程序中用作计数控制，用“C”表示。FX_{2N}系列 PLC 中的计数器共有 256

个，其元件号按十进制编号，为 C0 ~ C255。计数器为字、位复合软元件，由设定值寄存器、当前值寄存器和计数器的触点组成。计数器可以使用立即数 K 作为直接设定值，也可用数据寄存器的内容作为间接设定值。它可提供无限个常开触点、常闭触点供编程使用。计数器可分为以下三类。

（1）16 位递加型计数器。其中 C0 ~ C99 为通用加法计数器，C100 ~ C199 为断电保持的加法计数器，计数范围为 1 ~ 32 767。16 位递加型计数器的编程方法及其计数过程如图 24—16 所示。

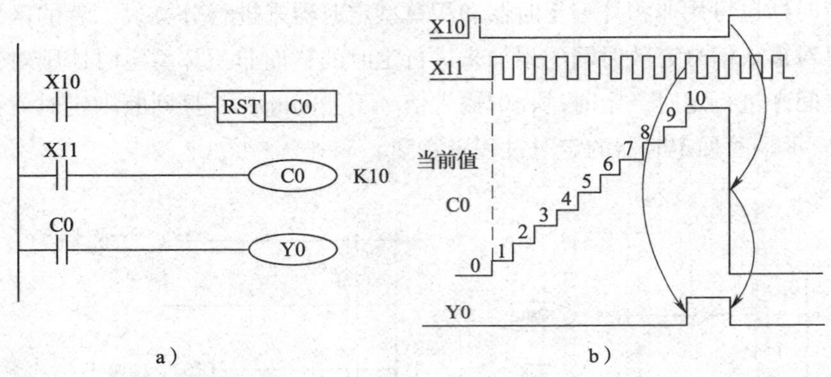

图 24—16　16 位递加型计数器的使用

a）16 位递加型计数器的编程方法　b）计数过程

（2）32 位双向计数器。设定值为 -2147483648 ~ +2147483647，其中 C200 ~ C219 为通用型，C220 ~ C234 为断电保持计数器。32 位双向计数器可以是递加型，也可以是递减型，由特殊功能辅助继电器 M8200 ~ M8234 来设定，每个双向计数器对应由一个特殊功能辅助继电器设定。当这个特殊功能辅助继电器（例如 M8200）置 1 时，对应的双向计数器（例如 C200）为减计数，置 0 时计数器为增计数。32 位双向计数器的编程方法及其计数过程如图 24—17 所示。在图 24—17 中，用计数输入 X014 驱动 C200 线圈，可增计数或减计数。由 X012 控制 M8200 以确定 C200 的计数方向。在计数器的当前值由 -6→-5 增加时，输出触点置位；在由 -5→-6 减少时，输出触点复位。如果从 2147483647 开始增计数，则进位为 -2147483648，形成循环计数。如果复位输入 X013 为 ON，则执行 RST 指令，计数器当前值变为 0，输出触点也复位。

（3）32 位高速计数器 C235 ~ C255，可以用来对脉宽小于 PLC 扫描周期的计数脉冲进行计数，以避免计数信号被丢失。高速计数器的计数脉冲必须从指定的输入端 X0 ~ X7 进行输入，某一输入端在同一时刻只能被一个高速计数器使用。通常使用高速计数器对脉冲编码器进行计数输入。

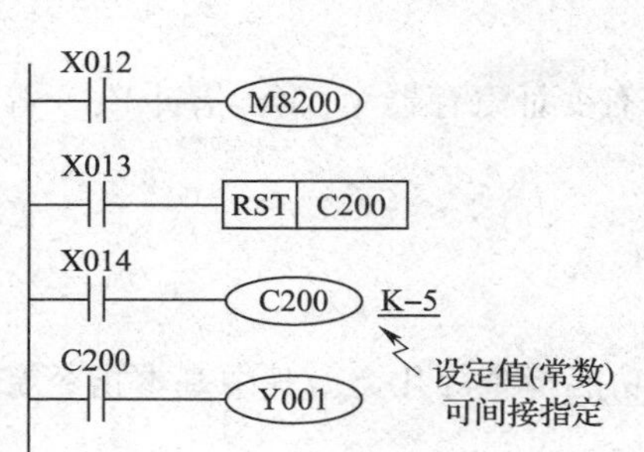

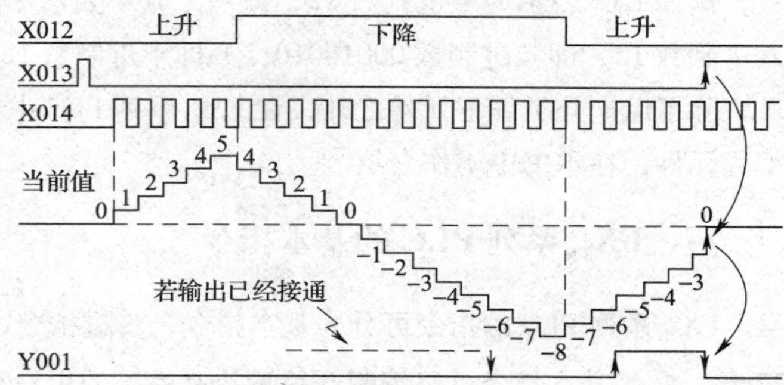

图 24—17　32 位双向计数器的编程方法及其计数过程

a）32 位双向计数器的编程方法　b）计数过程

6．数据寄存器（D）

数据寄存器是存储数据的软元件，用“D”表示。每一个数据寄存器可以存放一个 16 位二进制的数据（1 个字），数值范围为 -32768 ~ +32767。用两个连续的数据寄存器合并起来可以存放一个 32 位数据（双字），例如 D0 和 D1 组成的双字中，D0 存放低 16 位，D1 存放高 16 位。字或双字的最高位为符号位，该位为 0 时数据为正数，为 1 时数据为负。数据寄存器的元件号按十进制编号，在 FX_{2N}系列 PLC 中，数据寄存器为 D0 ~ D8255，总共有 8 256 个，分为以下几种类型。

（1）通用数据寄存器（DO ~ D199，200 个）。将数据写入通用数据寄存器后，其值将保持不变，直到下一次被改写。但当 PLC 断电或由“运行”状态转换为“停止”状态时全部数据均被清零。

（2）断电保持数据寄存器（D200 ~ D7999，7 800 个）。这种寄存器的特点是除非改写，否则原有数据不会丢失。不论电源接通与否，PLC 运行与否，其内容也不变化。然而在两台 PLC 作点对点的通信时，D490 ~ D509 被专门用作通信操作。

（3）特殊功能数据寄存器（D8000 ~ D8255，256 个）。这些数据寄存器供监控 PLC 中各种元件的运行方式之用，其内容在电源接通（ON）时，被写入初始值（全部先清零，然后由系统 ROM 安排写入初始值）。例如，D8000 存放警戒监视时钟（俗称看门狗）的时间是由系统 ROM 设定的，要改变时需用传送指令将目的时间送入 D8000。特殊功能数据寄存器的具体用途可查找 FX_{2N}的编程手册。

7．常数

在编程中经常需要把某个数字赋值于某个编程元件，也经常需要在指令中指定某个数值作为指令的参数，这时就要用到常数。在 FX_{2N}系列 PLC 中，用“K”表示十进制的常数，例如 K12 表示为十进制数 12；或用“H”表示十六进制的常数，例如 H12 表示为十六进制数 12，即二进制数 00010010，亦即十进制数 18。

除了以上几类编程元件之外，在 FX_{2N}系列 PLC 中还有变址寄存器 V、Z，指针 P、I 等编程元件，在本书中不作介绍。

三、FX_{2N}系列 PLC 的基本指令

FX_{2N}系列 PLC 的指令可分为基本指令、步进指令、功能指令等几类。其中基本指令有 27 条，利用基本指令可以编制开关量控制系统的用户程序。

FX_{2N}的基本指令由操作码和操作数两部分组成：操作码用助记符表示，常用 2 ~ 4 个英文字母组成，表示该指令的作用；操作数即指令的操作对象，是执行该指令所选用的元件、设定值等。

1. 取触点开始逻辑运算指令及线圈驱动指令（LD、LDI、OUT）

LD、LDI 指令使用元件 X、Y、M、T、C、S 的触点，表示梯形图中取一个常开（或常闭）触点开始逻辑运算。

OUT 指令是对输出继电器（Y）、辅助继电器（M）、定时器（T），计数器（C）等线圈的驱动指令，对于输入继电器（X）不能使用。

LD、LDI、OUT 指令用法如图 24—18 所示。由图 24—18 程序图中可看出：

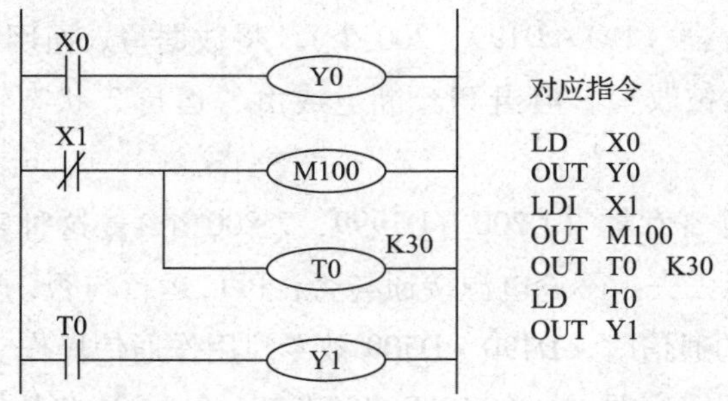

图 24—18 LD、LDI、OUT 指令用法

（1）LD 指令用于表示接到左母线上的常开触点，LDI 指令用于表示接到左母线上的常闭触点。另外 LD、LDI 指令还可以与后述的 ANB、ORB 指令配合用于电路块的开头。

（2）输出线圈指令 OUT 可多次并行使用，形成并行输出线圈支路。

（3）对于定时器的定时线圈或计数器的计数线圈，使用 OUT 指令后，必须设定常数 K。图中定时器编号为 T0，则说明是 0.1 s（100 ms）定时器，设定值范围为 0.1 ~ 3 276.7 s，定时最小单位为 0.1 s。$K=30$，则对应设定时间为 $30\times0.1=3$ s，即延时时间

为 3 s。如 K 改为 100，则对应设定时间为 100 ×0. 1 =10 s。

2. 触点的串联（AND、ANI）

AND（与）指令的功能为常开触点串联连接，ANI（与非）指令的功能为常闭触点串联连接。

这两类指令的操作元件为 X、Y、M、S、T、C。指令应用举例如图 24—19 所示。

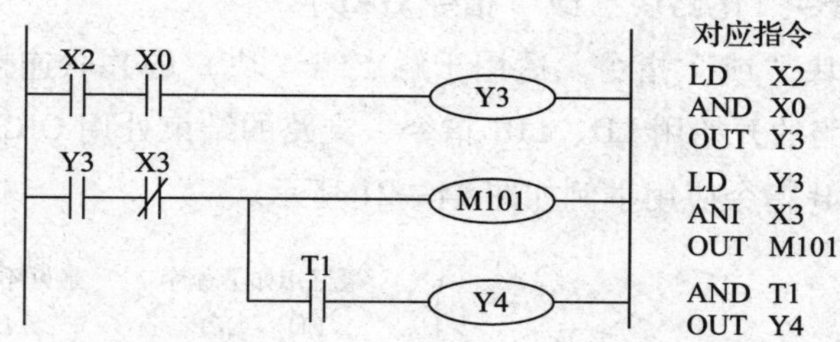

图 24—19 AND/ANI 指令的用法

现结合图 24—19 对 AND、ANI、OUT 指令应用作几点说明：

（1）AND 指令用于单个常开触点的串联，ANI 指令用于单个常闭触点的串联，AND、ANI 指令可以多次重复使用。并联电路块之间的串联连接要用后述的 ANB 指令。

（2）OUT 指令后，再通过触点对其他线圈使用 OUT 指令称之为纵接输出或连续输出，如图中的 OUT Y4。在图中驱动 M101 之后，可再通过触点 T1 驱动 Y4。

3. 触点的并联（OR、ORI）

OR（或）指令的功能为常开触点并联连接，ORI（或非）指令的功能为常闭触点并联连接。这两类指令的操作元件为 X、Y、M、S、T、C。指令应用举例如图 24—20 所示。

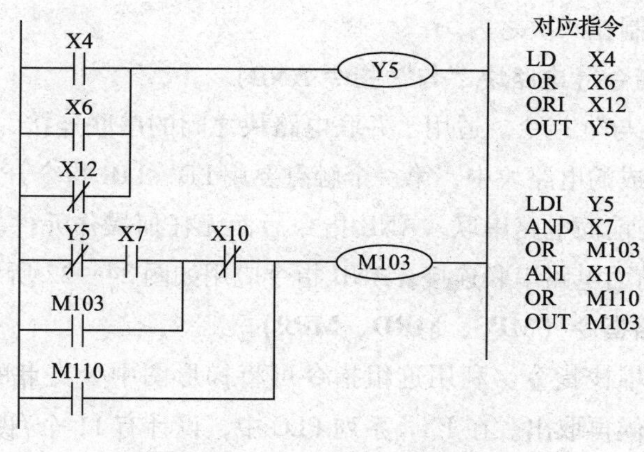

图 24—20 OR/ORI 指令的用法

说明：

（1）OR、ORI 只能用作单个触点的并联连接指令。串联电路块之间的并联连接要用后述的 ORB 指令。

（2）OR、ORI 指令是从该指令的所在位置开始，对前面的 LD、LDI 指令并联连接。并联连接可多次使用。

4. 电路块并联指令（电路块“或”指令 ORB）

ORB 指令是电路块“或”指令。适用于触点组（块）的并联连接。对每个由触点串联组成的电路块在支路的开始用 LD、LDI 指令，支路的结束处用 ORB 指令。ORB 指令后面不需操作元件。ORB 指令应用举例如图 24—21 所示。

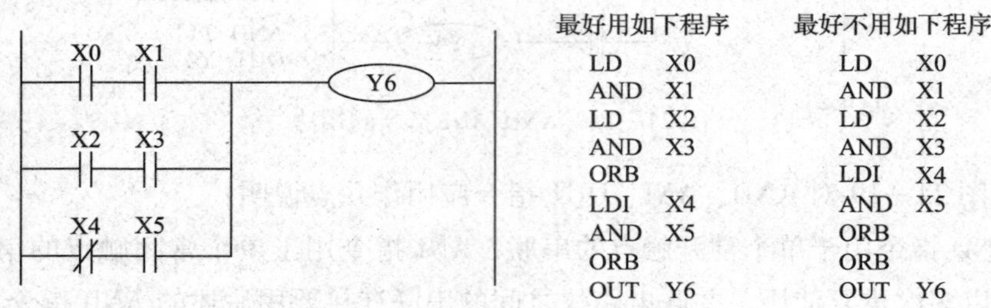

图 24—21 ORB 指令的用法

现结合图 24—21 对 ORB 指令作几点说明：

（1）两个以上的触点串联连接的电路称之为串联电路块。

（2）当并联的串联电路块大于等于三块时，有两种编程方法，但最好采用图 24—21 中间部分表示的编程方法，对串联电路块逐步连接，对每一个电路块使用一次 ORB 指令，这样对 ORB 使用次数无限制。采用图中右边方法编程时 ORB 指令虽然也可连续使用，但重复使用的次数应限制在八次之内。

5. 电路块串联指令（电路块“与”指令 ANB）

ANB 是电路块“与”指令。适用于并联电路块之间的串联连接，或称触点组的串联。在每个由触点并联组成的电路块中，第一个触点要用 LD、LDI 指令开始，并联电路块结束时，要用 ANB 指令与前面电路串联。ANB 指令后面无任何操作元件。多个并联电路块可顺次用 ANB 指令与前面电路串联连接。ANB 指令应用如图 24—22 所示。

6. 多重输出电路指令（MPS、MRD、MPP）

这组指令又称为堆栈指令。利用这组指令可将梯形图中分支点的逻辑运算结果先存储，然后在需要的时候再取出。在 FX_{2N}系列 PLC 中，设计有 11 个存储中间运算结果的存储器，称之为栈存储器。MPS 指令的功能就是将触点数据送入栈存储器，又称为进栈。使用一次 MPS 指令，该处的逻辑运算结果就被推入栈顶。再次使用 MPS 指令时，当前的逻辑运算结果又被推入先前栈顶的上面一层，成为新的栈顶。因此，栈存储器的最上面一层永远是最新被推入的数据。

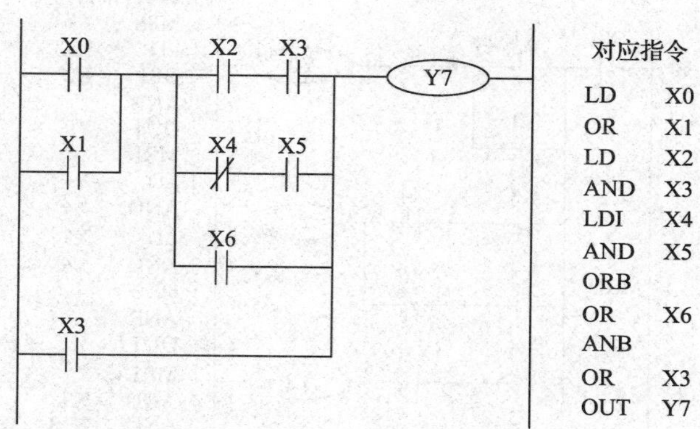
X0
X2
X3
Y7
X1
X4
X5
X6
X3
对应指令
LD X0
OR X1
LD X2
AND X3
LDI X4
AND X5
ORB
OR X6
ANB
OR X3
OUT Y7

图 24—22　ANB 指令的用法

MPP 指令的功能就是把最上面的数据推出栈存储器，又称为出栈。使用 MPP 指令后，最高一层的数据在读出后就从栈内被消除，而栈顶就向下降了一层，原先位于第二层的数据上升为最高一层。栈存储器对数据的这种存储方式称为“后进先出（LIFO）”方式。

MRD 指令是栈存储器最高一层所存的数据的读出专用指令。执行 MRD 指令时，栈存储器的栈顶不发生上、下移动的变化。

这组堆栈指令都是没有操作元件的指令。如图 24—23 所示是应用堆栈指令编程的例子。

使用 MPS、MRD、MPP 指令时应注意以下几点：

（1）MPS、MRD、MPP 指令用于多重输出电路，MPS 指令应先于 MRD、MPP 指令使用。

（2）MRD 用于多重输出电路的中间，MRD 指令可多次使用。

（3）MPP 指令用于多重输出电路的最后，一个 MPS 指令必须配用一个 MPP 指令。

7．主控、主控复位指令（MC、MCR）

MC 是主控指令，相当于一个条件分支。若 MC 指令的控制条件被满足，即执行 MC 所控制的后续程序，否则程序跳过 MC 和 MCR 之间的程序段去执行后续其他程序。

MCR 是主控复位指令。它与 MC 必须成对使用，即 MC 指令后必定要用 MCR 指令来返回母线。

主控指令的格式为：[MC N0 M100]；主控复位指令的格式为：[MCR N0]。指令格式中的 N0 表示主控指令的嵌套层数，第一层为 N0，第二层即为 N1，依次增大。格式中的 M100 称为主控触点，可任意选用 Y 或 M 元件。主控指令和主控复位指令必须配套使用，每使用一次 MC 指令，则在后续程序中必定要使用一次 MCR 指令。

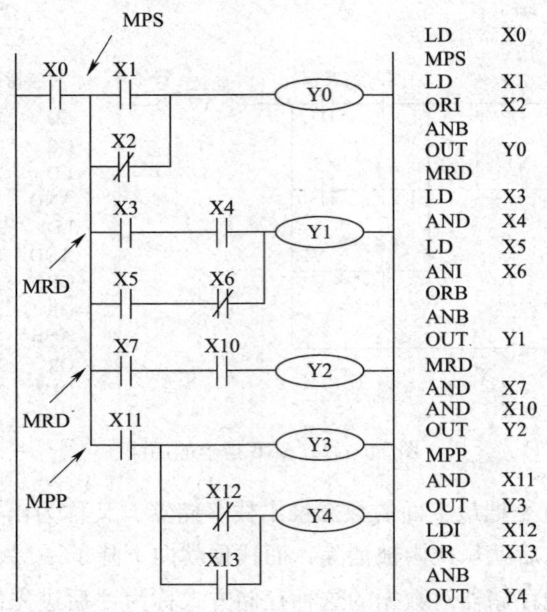

图 24—23　堆栈指令的用法

如图 24—24 所示为应用主控指令编程的例子。

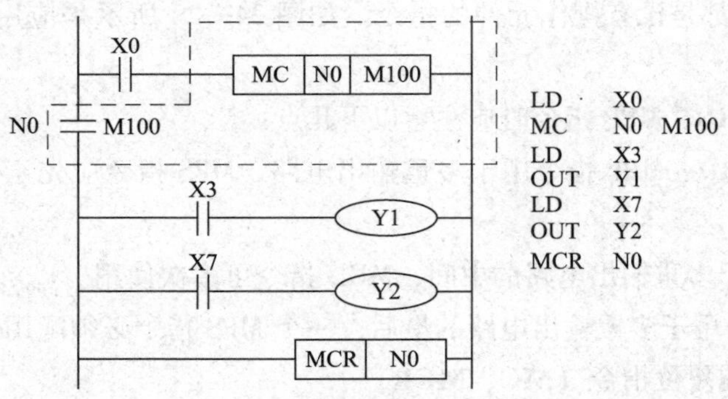

图 24—24　应用主控指令编程

在图 24—24 中，当 MC 的控制条件 X0 接通时，执行 MC 与 MCR 之间的指令。主控触点 M100 接通，母线就移至主控触点 M100 之后成为主控母线，从而执行下边的程序。主控母线上用 LD、LDI 指令开始编程。主控触点可使用的元件只能是 Y、M。使用不同的 Y、M 元件号，可多次使用 MC 指令。而且在 MC 内部（即尚未使用 MCR 指令退出主控之前）还可以嵌套再次使用 MC 指令。

8．置位、复位指令（SET、RST）

SET是置位指令，置某元件状态为ON；RST是复位指令，将某元件状态复位为OFF或对数据寄存器清零。

SET指令使用的元件是位元件Y、M、S；RST指令使用的元件既可是位元件Y、M、S，也可是字元件C、T等。指令用法如图24—25所示。

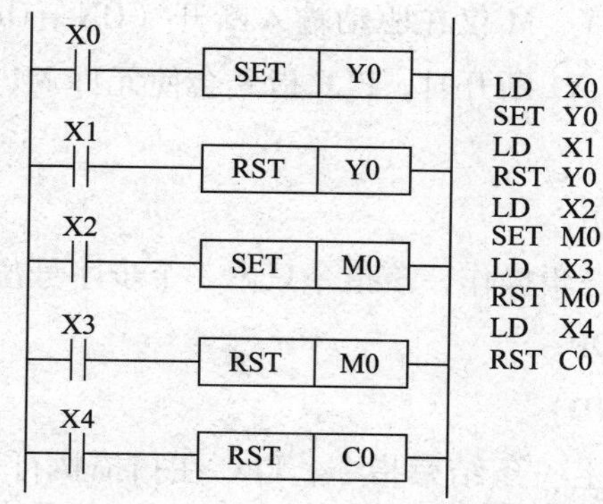

图24—25　SET/RST指令的用法

SET/RST指令具有保持功能，在图24—25中，当X0接通后，Y0被置位；此后即使X0断开，Y0也保持置位状态。同样在X1接通后，即使再变成断开，Y0也将保持复位状态。使用RST指令还可使计数器、定时器等复位。

9．脉冲输出指令（PLS、PLF）

PLS是上升沿脉冲指令，在其控制条件的上升沿会产生一个脉冲输出；PLF是下降沿脉冲指令，在其控制条件的下降沿会产生一个脉冲输出。脉冲指令的使用方法如图24—26所示。

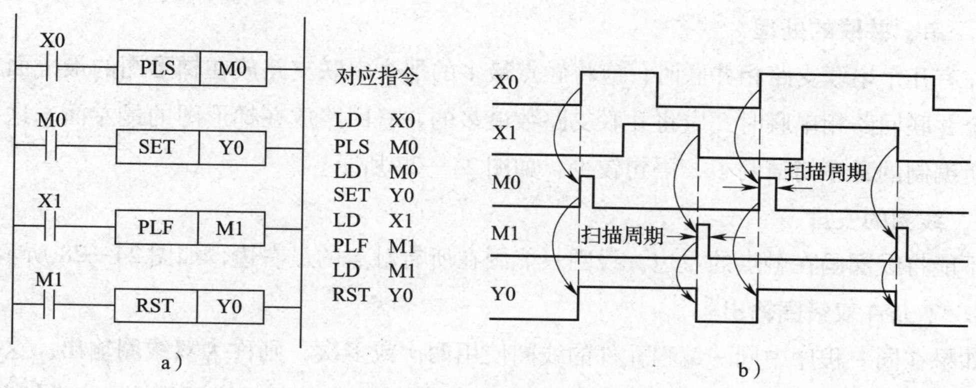

图24—26　PLS/PLF指令的使用方法

a）PLS/PLF指令的使用　b）输入输出波形图

说明：

（1）PLS/PLF 指令的操作元件只能使用 Y、M，不可使用特殊功能辅助继电器。

（2）使用 PLS 指令时，Y、M 仅在驱动输入接通（OFF→ON）后的一个扫描周期内动作（置 1）。如图 24—26 中，当 X0 接通时，PLS 指令会使元件 M0 产生一个扫描周期宽度的脉冲。

（3）使用 PLF 指令时，Y、M 仅在驱动输入断开（ON→OFF）后的一个扫描周期内动作（置 1）。如本图中，当 X1 断开时，PLF 指令会使元件 M1 产生一个扫描周期宽度的脉冲。

10. 空操作指令（NOP）

执行这条指令不作任何逻辑操作，该指令只占一个步序号位置。当执行程序全部清零操作后，所有指令都变成 NOP。

11. 程序结束指令（END）

在程序结束时，必须加上一条结束指令。PLC 在扫描执行用户程序时，到 END 指令即不再执行以后的程序步，直接进行输出处理。若在程序中不写入 END 指令，则 PLC 将从用户程序的第一步扫描到程序存储器的最后一步。

除了以上所介绍的 20 条基本指令之外，在 FX_{2N} 系列 PLC 的基本指令中还有六条触点脉冲指令及一条逻辑运算结果求反指令，本书中不作介绍。

四、可编程序控制器梯形图编程的基本规则

1. 触点的安排

触点应画在水平线上，不能画在垂直分支上。

2. 串、并联的处理

在有几个串联支路相并联时，应将触点最多的那个串联支路放在梯形图的最上面；在有几个并联回路相串联时，应将并联支路数最多的并联回路放在梯形图的最左面。这种安排，所编制的程序简洁明了，语句较少，如图 24—27 所示。

3. 线圈的安排

不能将线圈画在触点的左边，线圈只能画在所有触点的最右边，如图 24—28 所示。

4. 不允许双线圈输出

如果在同一程序中同一编程元件的线圈使用两次或多次，则称为双线圈输出。这时前面的输出无效，只有最后一次才有效，所以在程序中不应出现双线圈输出，如图 24—29 所示。

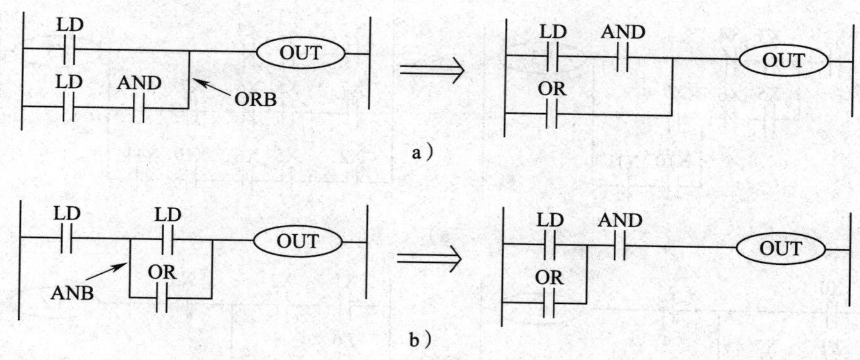

图 24—27　串并联的处理

a）并联支路的处理　b）串联回路的处理

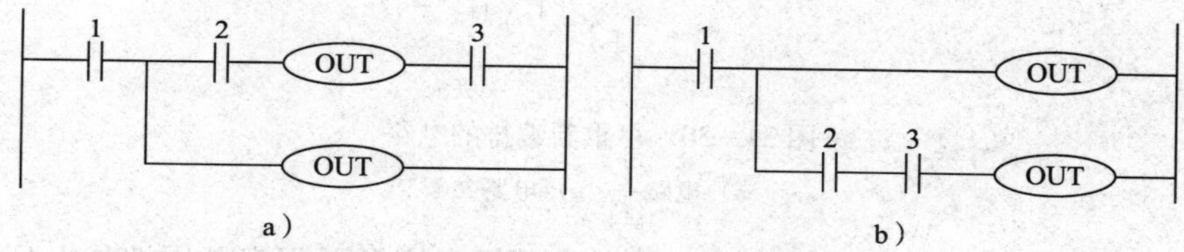

图 24—28　线圈的安排

a）不正确的画法　b）正确的画法

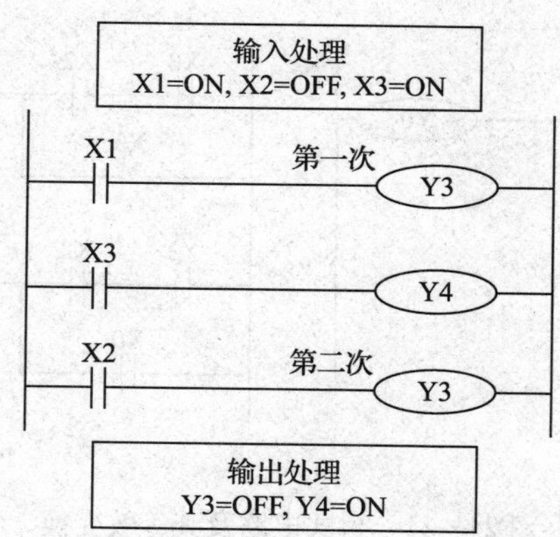

图 24—29　双线圈错误

5．重新编排电路

如果电路结构比较复杂，可重复使用一些触点画出它的等效电路，然后再进行编程就比较容易了。如图 24—30 所示。

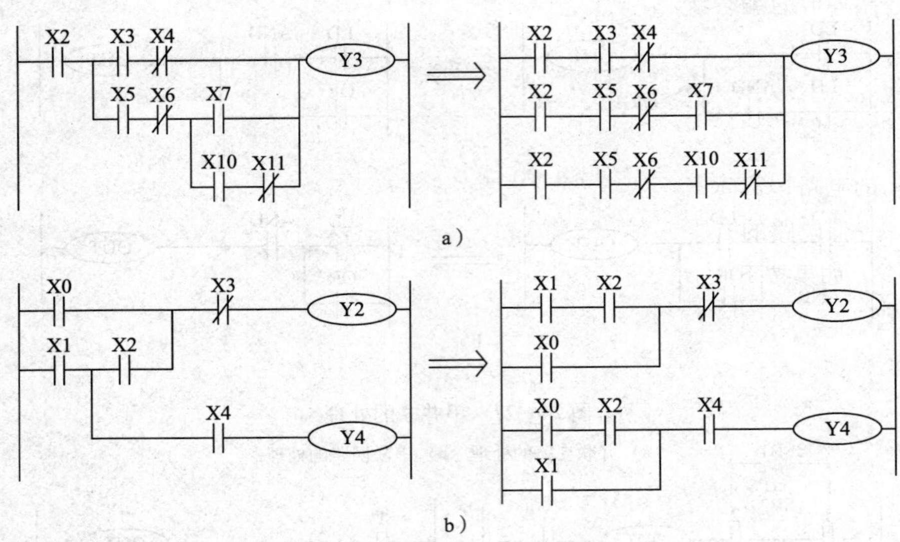

图 24—30　可重新编排的电路

a）电路一　b）电路二

对于如图 24—31a 所示的桥式电路，该电路不符合梯形图程序必须按从上到下、从左到右顺序执行的原则，不能直接编程。应根据等效变换的原则进行改造，使其成为如图 24—31b 所示梯形图后才能进行编程。

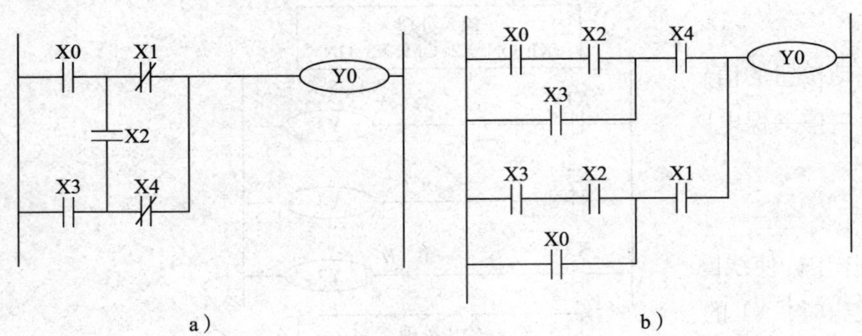

图 24—31　桥式电路及其等效变换

a）桥式电路　b）等效变换后的电路

五、常用基本环节的编程

在学习了 PLC 的基本指令、了解了梯形图的编程规则后，可通过对一些在控制系统中常用的基本环节的设计方法和编程技巧的了解，来熟悉 PLC 程序的设计方法。同时，这些针对基本控制环节的编程方法，也适用于一般 PLC 控制系统，具有一定的实用和参考价值。

1. 启动、保持和停止电路

启动、保持和停止电路是机床控制电路中最常用、最基本的控制电路，也是 PLC 程序编制中常用的电路，常简称为启—停—保电路。

启—停—保电路的工作过程是当按下启动按钮 SB1 后，控制电动机运行的交流接触器 KM1 就吸合，如果按下停止按钮 SB2 后，KM1 就失电断开。将启动按钮接于 X0 端，停止按钮接于 X1 端，交流接触器 KM1 接于 Y0 端，这样 PLC 的接线原理图如图 24—32a 所示，如图 24—32b 所示是启—停—保的梯形图程序。

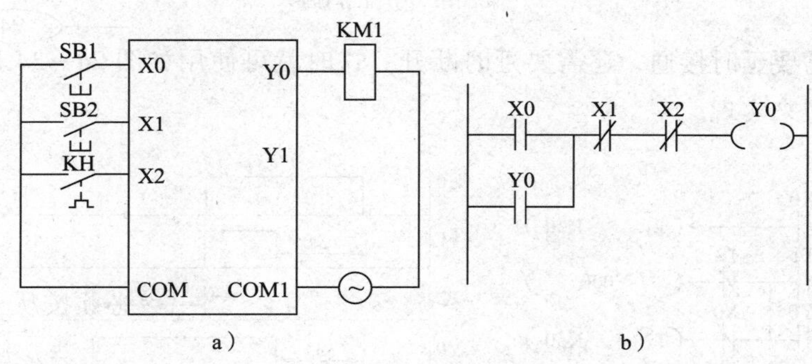

图 24—32　启—停—保电路

a）PLC 接线图　b）启—停—保的梯形图

由于按动按钮的信号是短暂的瞬间信号，而交流接触器 KM1 吸合却是持续保持的信号，因而启—停—保电路是具有记忆功能的电路，记忆功能是由并联在 X0 下面的常开触点 Y0 来实现的。其工作原理是当按动启动按钮使 X0 常开触点闭合，通过停止按钮的常闭触点 X1 使输出继电器 Y0 接通，这时常开触点 Y0 闭合。当 X0 断开时，常开触点 Y0 替代了 X0 的作用，使线圈 Y0 仍然保持接通的状态，此常开触点 Y0 称为“自保触点”。当按下停止按钮时，X1 的常闭触点断开，停止条件满足，使 Y0 的线圈断开，其常开触点也断开，这样即使放开停止按钮，X1 的常闭触点恢复接通状态，Y0 的线圈仍然断开。

在实际应用中，启动或停止电路往往还有许多连锁条件，在满足这些连锁条件时才能启动或使系统停止。因此，在设计梯形图程序时，可参照一般的继电器控制电路，将启动连锁条件与启动按钮（X0）串联；将停止连锁条件与停止按钮（X1）串联。例如图 24—32 所示的热继电器 KH 连接在 X2 上，梯形图中要把 X2 的常闭触点与 X1 串联，这样，一旦在运行中发生过载，KH 动作时，X2 的常闭触点断开，Y0 的线圈即失电断开。

2. 延时环节的实现

在控制系统中经常需要用到延时接通功能，即在某个信号发生时，需要经过一段时间才能进行后续处理，此功能可用如图 24—33 所示程序来实现。

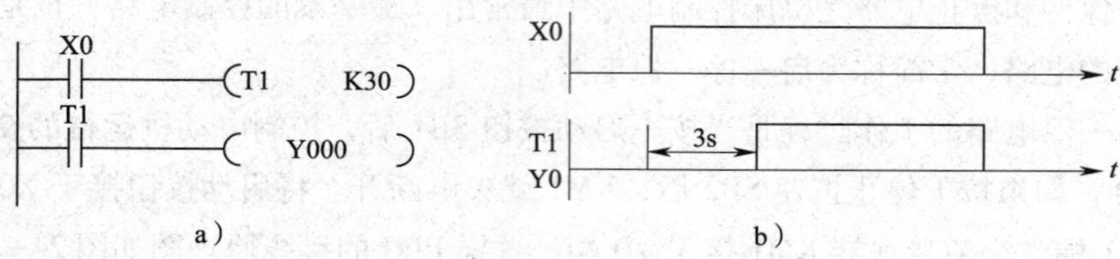

图 24—33　延时接通环节

a）梯形图　b）工作波形

有时不仅需要延时接通，还需要延时断开。这时就可使用如图 24—34 所示的延时接通延时断开环节来实现。

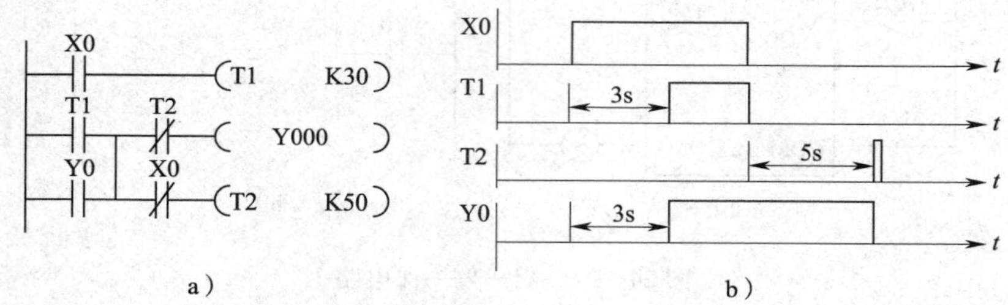

图 24—34　延时接通延时断开环节

a）梯形图　b）工作波形

图 24—34 中，输入 X0 = ON 时，定时器 T1 开始延时。当 T1 延时时间到时，T1 的常开触点接通，Y0 = ON，并且输出 Y0 的触点自锁保持接通，此为 Y0 的延时接通。当输入 X0 = OFF 后，启动定时器 T2，定时 5 s 后，定时器 T2 常闭触点断开，输出 Y0 断开，自锁解除，实现了 Y0 的延时断开功能。

3. 长延时定时器

一般 PLC 内部定时器的设定时间总是有限的，如果需要计时的时间超过了设定值范围，就需要对定时器的设定时间进行扩展。

定时时间的扩展可采用两种方法来实现。第一种方法是将若干个定时器串联使用，如图 24—35a 所示。第二种方法是将定时器和计数器结合使用，如图 24—35b 所示。

图 24—35a 所示方法中，是当 T1 延时完成后 T2 开始延时，当 T2 延时完成后 T3 开始延时，在 T3 延时时间到后 Y0 才输出。因此，定时器串联使用时总的延时时间是各个

定时器定时时间的叠加。从 X0 接通开始延时，总延时时间为 9 000 s。而在图 24—35b 所示方法中，定时器 T1 及其常闭触点构成了一个自激振荡器，每当 T1 延时时间到时，T1 的常闭触点就断开，将 T1 复位；而 T1 一复位，T1 的常闭触点就又接通，T1 又开始重新进行计时。这样，T1 的常开触点是每隔 60 s 会接通一次。每当 T1 的常开触点接通一次，计数器 C0 就要计一次数，直到 C0 到达计数次数时，计数器的触点动作，使 Y0 输出。因此，在图 24—35b 中，是在 X0 接通后经过 60 s×1 500 = 90 000 s，即 25 h 延时后 Y0 才有输出。在 X0 断开后计数器 C0 被复位，其当前计数值被清零，为下一次延时做好准备。

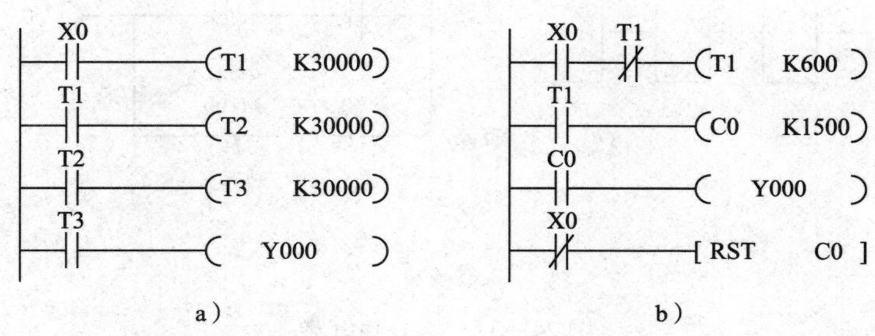

图 24—35 定时时间的扩展方法

a）定时器串联使用 b）定时器和计数器结合使用

4. 振荡电路的实现

用两个定时器，可实现振荡电路的功能，如图 24—36 所示。

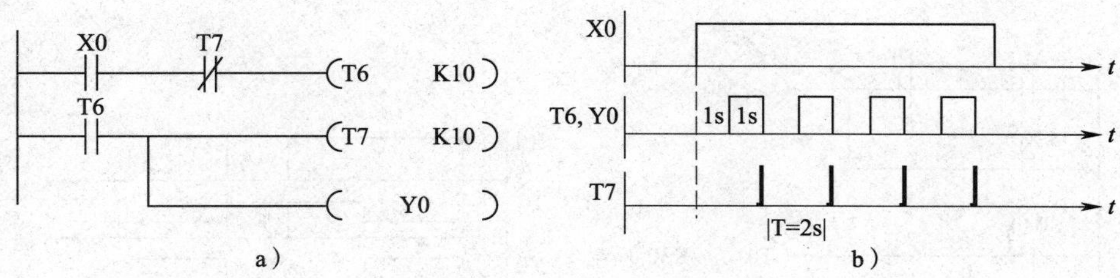

图 24—36 振荡电路的实现

a）梯形图 b）工作波形

图中，Y0 的输出是一个方波脉冲序列，其周期为 2 s，占空比为 50%。若要改变周期或占空比，只需改变两个定时器的设定时间即可。

5. 二分频电路

如图 24—37 所示为一个二分频电路。待分频的脉冲信号加在输入 X0 上，每当 X0 接通一次，就会使M100产生一个脉宽为一个扫描周期的单脉冲。在第一个脉冲信号到来时，Y0接通。到下一个扫描周期时，M100已断开，支路2可以使Y0保持接通。当第二个脉冲到来时，由于此时Y0处于ON状态，使得支路1及支路2都不能接通，Y0的状态由接通变为断开。通过分析可知，X0每送入两个脉冲，Y0产生一个脉冲，实现了对输入X0信号的二分频。

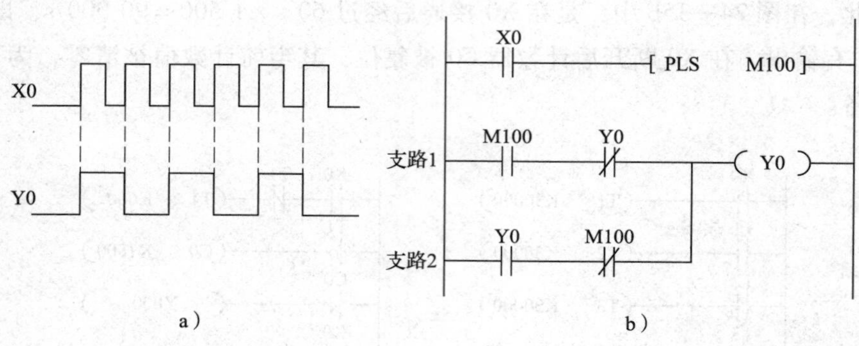

图24—37　二分频电路

a）时序图　b）梯形图

6. 单稳态电路

如图24—38所示梯形图的功能相当于数字电路中的单稳态电路，X0输入的信号为触发信号，从X0输入信号的上升沿开始，可从Y0输出一个脉宽由定时器T0的设定时间来确定的单脉冲。

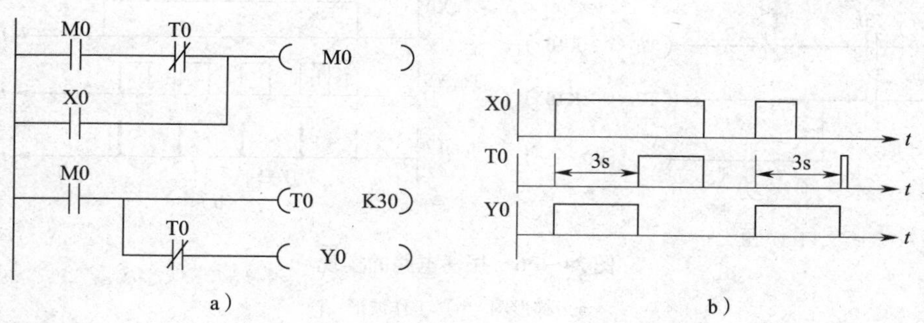

图24—38　单稳态电路

a）梯形图　b）时序图

第 3 节　顺序控制程序的编制

PLC 控制系统的程序编制，基本上可分为两大类：逻辑控制程序和顺序控制程序。对于按照预定的工艺顺序进行工作的系统，在编制 PLC 控制程序时，可采用顺序控制设计法。

所谓顺序控制，就是指按照生产工艺预先规定的顺序，在各个输入信号的作用下，根据内部状态和时间的顺序，在生产过程中控制各个执行机构自动有序地进行操作。

一、顺序控制程序的编制方法

1. 顺序控制设计法

顺序控制设计法最基本的设计思想是将系统的一个工作周期划分为若干个顺序相连的阶段（步，Step），用编程元件（例如 M 或 S）来代表各步。在任何一步内输出量的状态保持不变（ON 状态或 OFF 状态），而在各个步中可执行不同的输出。

使系统由当前步进入下一步的信号称为转换条件。顺序控制设计法就是用转换条件来控制代表各步的编程元件，让它们的状态按一定的顺序变化，然后用代表各步的编程元件去控制输出。

使用顺序控制设计法时，应首先根据工艺过程，画出顺序功能图，然后根据顺序功能图来编制梯形图程序。在有些 PLC 的编程软件中（如西门子的 STEP 7）专门提供了顺序功能图（SFC）编程语言，只要在编程软件中画出顺序功能图就可完成编程工作。

2. 顺序功能图

顺序功能图是反映实际系统的控制过程、功能和特性的一种图形，是设计顺序控制程序的有力工具。顺序功能图并不涉及所描述的控制功能的具体技术，它是一种通用的技术语言，可用于设计和技术人员进一步进行交流。

顺序功能图主要由步、有向连线、转换、转换条件和动作组成。例如图 24—39 所示即为一个控制送料小车装、卸料过程的顺序功能图。图中 M8002 为初始脉冲，在 PLC 由 STOP 进入 RUN 状态时会自动接通一个扫描周期的时间，在顺序功能图中往往利用初始脉冲使程序进入初始步。

在顺序功能图中，往往把整个工艺过程按照顺序执行的动作分割成许多个步，每一步用一个方框表示，在方框中用一个位元件（如辅助继电器 M 或状态元件 S）来代表某一步，例如图 24—39c 中 M1 代表第 1 步，M2 代表第 2 步……在两个方框之间要用有向连线连接，用以表示步之间的连接顺序。在顺序连接且不会引起误解的情况下，有向连线上的箭头可省略不画。有向连线上的短横线代表步之间的转换，在短横线旁应写上可实现转换的逻辑条件，逻辑条件可用逻辑表达式来表示。

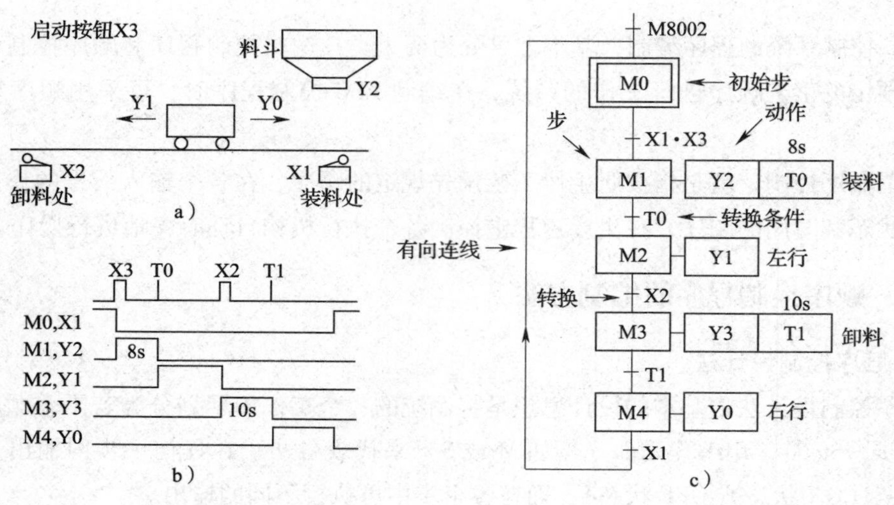

图 24—39 送料小车的顺序功能图和工作波形图

a）送料小车工作示意图 b）工作波形图 c）顺序功能图

3. 步与动作

在顺序功能图中，步是根据输出量的状态变化来划分的，在任何一步之内，各输出量的 ON 或 OFF 状态不变，但是相邻两步输出量总的状态是不同的。在每一步中要向被控对象发布某些命令，使输出量设定为一定的状态，从而使被控对象完成某个工艺过程，这些命令即称为“动作”。在图 24—39c 中的 M1 ~ M4 等各步右边的 Y2、T0、Y1、Y3、T1、Y0 即分别是在各步中所做的动作。在各个步中，与初始状态相对应的步称为“初始步”，初始状态一般是系统等待启动命令的相对静止的状态，初始步用双线方框表示。而当系统正处于某一步所在的阶段时，该步处于活动状态，称该步为“活动步”，图中用单线方框表示。步处于活动状态时，相应的动作被执行；处于不活动状态时，相应的未被保持的动作被停止执行。

4. 转换实现的基本规则

在顺序功能图中，步的活动状态的进展是由转换的实现来完成的。转换的实现必须同时满足以下两个条件：①该转换所在位置的所有前级步都是活动步；②相应的转换条件得到满足。在转换实现时，应完成以下两个操作：①使所有由有向连线指向的后续步都变为活动步；②使该转换所有的前级步都变为不活动步。

转换实现的基本规则根据的是顺序功能图设计梯形图的基础，它适用于顺序功能图中的各种基本结构和各种顺序控制梯形图的编程方法。

5. 实现转换的方法

根据顺序功能图设计梯形图的方法称为顺序控制梯形图的编程方法。在编制顺序控制梯形图时，通常用一个位元件（如 M、S）来代表某一步，某一步为活动状态时，该位元件的状态为 1，否则为 0。某一转换实现时，该转换的后续步变为活动步，而前级步变为不活动步。为此，在程序设计中，应使用具有记忆功能的回路或指令来控制这些位元件的状态。在实践中，常常采用以下几种方法来实现步序的转换。

（1）使用启—停—保电路的编程方法。在图 24—39 所示的功能图中，步 M1、M2、M3、M4 是顺序相连的四步。分析从 M1 步转换到 M2 步可知，T0 是步 M2 之前的转换条件。在 M1 步为活动步时，M1 为 ON。当 M1 步后的转换条件 T0 = 1 时，应使 M2 步为活动步，而 M1 步变为非活动步，也就是要使 M2 = 1，M1 = 0。同理，在转换到 M3 后，应使 M2 = 0，转换到 M4 后，应使 M3 = 0。因此，可采用如图 24—40 所示的启—停—保电路来实现此类转换，以步 M1 转换到步 M2 为例：将 M1、T0 的常开触点作为启动按钮；M3 的常闭按钮作为停止按钮；M2 的线圈作为输出；M2 的常开触点作为自保触点，以便在转换条件 T0 消失及 M1 被清零后仍能保持 M2 = 1。这样，在 M1 = 1 时，只要转换条件满足，T0 = 1 即可使 M2 = 1，M2 的常闭触点断开，使 M1 = 0；而在 M2 = 1 时，只要转换条件满足，X2 = 1 即可使 M3 = 1，同时用 M3 的常闭触点使 M2 = 0。其余步的转换可以依次类推。图 24—40 是用启—停—保电路编制的对应于图 24—39c 所示顺序功能图的顺序梯形图。

（2）用 R/S 指令的编程方法。如图 24—41a 所示给出了用 RST/SET 指令编程的顺序功能图与梯形图的对应关系。从图中可见，只要满足转换所在位置的前级步是活动步（M1 = 1）及转换条件（X1 = 1），就能实现从 M1 步到 M2 步的转换。在实现转换时，应完成两个操作：用“SET M2”将该转换的后续步 M2 置位为活动步，并用“RST M1”将前级步 M1 复位为不活动步。如图 24—41b 所示为对应于图 24—39c 所示顺序功能图的梯形图。梯形图中的指令“ZRST M1 M4”表示从 M1 到 M4 全部复位。

除了以上所介绍的两种方法之外，能实现转换的方法还有很多，例如使用移位寄存器使代表各步的编程元件的状态发生变化而实现步序的转换；使用状态字的不同数值来代表各步，通过对状态字赋值来实现步序的转换等。在此不一一叙述。

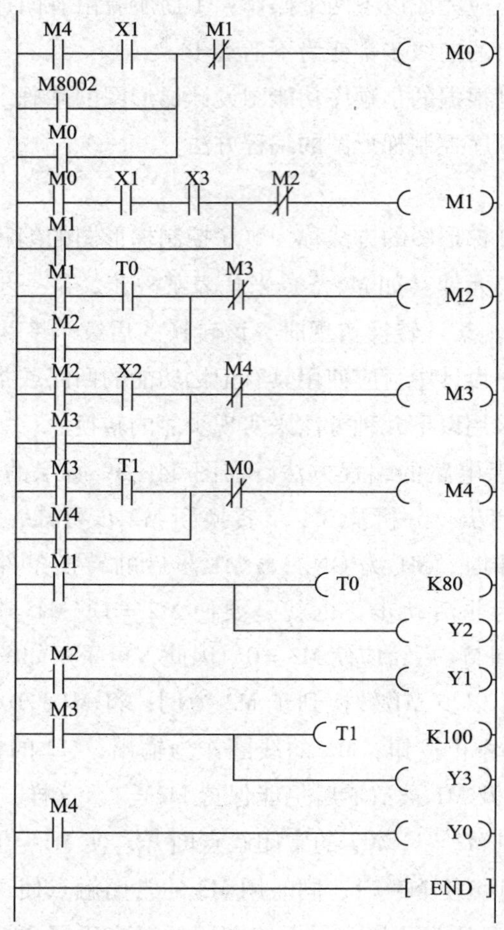

图 24—40　用启—停—保电路编制顺控

6. 应用顺序控制设计法的几点注意事项

应用顺序控制设计法来编制顺序控制程序时，最重要的步骤是要根据实际系统的工艺过程来画出顺序功能图。在设计顺序功能图时，应特别注意以下几点。

（1）注意工艺要求和 I/O 分配。在编程时首先要把工艺要求吃透，否则难以编制出正确的程序。根据工艺要求将整个任务分成若干步，各步之间的转换条件要全部找出。在实际系统中，这些转换条件有的是表示某个位置的限位开关或表示某个距离（位移）的脉冲计数信号；有的是表示某个过程的时间；还有的可能是达到某种工艺要求的传感器信号，如温度、压力等。在编制顺序控制程序时，应把这些信号，例如各种限位开关、接近开关、脉冲计数信号等作为各步之间的转移条件。在进行 I/O 分配时，要把所有的指令信号

（如启动、停止按钮）、转换信号及所有的输出设备都配置到适当的输入输出端口供编程和接线使用。

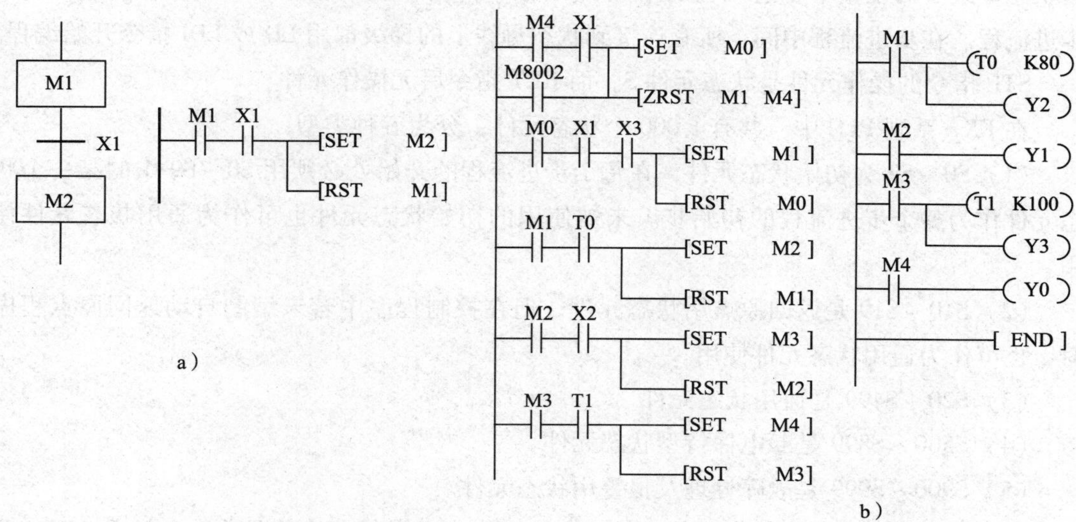

图 24—41 用 RST/SET 指令实现转换的编程方法

a）用 RST/SET 指令实现转换的编程方法 b）对应图 24—39c 的梯形图

（2）注意初始条件的使用。PLC 从 STOP 进入 RUN 状态后，在顺序控制过程启动之前，应使顺控程序进入初始步。一般使用 PLC 内部的初始脉冲 M8002，或利用系统中的某个开关（如手动/ 自动工作方式切换开关）作为使顺控程序进入初始步的初始条件。

（3）注意顺序功能图和梯形图之间的关系。按照顺序功能图编制顺序控制梯形图时可采用多种方法，梯形图中各步的输出和顺序功能图中应基本一致，但根据具体情况，例如为了避免双线圈输出错误的发生，可进行相应的调整。

二、步进顺控指令及状态转移图

在一些 PLC 中提供了专门用于实现顺序控制的步进指令，利用步进指令可以很方便地实现顺序控制。

1. STL、RET 指令

三菱 FX_{2N} 系列 PLC 有两条步进指令：STL 和 RET，专供编制顺序控制程序使用。使用步进指令编制的顺序控制程序也可称为步进程序，梯形图称为步进梯形图，整个顺序控制流程则称为步进流程，对应的顺序功能图则被称为状态转移图。

STL 是步进阶梯开始指令，也称为步进触点指令；RET 是步进结束指令。在步进梯形图中，每一个步进阶梯的开始必须用 STL 作为步进触点，将主母线转移到 STL 触点后，成为状态母线。而在整个步进流程的末尾，要用 RET 指令使状态母线返回到主母线，结束步进流程。在步进流程中间，所有连接到状态母线上的梯级都用 LD 或 LDI 指令开始编程。

STL 指令的操作元件是状态元件 S，而 RET 指令后无操作元件。

在 FX_{2N}系列 PLC 中，共有 1 000 个状态元件，分为五种类型：

（1）S0 ~ S9 为初始状态元件，在每个步进流程的开始处必须用 S0 ~ S9 中的某一个状态元件作为整个步进流程的初始步。未被使用的初始状态元件也可作为通用状态元件使用。

（2）S10 ~ S19 是返回原点用状态元件，但在控制程序中若未编制自动返回原点程序时，也可作为通用状态元件使用。

（3）S20 ~ S499 是通用状态元件。

（4）S500 ~ S899 是断电保持型状态元件。

（5）S900 ~ S999 是故障处理及报警用状态元件。

在步进流程中，每个状态元件 S 代表一个工作步。当某个状态元件被置位后，对应的某个步进触点即被激活，该工作步即成为活动步。在步进程序中，只有活动步中的动作能被驱动，非活动步中的程序在 PLC 的循环扫描过程中是不被执行的，因此非活动步中的动作不能被驱动。

当活动步后的转换条件满足时，即对下一步的状态元件置位，该状态元件通过 STL 指令被激活后，步进流程进入下一步，STL 触点接通，其后的电路开始工作。而原活动步中的状态元件被自动复位，前一状态中的电路被自动断开停止工作。

在用步进指令编程时，状态转移图、步进梯形图及指令语句表之间具有确定的对应关系。如图 24—42 所示即为这三者之间的关系。

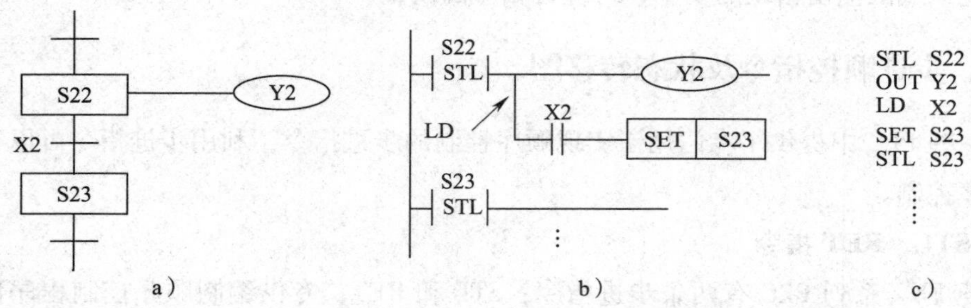

图 24—42　步进程序中状态转移图、步进梯形图及指令语句表之间关系

a）状态转移图　b）步进梯形图　c）与梯形图对应的语句表

2. 状态转移图的画法

在使用步进指令编制顺序控制程序时，用状态元件 S 来表示每一步，此时顺序功能图即变为一种步进指令专用的特殊形式，称为状态转移图。图 24—42a 中即是状态转移图的形式。

状态转移图的画法基本与顺序功能图相同，用一个状态元件 S 代表一步，称为一个状态。每个状态中一般应有三个要素：动作、转移条件（即转换条件）和转移目标。动作即为在此步中所要驱动的负载；转移条件即为动作所应达到的程度，转移条件变为有效即意味着此步中的动作执行的结束，当转移条件被满足时则应进行步序的转换；转移目标则是指示下一步应激活的步序。

在设计状态转移图时应遵循一定的规则，详情如下。

（1）初始步必须用初始状态 S0 ~ S9 中的一个来表示，只有初始状态能在步进流程之外进行置位，其他状态都只能在步进流程内部，在 STL 触点之后的程序中进行置位。一般用初始脉冲 M8002 或切换开关作为初始条件对初始状态置位。

（2）两个步绝对不能直接相连，必须用转换将它们隔开。

（3）自动控制系统应能多次重复执行同一工艺过程，因此在状态转移图中一般应有由步和有向连线组成的闭环，即在完成一次工艺过程的全部操作之后，应从最后一步返回到初始步，系统停留在初始状态（单周期操作）。而在连续循环工作方式时，将从最后一步返回到下一工作周期开始运行的第一步。

（4）在步进流程中，不能使用 MC、MCR 等指令。虽然不禁止使用 CJ 指令，但因其操作复杂，应尽量避免使用。在中断程序与子程序内，不能使用步进指令。在转移条件中不能使用 ANB、ORB、MPS、MRD、MPP 等指令。

（5）两个相邻的状态中不要使用同一个定时器。

（6）在不会被同时激活的两个状态中允许驱动同一个元件的线圈，而不会产生双线圈输出错误。但在同一个状态中或可能会同时被激活的两个状态中，不允许驱动同一个元件的线圈。

（7）状态转移图结束处必须使用一条 RET 指令来退出步进流程，在全部程序结束时应使用 END 指令。

3. 状态转移图的几种流程及其编程

设计状态转移图时，可根据工艺流程的要求，使用各种不同的步进流程。其中最常用的是单流程（也称为单序列），此外，还有跳转、循环、选择分支、并行分支等不同流程可使用。

（1）单流程。按顺序从上到下依次执行，没有分支出现的流程称为单流程，如图

24—43 所示。对单流程编程时，只要依次将各步写出梯形图程序或语句表程序即可，每个状态中一般都应包含三个要素。

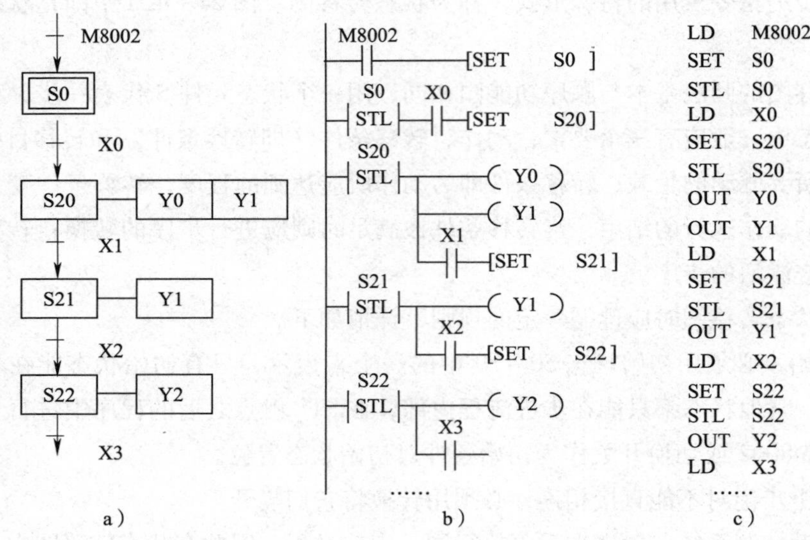

图 24—43 单流程
a）状态转移图 b）步进梯形图 c）语句表

（2）跳转和循环。向上游转移的流程称为重复或循环，向下游或别的流程直接转移的称为跳转，如图 24—44 所示。对循环或跳转流程，在编程时只要在转出之处根据转移条件指出转移目标，而在转入处不必另行编程。如图 24—44a 所示的循环流程，其对应的语句表程序如图中左边所示，只需在转出处 S21 中指出转移到 S0 即可。另外，在 FX_{2N} 的编程手册中规定，当转移目标是分离的状态时，要用 OUT 指令对转移目标置位，如图 24—44a 所示的［OUT S0］。

（3）选择分支的编程。根据不同的条件，转移到不同的状态工作，最后仍汇合到同一条支路的流程称为选择性分支。如图 24—45 所示为选择分支的例子。在图 24—45 中，分支选择的条件 X1 和 X4 不能同时接通，即选择分支在分支处的转移条件是互斥的，在几条分支中只能选择一条支路。在汇合处，状态元件 S26 由 S23 或 S25 分别置位。

（4）并行分支的编程。根据同一个转移条件同时转移到几条支路工作，等各条支路全部完成后，再汇合在一起并转移到后续状态，这种流程称为并行分支，如图 24—46 所示。图 24—46 中水平双线强调的是并行工作。并行分支在分支处由同一个转移条件同时对多个状态进行置位；在汇合处要重新激活各条支路的最后一个状态，等各支路末尾的转移条件全部被满足时，汇合到一起并转移到后续状态。

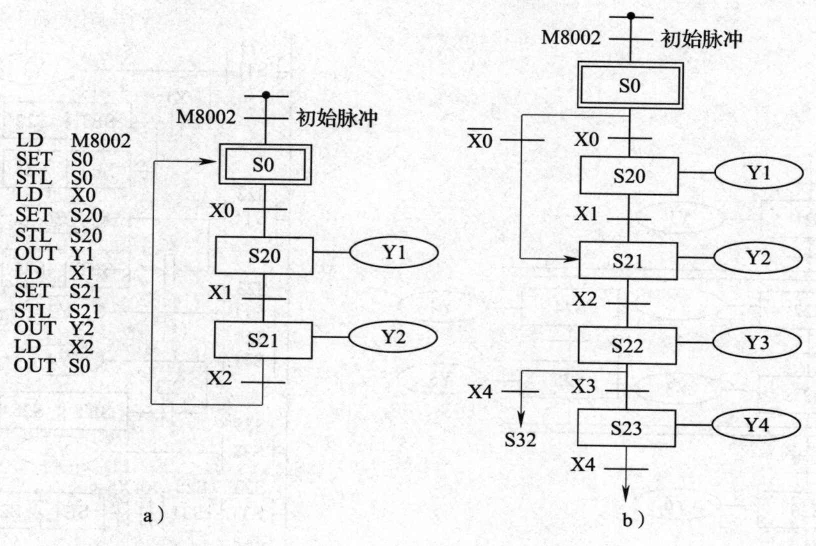

图 24—44 跳转和循环

a）循环 b）跳转

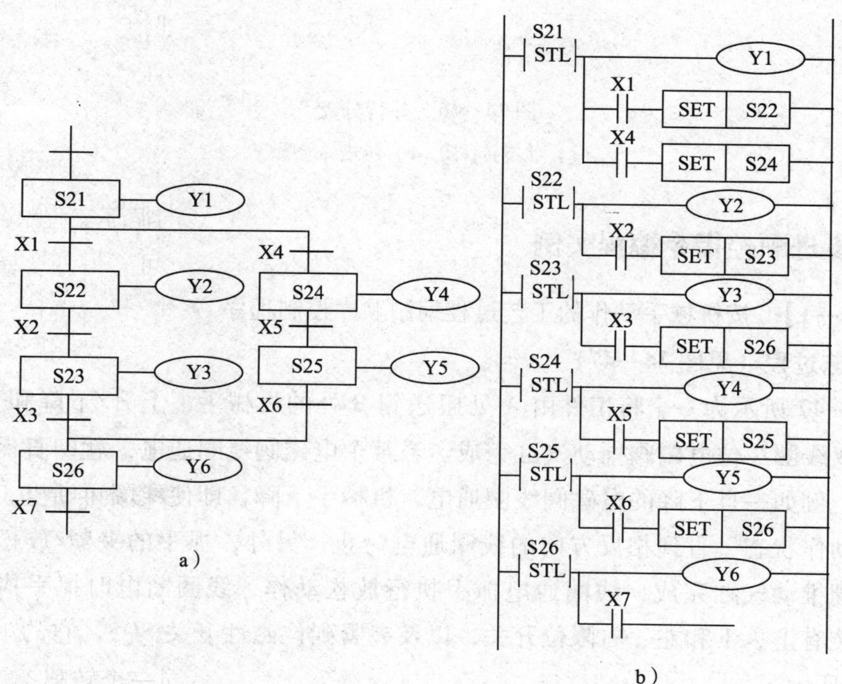

图 24—45 选择性分支

a）状态转移图 b）步进梯形图

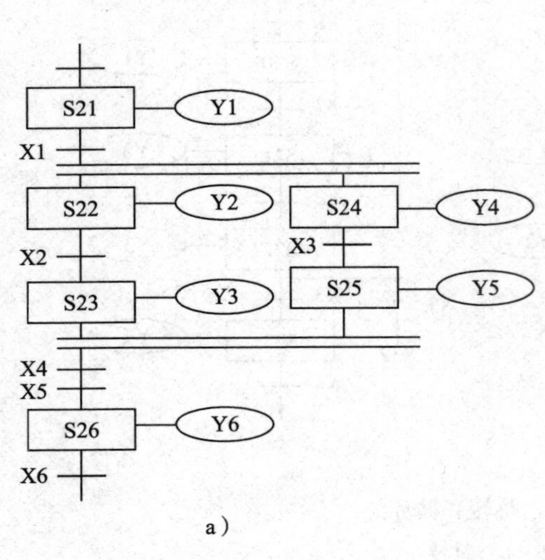

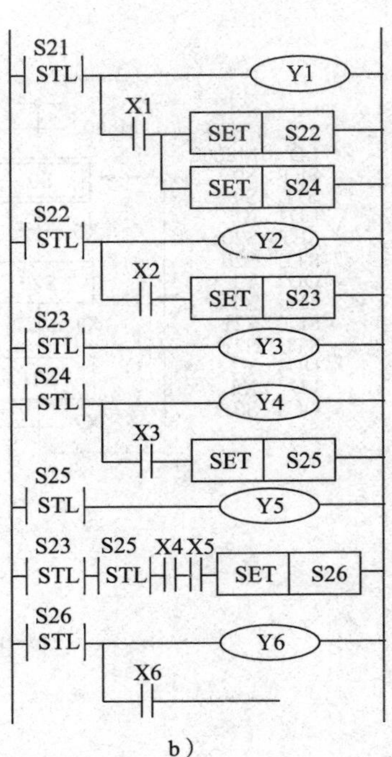

图 24—46　并行分支

a）状态转移图　b）步进梯形图

三、步进顺控指令编程实例

【例 24—1】 按机械手动作的工艺过程编制顺序控制程序

1. 工艺过程（见图 24—47）

图 24—47 所示为一个将工件由 A 处搬送到 B 处的机械手，上升/下降和左移/右移的执行用双线圈二位电磁阀推动气缸完成。当某个电磁阀线圈通电，就一直保持现有的机械动作，例如一旦下降的电磁阀线圈通电，机械手下降，即使线圈再断电，仍保持现有的下降动作状态，直到相反方向的线圈通电为止。另外，抓手的夹紧/放松由单线圈二位电磁阀推动气缸完成，线圈通电抓手执行放松动作，线圈断电时抓手执行夹紧动作。设备装有上、下和左、右限位开关，以及夹紧到位磁性开关 SQ5。它的工作过程如图 24—47 所示。

机械手搬运系统的原点为左上方所达到的极限位置，其左限位开关闭合，上限位开关闭合，机械手处于夹紧状态。

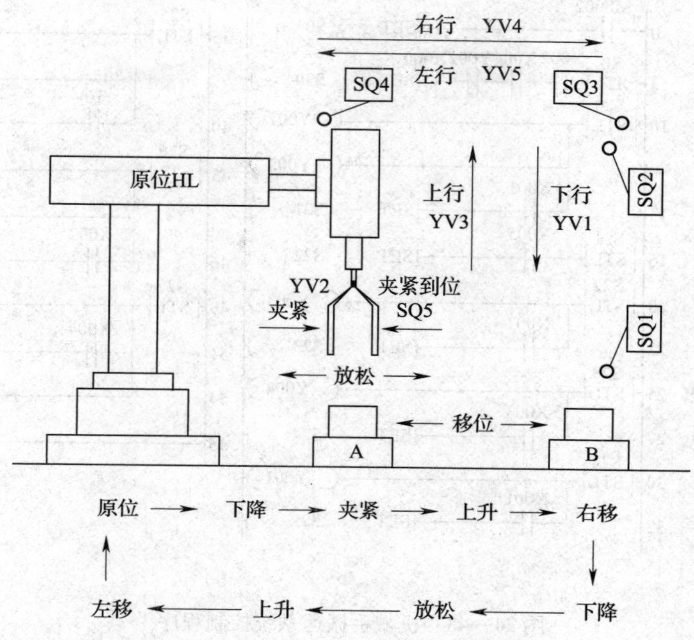

图 24—47　机械手搬运系统模拟运行图

2. 控制要求

按启动按钮 SB1 后，机械手按照图 24—47 所示工作过程完成一个工作周期后自动停止。

3. 程序设计过程

（1）写出 I/O 分配表见表 24—2。

表 24—2　　**输入输出端口配置表**

输入设备	输入端口编号	输出设备	输出端口编号
启动按钮 SB1	X0	下降电磁阀 YV1	Y1
下限位 SQ1	X1	抓手电磁阀 YV2	Y2
上限位 SQ2	X2	上升电磁阀 YV3	Y3
右限位 SQ3	X3	右移电磁阀 YV4	Y4
左限位 SQ4	X4	左移电磁阀 YV5	Y5
夹紧到位 SQ5	X5		

（2）画出实现机械手 PLC 控制的状态转移图如图 24—48a 所示。

（3）用步进指令编写机械手 PLC 控制程序如图 24—48b 所示。

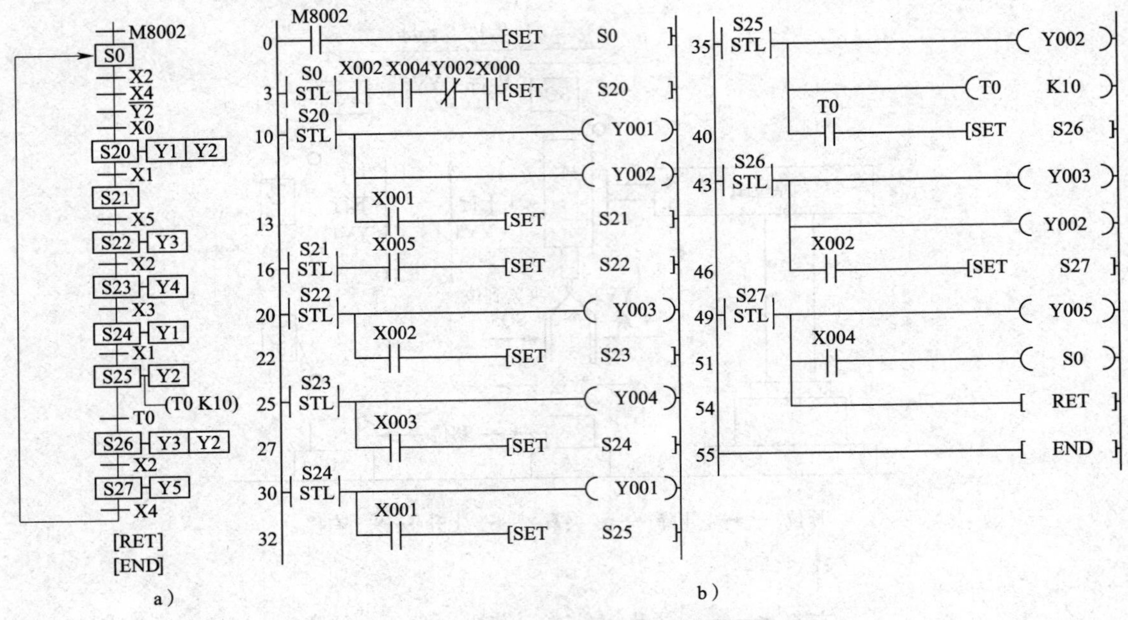

图 24—48　机械手搬运系统控制程序

a）状态转移图　b）步进梯形图

【例 24—2】　多种液体混合系统 PLC 控制程序编程

1. 工艺流程

多种液体混合系统的示意图如图 24—49 所示，其工艺流程如下。

（1）初始状态：容器是空的，电磁阀 Y1、Y2、Y3、Y4 的状态为 OFF；液面传感器 L1、L2、L3 的状态为 OFF；搅拌机电动机 M 为 OFF 状态。

（2）按下启动按钮 SB1，Y1 = ON，液体 A 进容器。当液面达到 L3 时，L3 = ON，Y1 = OFF，Y2 = ON，液体 B 进入容器。当液面达到 L2 时，L2 = ON，Y2 = OFF，Y3 = ON，液体 C 进入容器。当液面达到 L1 时，L1 = ON，Y3 = OFF，电动机 M = ON 开始搅拌。

（3）搅拌 10 s 后，M = OFF，电炉 H = ON，开始对液体加热。

（4）当达到一定温度时，温度传感器 T = ON，H = OFF，停止加热，Y4 = ON，放出混合液体。

（5）液面下降到 L3 后，L3 = OFF，再过 5 s，容器放空，Y4 = OFF。

（6）要求中间间隔 5 s 后，开始下一周期，如此连续循环。

2. 控制要求

按下启动按钮 SB1 后自动连续循环，按下停止按钮 SB2 后，要在一个混合过程结束后才可停止。

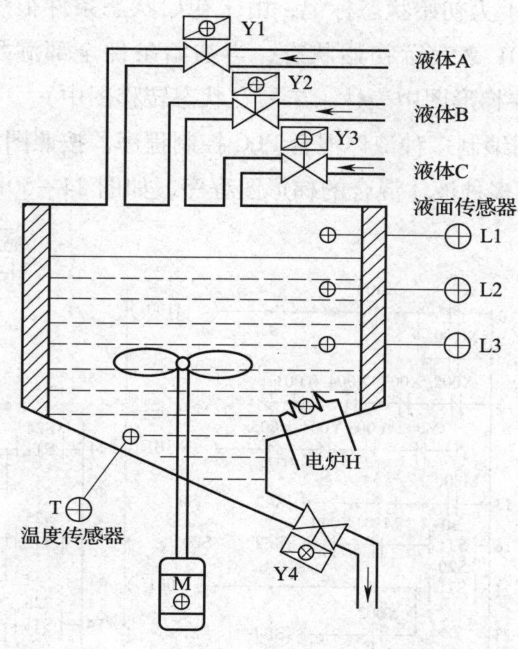

图 24—49　多种液体混合系统示意图

3. 程序设计过程

（1）根据工艺要求写出 I/O 分配表见表 24—3。

表 24—3　　**输入输出端口配置表**

输入设备	输入端口编号	输出设备	输出端口编号
启动按钮 SB1	X0	液体 A 进料电磁阀	Y1
停止按钮 SB2	X1	液体 B 进料电磁阀	Y2
液面传感器 L3	X2	液体 C 进料电磁阀	Y3
液面传感器 L2	X3	混合液体出料电磁阀	Y4
液面传感器 L1	X4	搅拌泵电动机 M	Y5
温度传感器 T	X5	电炉 H	Y6

（2）画出实现多种液体混合 PLC 控制的状态转移图。画出状态转移图如图 24—50a 所示。图中 M100 是停止标记，未按停止按钮时 M100 = 0，按过停止按钮后 M100 = 1。在一次循环结束处用停止标记 M100 来判断是要停止还是继续循环，停止标记状态为“1”时，M100 的常开触点接通，转移到初始步 S0 等待下一次启动；停止标记状态为“0”时，M100 的常闭触点接通，返回 S20 步开始下一次循环。

在状态转移图中 M101 为初始状态标记，由于初始状态条件很多，逐一写在状态转移图中太烦琐，因此用 M101 来表示初始状态，当初始条件全部满足时，M101 =1，否则 M101 =0（M101 的置位在梯形图中表达，未写在状态转移图中）。

（3）根据状态转移图编制多种液体混合 PLC 控制程序。按照图 24—50a 所示的顺序功能图，用步进指令来编写多种液体混合的梯形图程序，如图 24—50b 所示。

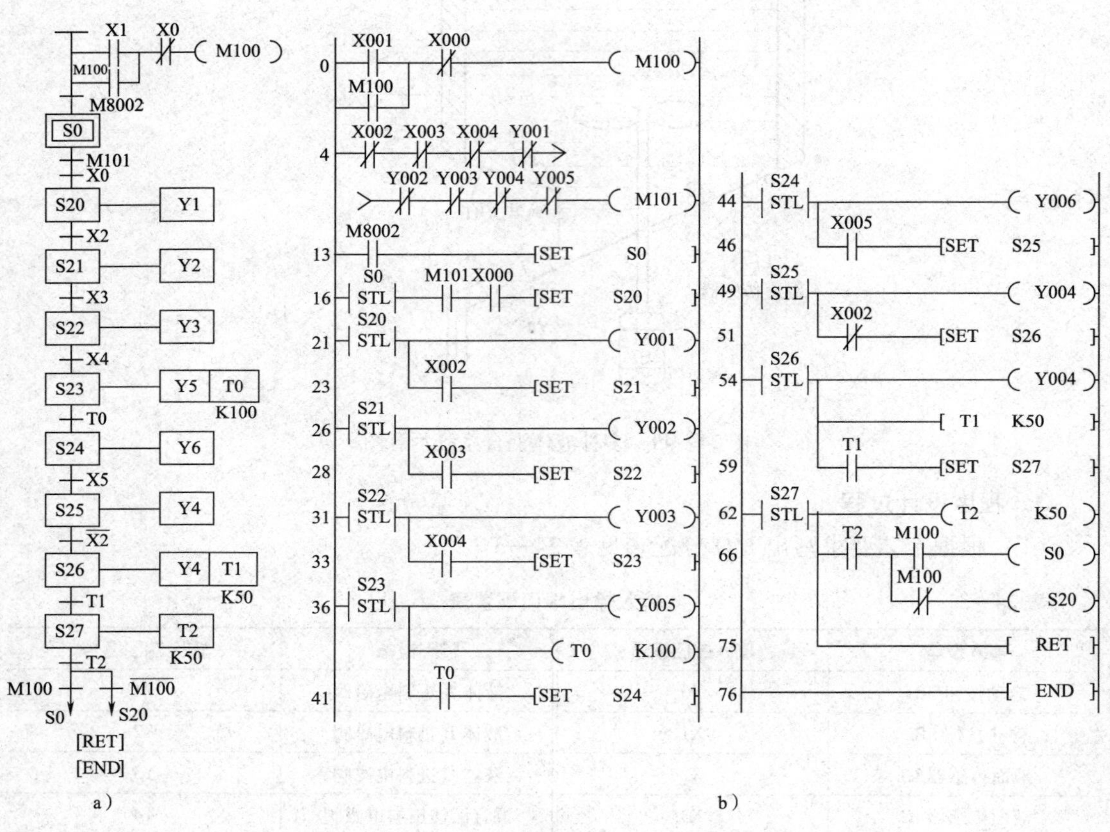

图 24—50　多种液体混合系统控制程序

a）状态转移图　b）步进梯形图

【例 24—3】　剪板机 PLC 控制程序编程

1. 工艺流程

钢板剪板机的示意图如图 24—51 所示。开始时压钳和剪刀在上限位置，压钳上限位开关 SQ1 和剪刀上限位开关 SQ2 都为 ON 状态，板料的右端在压钳和剪刀交接处的下方。按下启动按钮 SB，工作过程如下：首先板料右行至限位开关 SQ4 处，然后压钳下行；压紧板料后，压力继电器 KP 为 ON 状态，剪刀开始下行。剪断板料后，剪刀剪断位置限位开关 SQ3 变为 ON 状态，压钳和剪刀同时上行，它们分别碰到限位开关 SQ1 和 SQ2 后，分别停止上行。压钳和剪刀均停止后，一个工作周期结束。

2. 控制要求

一张钢板需被平均剪断为六块板料。要求在剪板机启动后，连续剪完五块料后剪板机停止工作并停在初始状态。

3. 程序设计过程

（1）根据工艺要求写出 I/O 分配表见表 24—4。

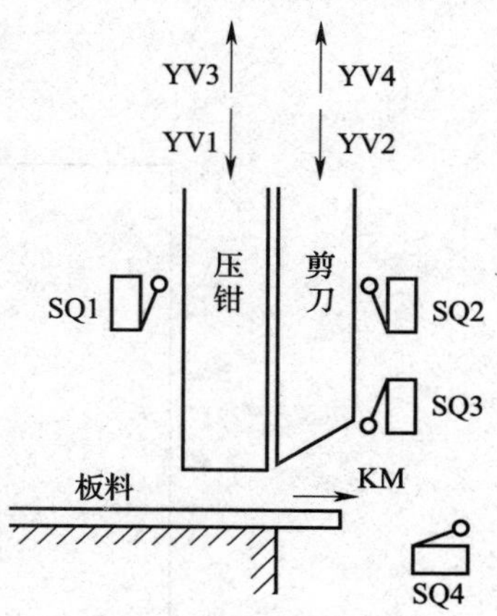

图 24—51　钢板剪板机示意图

表 24—4　　剪板机输入输出端口配置表

输入设备	输入端口编号	输出设备	输出端口编号
压钳上限位 SQ1	X0	板料右行接触器 KM	Y0
剪刀上限位 SQ2	X1	压钳下行电磁阀 YV1	Y1
剪刀剪断位限位 SQ3	X2	剪刀下行电磁阀 YV2	Y2
板料到位限位 SQ4	X3	压钳上行电磁阀 YV3	Y3
压力继电器 KP	X4	剪刀上行电磁阀 YV4	Y4
启动按钮 SB	X10		

（2）画出实现剪板机 PLC 控制的状态转移图如图 24—52 所示。

控制压钳和剪刀下行及上行的液压缸是用双线圈电磁阀驱动换向的，双线圈换向阀本身有记忆功能，所以在步 S22 中 Y1 不用保持。

计数器 C0 用来控制剪料的次数，一次工作循环完成后，在步 S27 使 C0 的当前值加 1。没有剪完五块料时，C0 的当前值小于设定值 5，其常闭触点闭合，转换条件 $\overline{\text{C0}}$ 满足，将返回 S20 步，开始剪下一块料。剪完五块料后，C0 的当前值等于设定值 5，其常开触点闭合，转换条件 C0 满足，将返回初始步 S0，等待下一次启动命令。

对计数器的复位操作是必不可少的，否则在剪完五块料，下一次启动后 C0 的常开触点仍然闭合，只能剪一块料。对计数器的复位必须在循环运行之外进行，如果在工作循环内对计数器复位，计数器的当前值永远到不了设定值，剪板机将会不停地剪料。

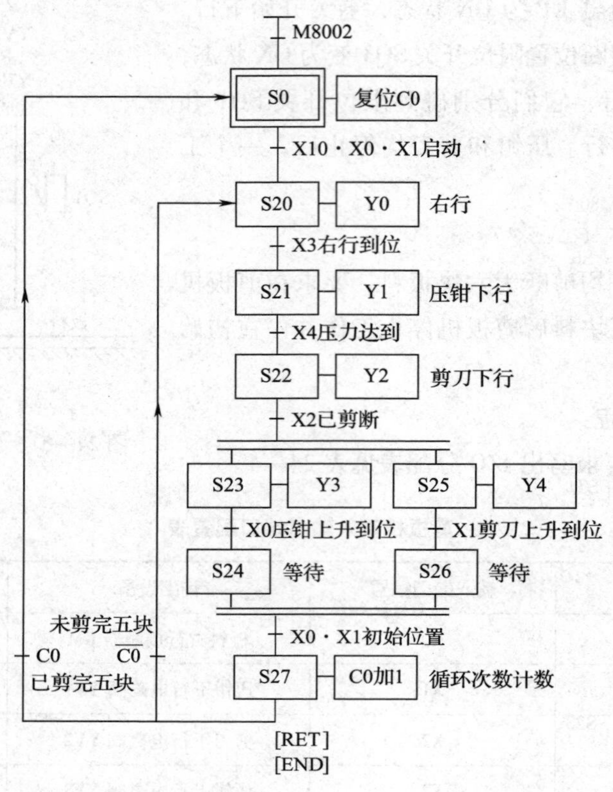

图 24—52 剪板机 PLC 控制状态转移图

步 S24 和步 S26 为空步，不进行任何操作。设置 S24 和 S26 的目的是为了使压钳或剪刀任何一个上行到位时等待另一个上行到位。因为在运行并行分支时，必须等汇合点之前所有的前级步都为活动步时才能汇合并转移到下级步，如果几条分支的运行进度有快有慢，就必须等待。而在等待时，已上升到限位的机构不允许继续上升，因此要使其进入空步以停止上升的动作来进行等待。

（3）根据状态转移图编制剪板机 PLC 控制程序。按照图 24—52 所示的顺序功能图，用步进指令来编写剪板机的 PLC 控制梯形图程序，如图 24—53 所示。

四、注意事项

1. 注意避免双线圈输出

用步进指令编制顺序控制程序时，不会被同时激活的各个状态中允许对同一个编程元件的线圈进行输出，不会产生双线圈输出错误。但如果在步进流程之外也要对同一个编程元件的线圈进行输出时，仍然会发生双线圈输出的错误，此时该输出元件的状态取决于程序中最后一次对该元件的输出状态。因此，在碰到此种情况时，往往把在步进流程之外对编程元件线圈的输出放在步进流程之前进行，这样可避免步进流程中的动作受到双线圈输出的影响。

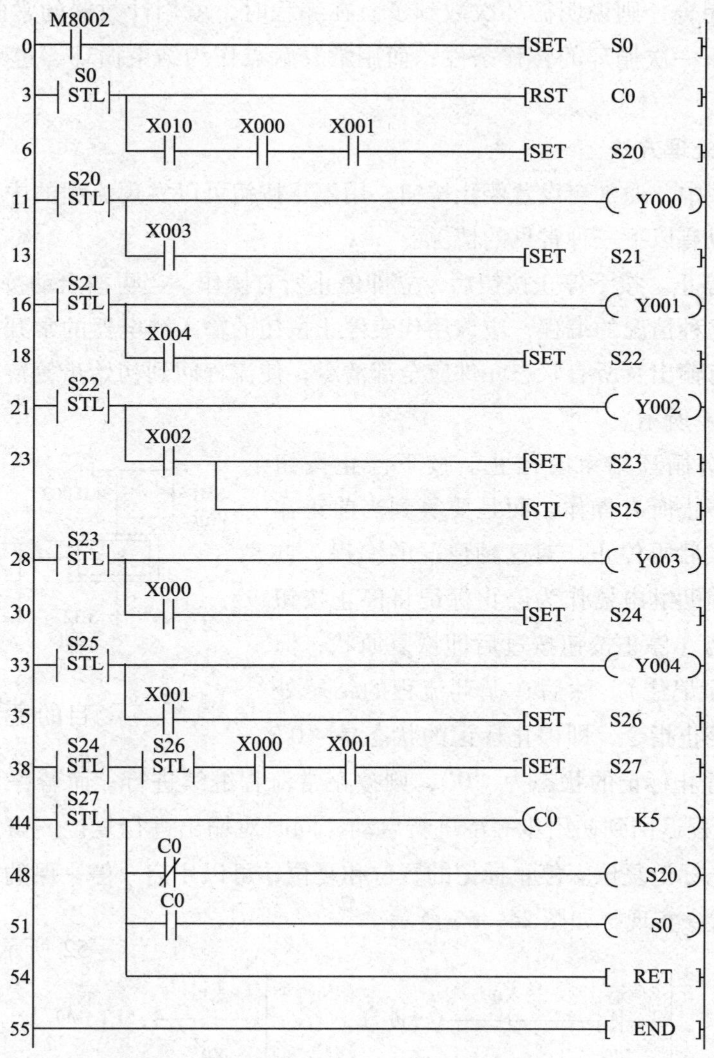

图 24—53 剪板机的 PLC 控制梯形图程序

2. 循环次数的实现

在编制顺序控制程序时，经常会碰到需要循环的情况。循环的实现，可以采取在顺控流程结束时返回到流程起始处重新开始的方法。如果对循环的次数有要求，就应用计数器对循环次数进行计数，然后用计数器触点作为转移的条件来判断循环是否结束。用计数器对循环次数计数应放在一次循环结束的地方进行。计数后，再用计数器的触点来判断循环的次数是否已经达到了。如果循环次数未达到，计数器的触点不会动作；如果次数达到了，触点就会动作。因此如果计数器的常闭触点闭合，说明循环次数未到；而如果常开触点闭合，则说明循环次数到了。在编程时，就用计数器的常闭触点作为返回到起始处开始下一次循环的转移条件；而用常开触点作为结束循环，进入后续步的转移条件。

3. 停止的处理方法

在顺控程序中，通常会设置停止按钮。用停止按钮可以实现流程的中止，此时对控制流程的处理可以有以下三种常见的情况。

（1）立即停止。按下停止按钮后，立即停止所有操作，当再按启动按钮时，重新从头开始运行。对这种情况的编程，应该用代表停止按钮的输入继电器的常开触点将顺控流程进行复位，所有输出及所有状态元件应全部清零，使流程回到初始步等待重新启动。这种处理如图24—54所示。

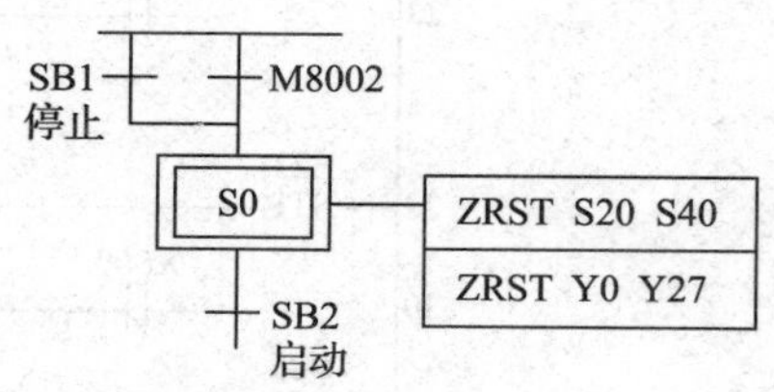

图24—54 立即停止的处理

（2）等一次循环结束时停止。按下停止按钮后，并不立即停止所有操作，而是要等到当前正在进行的循环完成后再停止。对这种情况的编程，首先应该用一个辅助继电器作为停止标记将停止按钮的动作进行记忆（停止按钮按过后即恢复原状，但停止的指令必须记住）。然后在循环流程的结尾处检查是否有过停止指令，即停止标记的状态是“0”还是“1”。若停止标记的状态为“0”，则按正常流程继续进行；而若停止标记的状态是“1”，则应将流程返回到初始步等待重新启动，同时对输出进行复位。当重新按下启动按钮时，应将停止标记复位。停止标记的置位和复位，可以用启—停—保的方法实现，也可用SET－RST指令实现，如图24—55所示。

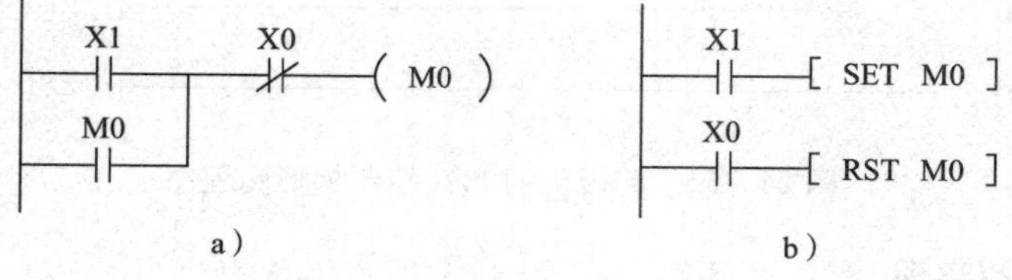

图24—55 停止标记的设置

a）用启—停—保方法实现 b）用SET－RST指令实现

图 24—55 中，X1 是停止按钮，X0 是启动按钮，M0 作为停止标记。

（3）暂停和继续运行。按下停止按钮后，立即停止所有操作；当再按启动按钮时，从停止之处继续开始运行。这种操作称为暂停。对暂停的编程，也应该像图 24—55 那样用一个辅助继电器作为暂停标记将停止按钮的动作进行记忆，而在按下启动按钮时，将暂停标记复位。在步进流程中可将该暂停标记的常闭触点串联在每一步的动作前，即一旦暂停，每一步的动作均不会执行，只有当按下启动按钮结束暂停继续运行时，各步的动作才会执行，如图 24—56 所示。

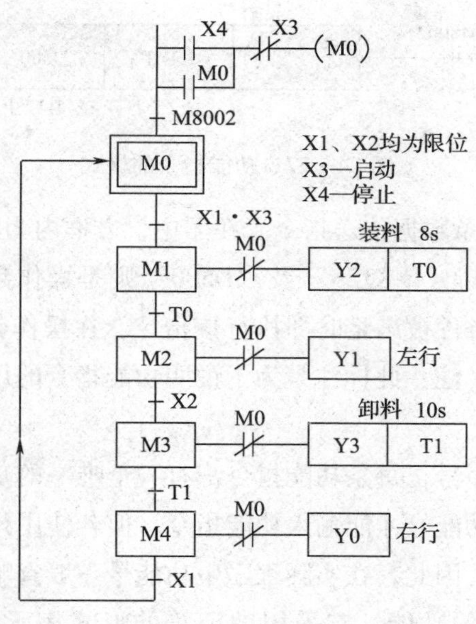

图 24—56　暂停的编程

第 4 节　常用功能指令及其应用

在现代工业控制的许多场合中，都需要对数据进行处理，例如需要对一些功能模块设置不同的参数、对输入的数据进行变换及运算、在人机界面或显示器上显示某些变量的数值、根据测量数值的变化进行相应的控制等。在这些处理过程中所涉及的数据传送、变换、比较、运算等功能，都需用 PLC 的功能指令（或称为应用指令）来进行编程。在 FX_{2N}系列 PLC 中，除了基本指令、步进指令之外，还提供了 128 种，共计 298 条功能指令。这些功能指令根据其用途，可分为数据处理、程序控制、高速处理及外部 I/O 设备等类别。在本节中，主要介绍功能指令的表达形式和使用要素，并简单介绍一些常用的功能指令。

一、功能指令的表达形式

1. 功能指令的格式

功能指令的格式为：功能号 + 操作码 + 操作数，如图 24—57 所示。

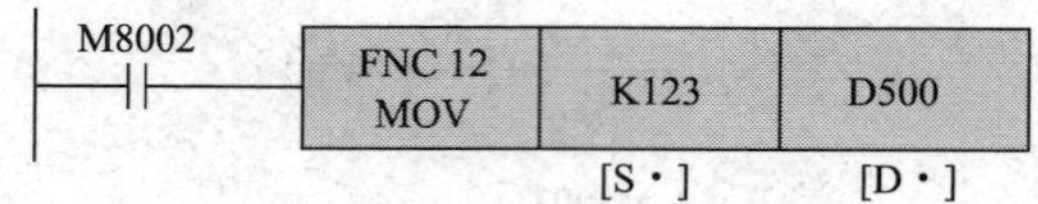

图 24—57　功能指令的格式

图 24—57 表示的是一条数据传送指令。在图中，方框内为功能指令，其中“FNC 12”是功能号，“MOV”是操作码，“K123”及“D500”则是操作数。功能指令前的触点是该指令的控制条件，当控制条件被满足时即执行该指令。在操作数下方所标注的“［S·］、［D·］”是操作数的类别（注：此标注是为了说明功能指令的用法而添加的，在实际程序中是不标注的）。

功能号即功能指令的序号，每条功能指令都有一个唯一的功能号。当使用手持式编程器输入程序时，必须通过功能号才能输入功能指令。但若使用计算机中的编程软件进行输入时，功能号不是必需的。因此，在实际程序中功能号一般省略不写出。

操作码用来表示指令的功能，它采用助记符的形式表示，如传送指令的操作码为“MOV”、加法指令的操作码是“ADD”、比较指令的操作码是“CMP”等，这些助记符大多是表示其功能的英文单词的缩写。

操作数是指令的操作对象，这些操作对象一般是 PLC 中的编程元件或数值。在功能指令中一般都有 1 ~ 5 个操作数。操作数分为源操作数、目的操作数和其他操作数等类别，在 PLC 的编程手册或一些参考书籍中，往往用一些符号来表示操作数的类别及该操作数可以选择的范围。用来表示操作数类别的符号有以下几种。

［S］表示源操作数，即数据的来源。其中源操作数不止一个时，分别用［S1］、［S2］加以表示。

［D］表示目的操作数，即保存指令执行结果的目的地址。同样，当目的操作数不止一个时，可分别用［D1］、［D2］加以表示。

［S·］、［D·］等形式表示可使用变址操作。

［n］、［n1］、［n2］、［m］等都表示数值。

在图 24—57 中，“K123”是源操作数，“D500”是目的操作数，该指令的功能是将十进制常数 123 传送到数据寄存器 D500 中去。

某条指令中各个操作数可以选用的范围在编程手册或一些参考书籍中一般用如图 24—58 所示的形式加以表示。

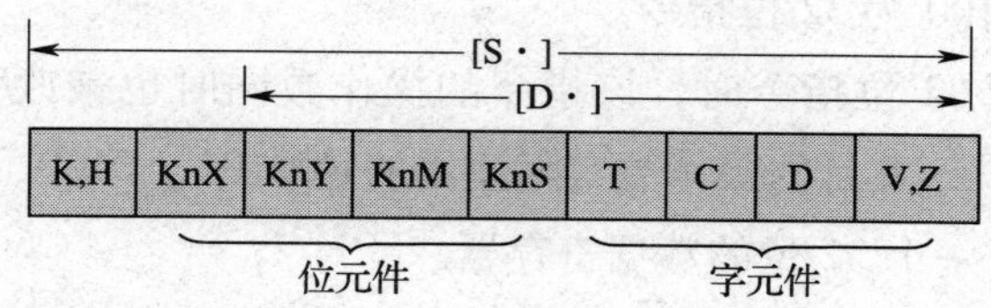

图 24—58　操作数的选用范围

图 24—58 表示的是图 24—57 所示 MOV 指令中 2 个操作数的选择范围。在方框中是 FX_{2N}系列 PLC 中的编程元件，其中“KnX、KnY、KnM、KnS”分别是 PLC 中输入继电器 X、输出继电器 Y、辅助继电器 M 及状态元件 S 的组合形式，它们都是位元件；而定时器 T、计数器 C、数据寄存器 D 及变址寄存器 V，Z 都是长度为 16 位的字元件。按图 24—58 所示，对 MOV 指令而言，其源操作数可以在全部编程元件中选用，而目的操作数需在除常数 K/H 和输入继电器 X 以外的范围中选用。

2．位元件的组合

在图 24—58 中，各种位元件（X、Y、M、S）都以“KnX、KnY、KnM、KnS”的形式表示。这种形式表示在指令中，可以把多位同类型的位元件组合起来使用。

位元件的组合可写成如下形式：KnXm；KnYm；KnMm；KnSm。

其中：n 表示组数，规定每组为连续编号的四位，1 ≤ n ≤ 8；

m 表示构成组合形式的位元件中起始元件的编号。

例如：

K1Y0——即表示从 Y0 起始的一组（4 位）元件，即 Y0 ~ Y3；

K4M10——即表示从 M10 起始的四组（16 位）元件，即 M10 ~ M25；

MOV K2X10 D0——即表示把从输入端口 X10 ~ X17 所输入的八位数据传送到数据寄存器 D0 中去。

3．指令的长度

PLC 的指令所能处理的数据位数称为指令的长度。在 FX_{2N}系列 PLC 中，若不加以特别说明，一般的功能指令都是 16 位的指令，即功能指令能处理的数据长度是在 16 位之内的。但对于部分指令，允许其处理 32 位长度的数据，即这部分指令可以作为 32 位指令使用。在编程手册或一些参考书籍中，一般是在这部分指令的操作码前冠以“D”来加以注明。在实际编程时，对于这类指令，如果把它作为16位指令使用，就直接按照常规格式书写；如果要把它作为32位指令使用，就在指令的操作码前加上“D”作为前缀。例如：

MOV　K10　D100为16位指令

DMOV　K10　D100为32位指令

注意，如果是使用32位指令时，该指令的操作数同时也被改为了32位。对于指令［DMOV　K10　D100］，其目的操作数实际使用的是D101、D100，是把两个16位的数据寄存器合并起来成为了一个32位的数据寄存器。

4. 指令的执行形式

FX_{2N}系列PLC中，功能指令有两种执行的形式：连续执行型或脉冲执行型。

PLC是按照循环扫描的方式工作的，在每个扫描周期的“执行用户程序”阶段中，都要将符合控制条件的指令执行一次。因此，PLC中的指令若不加以特别说明，则都是“连续执行型”指令，即只要满足控制条件，在每个扫描周期中都会被执行一次。

但有一部分功能指令还可以作为“脉冲执行型”指令工作，即该指令只是在控制条件满足的上升沿被执行一次，在此后的循环扫描过程中，即使控制条件是满足的，该指令也不会被再次执行了。在编程手册或一些参考书籍中，一般是在这部分指令的操作码后标注“P”来加以注明。

在实际编制程序时，对这部分指令，若按照常规方法来书写，该指令就按“连续执行型”工作；若在指令的操作码后加上后缀“P”，则该指令就成为“脉冲执行型”指令。例如，如图24—59所示的“INC”指令（此指令的功能是将D0中的数值加上1）。

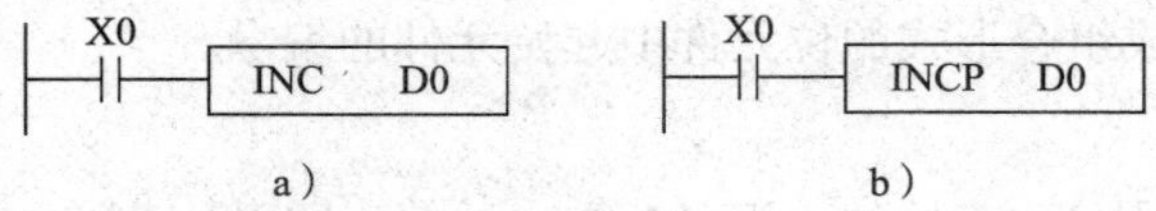

图24—59　指令的执行形式

a）连续执行型指令　b）脉冲执行型指令

图24—59a中的［INC D0］为“连续执行型”指令，只要X0为ON状态，D0中的数值就会不断增大；而图24—59b中的［INCP D0］即为“脉冲执行型”指令，D0中的数值仅在X0变为ON状态时增加1，使用这种执行形式可以保证每当X0接通一次，D0中的数值增加1，通过D0中的数值大小即可了解X0接通的次数。

二、常用功能指令简介

在本节中，选择了一些经常使用的功能指令简单进行介绍。

1. 传送指令 MOV

传送指令（MOV）的梯形图格式如图 24—60 所示。

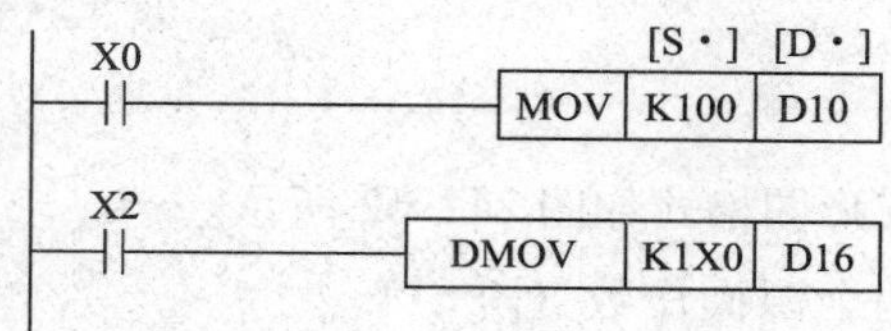

图 24—60　传送指令

由 MOV 指令的格式中可看出，MOV 指令由三部分组成：标识符 MOV、源操作数［S·］、目的操作数［D·］。操作数可选择的元件是：［S·］为 K，H，KnX，KnY，KnM，KnS，T，C，D，V，Z；［D·］为 KnY，KnM，KnS，T，C，D，V、Z。

MOV 指令的功能是将源数据传送到指定目标。如图 24—60 中，当 X0 = ON 时，执行传送指令 MOV，即将常数 100 传送到数据寄存器 D10 中。需说明的是，当传送指令执行时，常数 K100 会自动转换成二进制数。指令执行后，在 D10 中是以补码格式的形式保存的数值 100。另外，执行 MOV 指令后，源数据保持不变。在图 24—60 中，当 X2 = ON 时，执行的是 32 位传送指令，其功能是将 X0 ~ X3 所输入的数据传送到 D17、D16 中，D17 和 D16 构成了一个 32 位的数据寄存器，其中 D17 为高位，D16 为低位。

2. 块传送指令 BMOV

块传送指令（BMOV）的梯形图格式如图 24—61 所示。

X0　[S·] [D·] [n]
BMOV D10 D100 K5

图 24—61　块传送指令

BMOV 指令中，操作数的选择范围是：［S·］为 KnX，KnY，KnM，KnS，T，C，D；［D·］为 KnY，KnM，KnS，T，C，D；［n］为常数 K，H。

块传送指令 BMOV 的功能是将一个数据块从源地址传送到目的地址，数据块中数据的个数是 n。如图 24—61 中，当 X0 = ON 时，D10 ~ D14 中的五个源数据被依次传送到 D100 ~ D104 中，即：

（D10）→D100；

（D11）→D101；

（D12）→D102；

（D13）→D103；

（D14）→D104。

注意在使用块传送指令时，如果源地址与目的地址有重叠，例如执行指令［BMOV D10 D8 K5］或［BMOV D10 D12 K5］，就可能发生指令执行过程中破坏源数据或传送的数据发生错误等情况。

3．比较指令 CMP

比较指令（CMP）的梯形图格式如图 24—62 所示。

比较指令的功能是将两个源操作数（［S1·］与［S2·］）进行比较（所有的源数据均作为二进制数值处理），其比较的结果送至目的操作数（［D·］）中。其中，操作数［S1·］和［S2·］的可选择范围与 MOV 指令中的源操作数选择范围相同；但目的操作数［D·］只能选用 Y、M、S。如图 24—62 中所示，当控制条件 X0＝ON 时，执行比较指令，将源数据 K100［S1·］与源数据 C20［S2·］进行比较。两个数进行比较时，可能会出现三种结果：

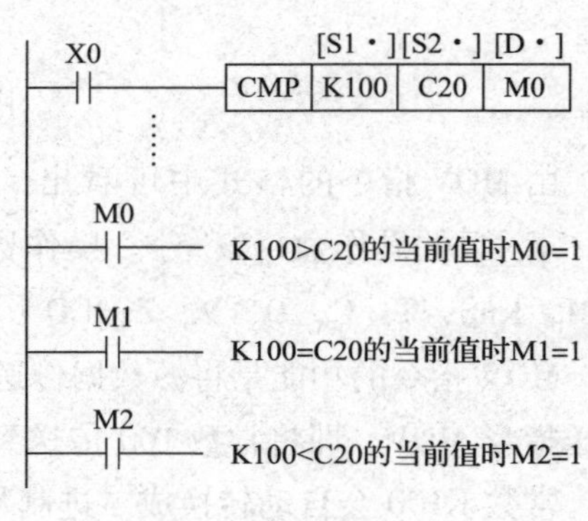

图 24—62　比较指令

（1）若 K100＞C20 的当前值时，则 M0＝ON（M1、M2 均为 OFF）。

（2）若 K100＝C20 的当前值时，则 M1＝ON（M0、M2 均为 OFF）。

（3）若 K100＜C20 的当前值时，则 M2＝ON（M0、M1 均为 OFF）。

在后续程序中，即可用比较指令所产生的标志 M0、M1 或 M2 作为控制条件去执行不同的处理程序。

4．四则运算指令

四则运算包括 ADD、SUB、MUL、DIV（二进制加法、减法、乘法、除法）指令，所有的运算都是代数运算。

二进制加法、减法、乘法、除法指令的梯形图格式如图 24—63a 所示，四条指令中源操作数［S1·］、［S2·］的可选择范围都是 K，H，KnX，KnY，KnM，KnS，T，C，D，V，Z；目的操作数［D·］的可选择范围都是 KnY，KnM，KnS，T，C，D，V，Z。

加、减、乘、除指令的功能分别为［S1·］＋［S2·］→［D·］、［S1·］－［S2·］→［D·］、［S1·］×［S2·］→［D·］、［S1·］÷［S2·］→［D·］。但注意在执行 16 位乘法指令时，乘积为 32 位；在执行除法指令时，商和余数各要占用一个存储单元。例如在图 24—63a 中，当 X0 = ON 时，（D10） + （D12）→D14，和存放在 D14 中；当 X1 = ON 时，（D10） – （D12）→D20，差存放在 D20 中；当 X2 = ON 时，（D100） ×5→D201、D200，乘积存放在 D201、D200 中，D201 中是乘积的高位，D200 中是乘积的低位；当 X3 = ON 时，（D20） ÷10→D40，商存放在 D40 中，而余数存放在 D41 中。

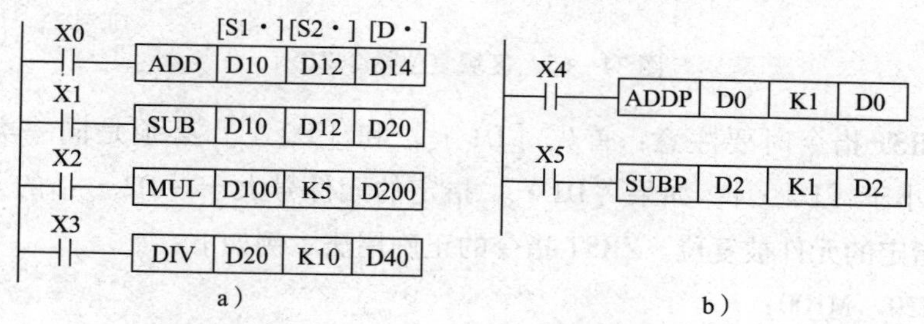

图 24—63　四则运算指令

a）四则运算指令格式　b）源操作数与目的操作数元件相同的情况

在使用四则运算指令时，如果目的操作数元件和源操作数元件相同时，为避免每个扫描周期都执行一次指令，应采用脉冲执行方式，如图 24—63b 所示。

5. 加 1、减 1 指令

加 1 指令（INC）和减 1 指令（DEC）的梯形图格式如图 24—64 所示。

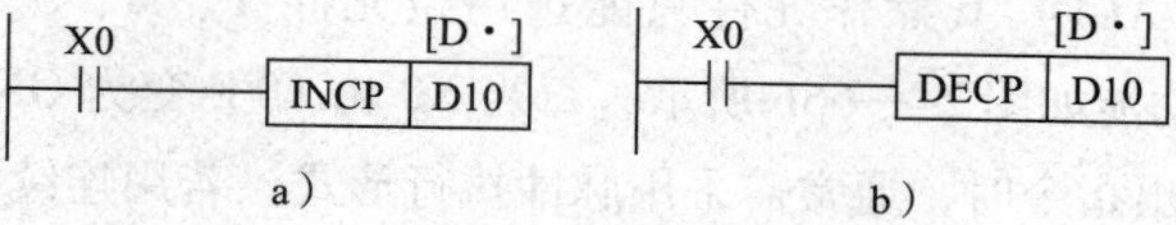

图 24—64　加 1、减 1 指令

a）加 1 指令　b）减 1 指令

加 1 指令 INC 的功能是将目标元件中的数加 1 后再回送到该目标元件中；减 1 指令 DEL 的功能是将目标元件中的数减 1 后再回送到目标元件中。

在图 24—64a 中，当 X0 由 OFF 变为 ON 时，执行（D10） +1→（D10）的运算。在图 24—64b 中，当 X0 由 OFF 变为 ON 时，执行（D10） –1→（D10）的运算。注意，这两条指令通常应采用脉冲执行方式的形式来使用，如果不用脉冲执行方式，则在每一次扫描周期中都会进行一次运算，从而造成目标元件中数值的失控。

在这两条指令中，目的操作数［D · ］的可选择范围都是 V，Z。

6. 区域复位指令 ZRST

区域复位指令（ZRST）又称成批复位指令，其梯形图格式如图 24—65 所示。

ZRST 指令的功能是将从［D1 · ］到［D2 · ］之间的所有操作元件全部复位，两个目的操作数［D1·］、［D2·］的可选择范围是字元件 T、C、D 及位元件 Y、M、S。图 24—65 中，当 X4 = ON 时，D0 ~ D30 全部被复位。

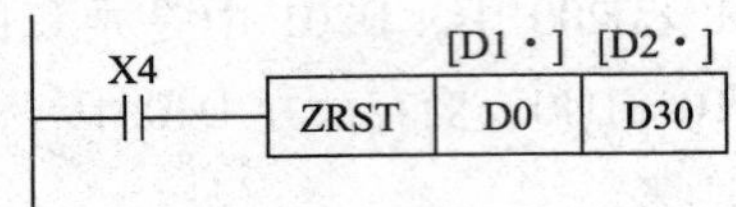

图 24—65　区域复位指令 ZRST

在使用 ZRST 指令时要注意：首先［D1·］和［D2·］必须是同一类元件；其次［D1·］必须小于［D2·］，如果［D1·］指定的元件号大于［D2·］的元件号，则只有［D1·］指定的元件被复位。ZRST 指令的正确用法示例如下：

ZRST　M10　M100；

ZRST　S20　S40；

ZRST　C5　C8；

ZRST　Y0　Y17。

而类似于［ZRST　X0　X10］、［ZRST　D20　D0］、［ZRST　M0　S100］等用法都是错误的。

7. 交替输出指令 ALT

交替输出指令（ALT）其操作元件只能选用位元件 Y、M、S，其梯形图格式如图 24—66a 所示；而其功能如图 24—66b 所示，每当 X0 由 OFF 变为 ON 时，Y0 的状态被改变一次。使用交替输出指令时，通常需采用脉冲执行形式。若用连续执行形式时，则目的元件 Y0 的状态会在每个扫描周期都被改变一次。

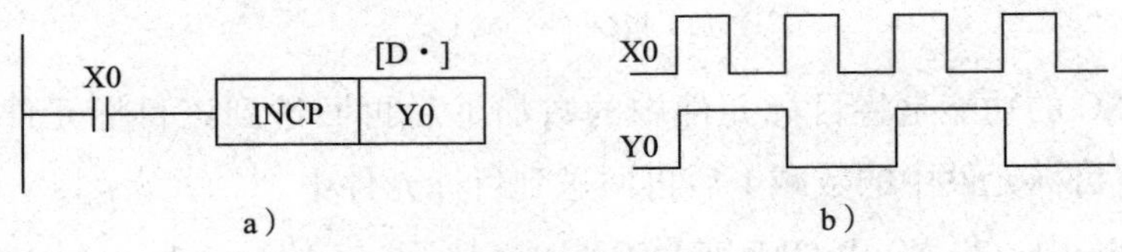

图 24—66　交替输出指令

a）ALT 指令的格式　b）工作波形

ALT 的功能具有分频的效果，如图 24—66b 所示，若从 X0 输入频率为 f 的方波信号时，从 Y0 输出的是频率为 $f/2$ 的方波信号。使用图 24—66a 所示的 ALT 指令也可实现用一只按钮 X0 通过 Y0 来控制外围设备的启动和停止，X0 按一下，Y0 = ON，设备启动；X0 再按一下，Y0 = OFF，设备即停止。

8. BCD——二进制转换指令 BIN

BIN 指令又被称为“求二进制码”指令，其指令格式如图 24—67 所示。

BIN 指令中源操作数［S·］的可选择范围为 KnX，KnY，KnM，KnS，T，C，D，V，Z。而目的操作数［D·］的可选择范围为 KnY，KnM，KnS，T，C，D，V，Z。源操作数中的数值范围对 16 位指令来说为 0～9999；而对 32 位指令来说是 0～99999999。一旦源操作数的数值超出此范围，指令执行时就会发生错误。

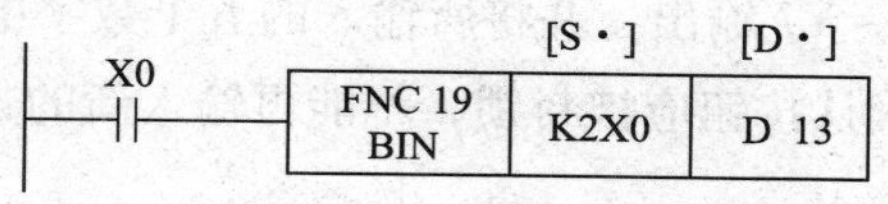

图 24—67　BIN 指令格式

BIN 指令的功能是将 BCD 码形式的源数据转换为二进制后传送到目的操作数中去。本条指令常用于输入 BCD 数值开关的值来作为定时器或计数器的设定值。

9．二进制——BCD 转换指令 BCD

BCD 指令又被称为“求 BCD 码”指令，其指令格式如图 24—68 所示。

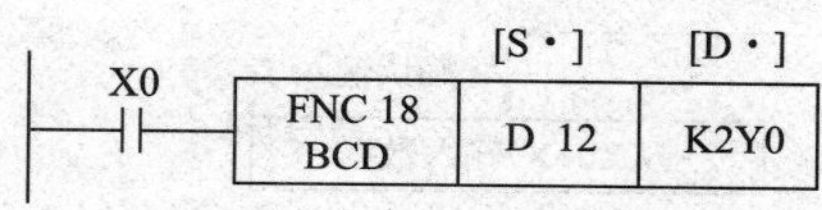

图 24—68　BCD 指令格式

BCD 指令中源操作数［S·］的可选择范围为 KnX，KnY，KnM，KnS，T，C，D，V，Z。而目的操作数［D·］的可选择范围为 KnY，KnM，KnS，T，C，D，V，Z。源操作数中的数值范围对 16 位指令来说为 0～9999；而对 32 位指令来说是 0～99999999。一旦源操作数的数值超出此范围，指令执行时就会发生错误。

BCD 指令的功能是将二进制形式的源数据转换为 BCD 码后传送到目的操作数中去。本条指令常用于将 PLC 内的二进制数据变为七段显示所需的 BCD 码向外部输出，如图 24—69 所示。

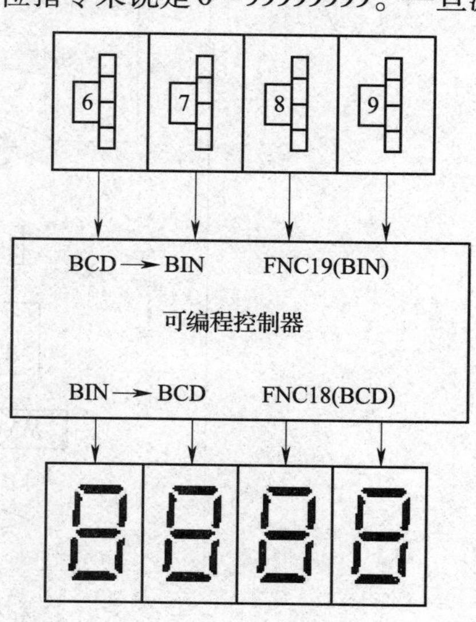

图 24—69　BIN、BCD 指令的应用

三、功能指令编程实例

利用 PLC 的功能指令编程，可以使得实现同样功能的程序变得很简单，也可很方便地实现用基本指令很难实现的功能。下面就举一个用前面所介绍过的功能指令来实现数据处理的实例。

1. 控制要求

在 PLC 的输入端口 X10 上连接有一个数据输入确认按钮，在 X11 上连接了一个复位按钮。每按一次输入确认按钮，即可从 X0 ~ X7 输入一个二进制格式的正整数。现要求连续输入五个数字后，就能自动计算出这五个数字的平均值（四舍五入后求整），以二进制格式从 PLC 的输出端口 Y0 ~ Y7 输出，并将所输入的五个数字中数值最大的那个数字保存在 D10 中。此时数据输入确认按钮应被封锁，不能再输入新的数据，需按复位按钮后才可以重新输入数据。

2. 控制流程

根据数据处理的要求，可画出控制流程图如图 24—70 所示。

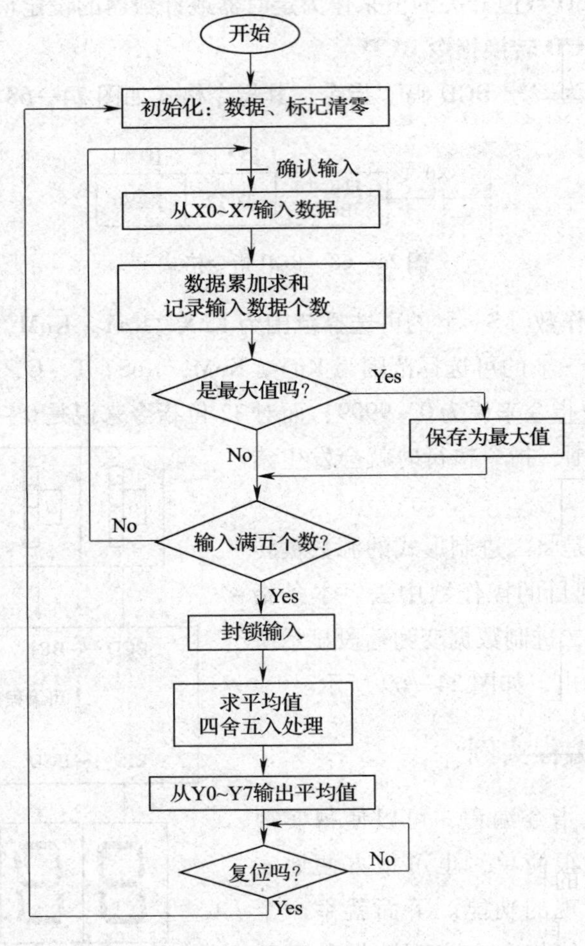

图 24—70 控制流程图

在图 24—70 所示控制流程图中，初始化处理是把 PLC 内存中保存数据的寄存器以及在程序中作标记的辅助继电器全部清零，为后面的数据处理做好准备。为了要计算平均值，需要把输入的数据累加起来，并记录输入数据的个数，以便计算平均值时可以通过累加和除以个数而得到。最大值的判别方法是把每次输入的数据与已经保存的输入数据中的最大数进行比较，若输入的数据没有以前输入的大，最大值仍然是以前保存的数；若输入的数据比以前所保存的大，则把现在输入的数替代原来的最大数作为最大值来进行保存。

3. 编制梯形图程序

按照控制流程图所编制的梯形图程序如图 24—71 所示。

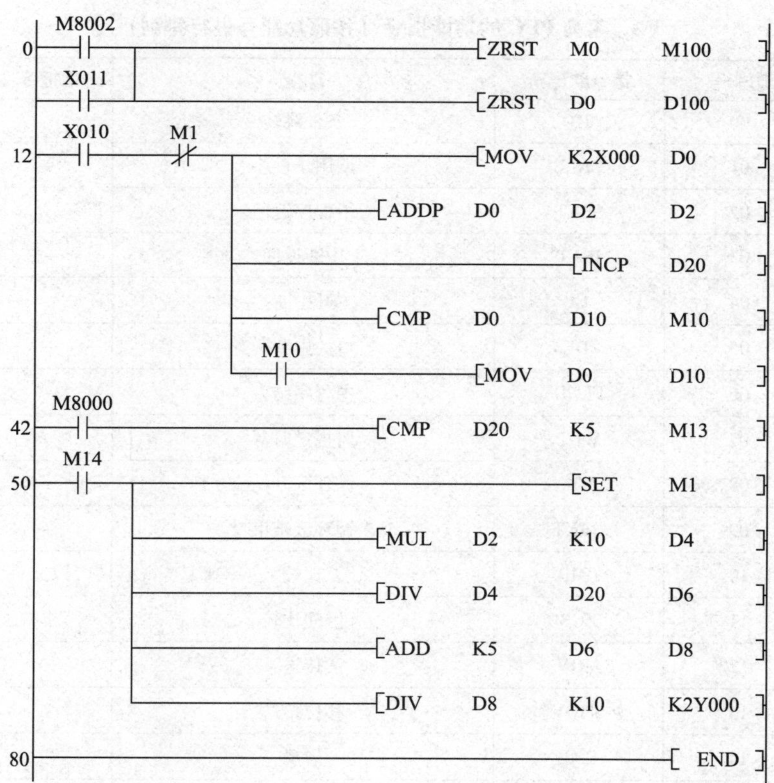

图 24—71　求平均值的梯形图程序

在图 24—71 所示的梯形图中，利用初始脉冲及复位按钮进行数据的初始化。在用 X10 确认输入数据时，首先从 X0 ~ X7 输入数据到 D0 中，然后将输入的数据进行累加，累加和存放在 D2 中，并把数据个数（保存在 D20 中）加上 1。求累加和及数据个数加

1 的指令都需用脉冲执行的形式。最大值保存在 D10 中。当输入数据的个数等于 5 时，一方面通过对 M1 置位而使得 X10 变为无效，另一方面就进行平均值的计算。在计算平均值时，因为需要四舍五入，所以在计算时先将累加和扩大 10 倍，这样所计算得到的平均值也被扩大了 10 倍，将这个结果加上 5 以后再除以 10，就能得到四舍五入后的平均值了。

在这个例子中，用到了 ZRST、MOV、ADD、MUL、DIV、INC、CMP 等功能指令。在表 24—5 中，列出了 FX_{2N}系列 PLC 的全部功能指令。在实际对 PLC 控制系统进行编程的过程中，读者可以利用本节中所介绍的知识，对表 24—5 进行查阅；也可通过查阅 PLC 的编程手册，了解到更多功能指令的使用方法，应用在 PLC 的程序设计之中。

表 24—5　　FX_{2N}系列 PLC 的功能指令（按照功能号进行排列）

类别	功能号	指令助记符	功能	D 指令	P 指令
程序流程	00	CJ	条件跳转	–	○
	01	CALL	调用子程序	–	○
	02	SRET	子程序返回	–	–
	03	IRET	中断返回	–	–
	04	EI	开中断	–	–
	05	DI	关中断	–	–
	06	FEND	主程序结束	–	–
	07	WDT	监视定时器	–	○
	08	FOR	循环区开始	–	–
	09	NEXT	循环区结束	–	–
传送与比较	10	CMP	比较	○	○
	11	ZCP	区间比较	○	○
	12	MOV	传送	○	○
	13	SMOV	移位传送	–	○
	14	CML	取反	○	○
	15	BMOV	块传送	–	○
	16	FMOV	多点传送	○	○
	17	XCH	数据交换	○	○
	18	BCD	求 BCD 码	○	○
	19	BIN	求二进制码	○	○

续表

类别	功能号	指令助记符	功能	D 指令	P 指令
四则运算与逻辑运算	20	ADD	二进制加法	○	○
	21	SUB	二进制减法	○	○
	22	MUL	二进制乘法	○	○
	23	DIV	二进制除法	○	○
	24	INC	二进制加一	○	○
	25	DEC	二进制减一	○	○
	26	WAND	逻辑字与	○	○
	27	WOR	逻辑字或	○	○
	28	WXOR	逻辑字异或	○	○
	29	NEG	求补码	○	○
循环与转移	30	ROR	循环右移	○	○
	31	ROL	循环左移	○	○
	32	RCR	带进位右移	○	○
	33	RCL	带进位左移	○	○
	34	SFTR	位右移	–	○
	35	SFTL	位左移	–	○
	36	WSFR	字右移	–	○
	37	WSFL	字左移	–	○
	38	SFWR	FIFO 写	–	○
	39	SFRD	FIFO 读	–	○
数据处理	40	ZRST	区间复位	–	○
	41	DECO	解码	–	○
	42	ENCO	编码	–	○
	43	SUM	求置 ON 位的总和	○	○
	44	BON	ON 位判断	○	○
	45	MEAN	平均值	○	○
	46	ANS	标志置位	–	–
	47	ANR	标志复位	–	○
	48	SOR	二进制平方根	○	○
	49	FLT	二进制整数与浮点数转换	○	○

续表

类别	功能号	指令助记符	功能	D 指令	P 指令
高速处理	50	REF	刷新	–	○
	51	REFE	滤波调整	–	○
	52	MTR	矩阵输入	–	–
	53	HSCS	比较置位（高速计数器）	○	–
	54	HSCR	比较复位（高速计数器）	○	–
	55	HSZ	区间比较（高速计数器）	○	–
	56	SPD	脉冲密度	–	–
	57	PLSY	脉冲输出	○	–
	58	PWM	脉宽调制	–	–
	59	PLSR	带加速减速的脉冲输出	○	–
方便指令	60	IST	状态初始化	–	–
	61	SER	查找数据	○	○
	62	ABSD	绝对值式凸轮控制	○	–
	63	INCD	增量式凸轮控制	–	–
	64	TTMR	示教定时器	–	–
	65	STMR	特殊定时器	–	–
	66	ALT	交替输出	–	–
	67	RAMP	斜坡输出	–	–
	68	ROTC	旋转工作台控制	–	–
	69	SORT	列表数据排序	–	–
外部设备 I/O	70	TKY	十键输入	○	–
	71	HKY	十六键输入	○	–
	72	DSW	数字开关输入	–	–
	73	SEGD	七段译码	–	○
	74	SEGL	带锁存七段码显示	–	–
	75	ARWS	方向开关	–	–
	76	ASC	ASCII 码转换	–	–
	77	PR	ASCII 码打印输出	–	–
	78	FROM	读特殊功能模块	○	○
	79	TO	写特殊功能模块	○	○

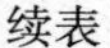
续表

类别	功能号	指令助记符	功能	D 指令	P 指令
外部设备 SER	80	RS	串行通信指令	–	–
	81	PRUN	八进制位传送	○	○
	82	ASCI	将十六进制数转换成 ASCII 码	–	○
	83	HEX	ASCII 码转换成十六进制数	–	○
	84	CCD	校验码	–	○
	85	VRRD	模拟量读出	–	○
	86	VRSC	模拟量区间	–	○
	87				
	88	PID	PID 运算	–	–
	89				
浮点	110	ECMP	二进制浮点数比较	○	○
	111	EZCP	二进制浮点数区间比较	○	○
	118	EBCD	二进制浮点数→十进制浮点数变换	○	○
	119	EBIN	十进制浮点数→二进制浮点数变换	○	○
	120	EADD	二进制浮点数加法	○	○
	121	ESUB	二进制浮点数减法	○	○
	122	EMUL	二进制浮点数乘法	○	○
	123	EDIV	二进制浮点数除法	○	○
	127	ESOR	二进制浮点数开方	○	○
	129	INT	二进制浮点→二进制整数转换	○	○
	130	SIN	浮点数 SIN 演算	○	○
	131	COS	浮点数 COS 演算	○	○
	132	TAN	浮点数 TAN 演算	○	○
	147	SWAP	上下位变换	○	○
时钟运算	160	TCMP	时钟数据比较	–	○
	161	TZCP	时钟数据区间比较	–	○
	162	TADD	时钟数据加法	–	○
	163	TSUB	时钟数据减法	–	○
	166	TRD	时钟数据读出	–	○
	167	TWR	时钟数据写入	–	○
葛雷码	170	GRY	葛雷码转换	○	○
	171	GBIN	葛雷码逆转换	○	○

续表

类别	功能号	指令助记符	功能	D 指令	P 指令
触点比较	224	LD =	（S1） = （S2）	○	–
	225	LD >	（S1） > （S2）	○	–
	226	LD <	（S1） < （S2）	○	–
	228	LD < >	（S1） ≠ （S2）	○	–
	229	LD≦	（S1） ≤ （S2）	○	–
	230	LD≧	（S1） ≥ （S2）	○	–
	232	AND =	（S1） = （S2）	○	–
	233	AND >	（S1） > （S2）	○	–
	234	AND <	（S1） < （S2）	○	–
	236	AND < >	（S1） ≠ （S2）	○	–
	237	AND≦	（S1） ≤ （S2）	○	–
	238	AND≧	（S1） ≥ （S2）	○	–
	240	OR =	（S1） = （S2）	○	–
	241	OR >	（S1） > （S2）	○	–
	242	OR <	（S1） < （S2）	○	–
	244	OR < >	（S1） ≠ （S2）	○	–
	245	OR≦	（S1） ≤ （S2）	○	–
	245	OR≧	（S1） ≥ （S2）	○	–

注：表中在“D 指令”和“P 指令”两列下的符号为“○”是表示此指令可作为 32 位指令或脉冲执行型指令使用；符号为“–”的则表示该指令不能作为 32 位指令或脉冲执行型指令使用。

第 5 节　编程软件 FXGP – WIN 的应用方法

三菱电机的 SWOPC – FXGP/WIN – C 是专为 FX 系列 PLC 设计的编程软件，可在 WINDOWS 操作系统环境下运行，其界面和帮助文件都已经汉化，安装后约占 2 MB 硬盘空间，功能较强。

一、编程软件 FXGP – WIN 的主要功能

1. 可用梯形图、指令表来创建 PLC 的程序，并可将程序存储为文件，可打印。

2. 通过计算机的串口，用 SC－09 型（或 SC－10、SC－11 型）编程电缆和 PLC 连接，可将用户程序下载到 PLC，也可将 PLC 中（未设置口令）的用户程序读入计算机。

3. 可以实现各种监控和测试功能，例如梯形图监控、元件监控、强制 ON/OFF、改变 T、C、D 的当前值等。

二、编程软件 FXGP－WIN 的安装、启动和退出

1. 编程软件 FXGP－WIN 的安装

以三菱 PLC 编程软件 FXGP－WIN V2.0 的安装为例，在安装软件包中包括有安装程序“setup2.0.exe”和说明文件“setup.TXT”。双击安装文件“setup2.0.exe”的图标 setup2.0.exe，即会出现如图 24—72 所示的安装界面。在图中的“安装目录”栏中输入文件夹名称（也可不输入即采用默认安装文件夹），单击“确定”按钮后，程序就会自动安装完成。

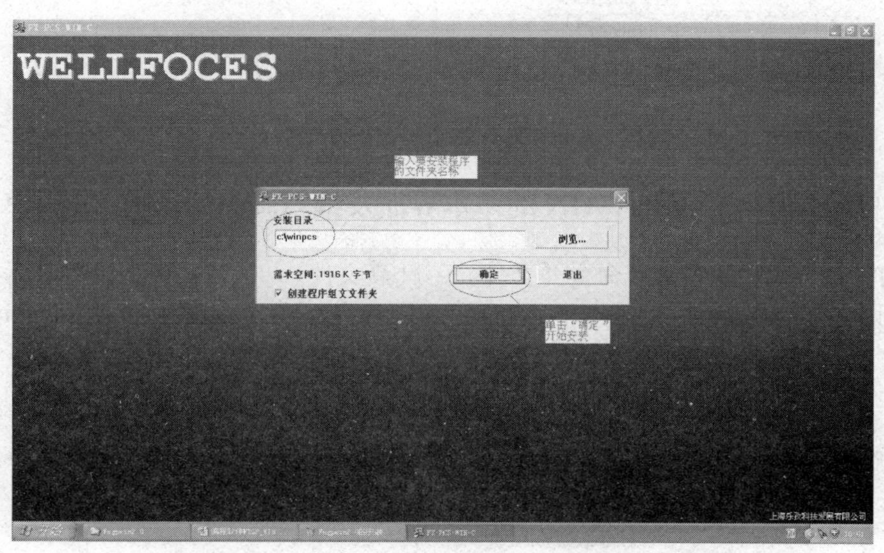

图 24—72　FXGP－WIN V2.0 的安装界面

2. FXGP－WIN 的启动和退出

安装好软件后，在桌面上会自动生成 FXGP_ WIN－C 的图标，如图 24—73 所示，用鼠标左键双击该图标即可打开该编程软件。

在已打开的软件界面中执行菜单命令〔文件〕→〔退出〕，即可退出编程软件，如图 24—74 所示。

图24—73　FXGP_ WIN－C的图标

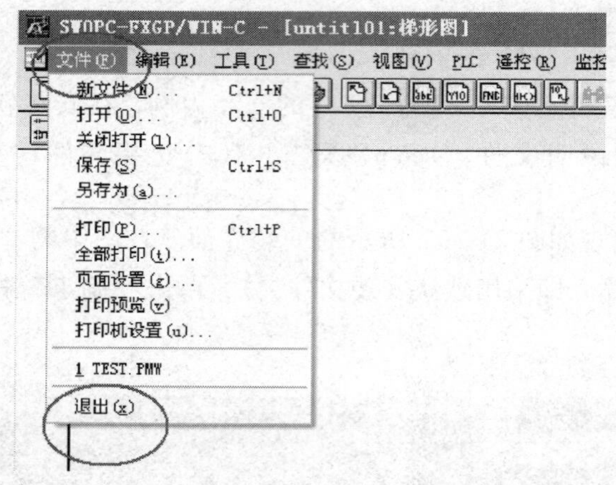

图24—74　FXGP－WIN的退出

三、编程软件FXGP－WIN的基本界面及编辑画面的切换

在打开的界面中执行菜单命令〔文件〕→〔新文件〕，在PLC类型设置对话框中选择PLC类型，如图24—75所示，单击“确认”按钮后即进入编程软件FXGP－WIN的基本界面。

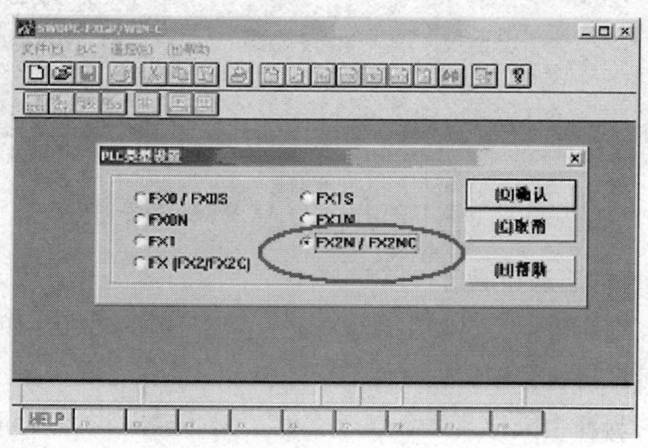

图24—75　选择PLC类型

在编程软件 FXGP－WIN 基本界面的上部有菜单命令行和工具栏图标行，中间是编辑画面，PLC 的梯形图程序或指令表程序就是在此画面中进行录入或修改的。用户录入的梯形图程序或指令表程序在相应的编辑画面中显示，两种形式的程序可自动进行转换。基本画面的下部有状态栏，表示程序编辑的状态、程序的长度、插入或改写（写入）状态及 PLC 的类型等信息，如图 24—76 所示。

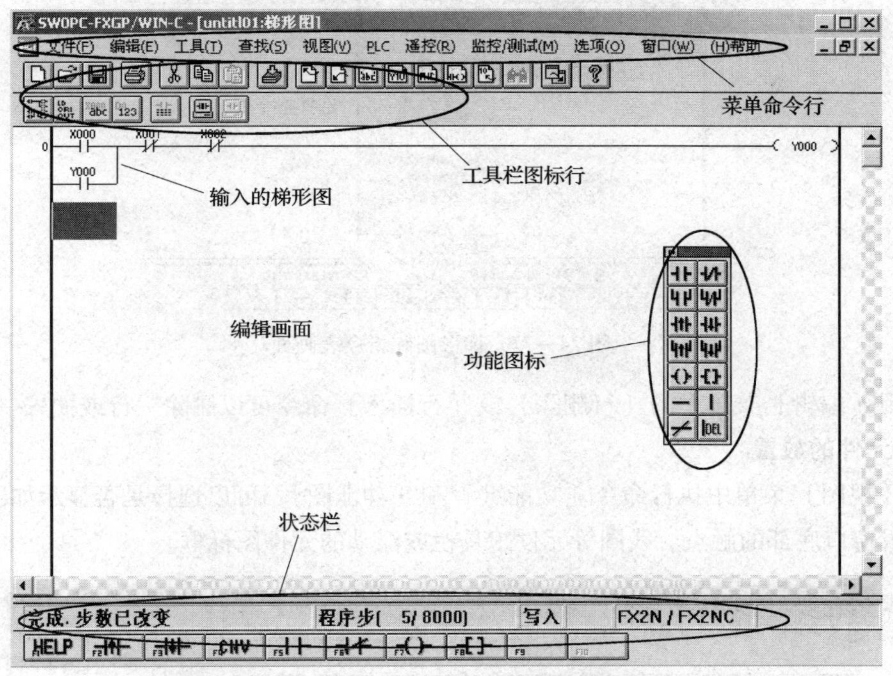

图 24—76　FXGP－WIN 的基本界面

在基本界面中可执行菜单命令〔视图〕→〔梯形图〕或〔指令表〕，可显示梯形图编辑画面或指令表编辑画面，如图 24—77 所示。通过此操作也可在梯形图画面或指令表画面之间进行转换。

梯形图画面或指令表画面之间的转换也可通过用鼠标左键单击基本界面上工具栏中的“梯形图视图”图标 或“指令表视图”图标 来实现。

四、梯形图程序的生成与编辑

1. 一般操作方法

在编辑画面中，按住鼠标左键并拖动鼠标，可以在梯形图内选中同一块电路里的若干个元件，被选中的元件被蓝色的矩形覆盖。使用工具条中的图标或〔编辑〕菜单中的命令，可以对被选中的元件进行剪切、复制和粘贴操作。用 <Delete> （删除）键可以将选中的元件删除。执行菜单命令〔编辑〕→〔撤销键入〕可以取消刚刚执行的命令或输入的数据，回到原来的状态。

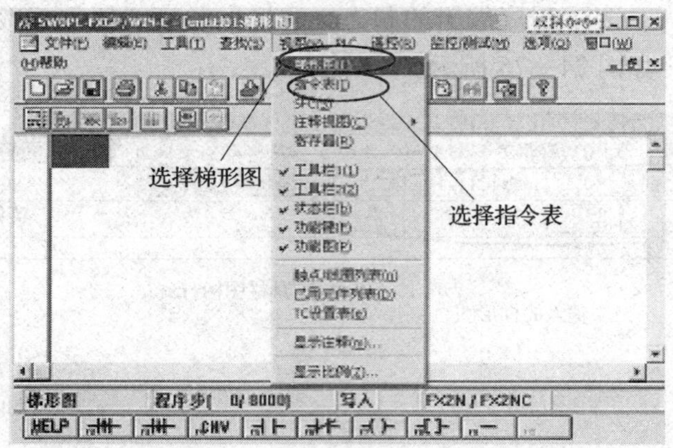

图 24—77　梯形图和指令表画面

使用〔编辑〕菜单中的〔行删除〕或〔行插入〕命令可以删除一行或插入一行。

2. 元件的放置

在〔视图〕菜单中执行命令〔功能键〕和〔功能图〕，可以选择是否显示如图 24—78 所示编辑窗口底部的触点、线圈等元件工具栏或浮动的元件图标框。

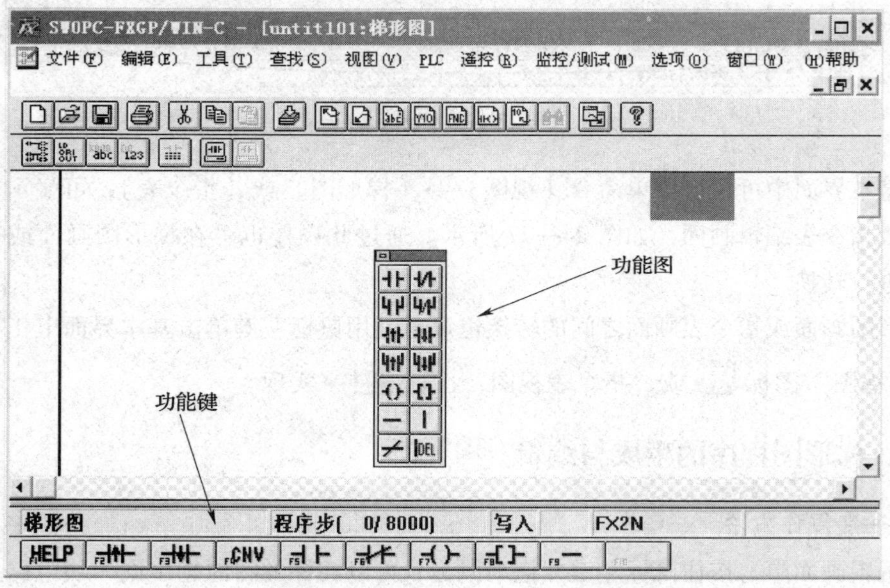

图 24—78　梯形图编辑窗口中的元件工具栏及浮动图标框

将光标（深蓝色矩形）放在欲放置元件的位置，用鼠标左键单击要放置的元件的图标，将弹出“输入元件”窗口，在文本框中输入元件号。如果放置的元件是定时器或计数器，则在输入元件号后要输入一个空格键，再输入设定值，如图 24—79 所示。也可以在光标处直接输入应用指令的指令助记符和指令中的参数。在助记符和参数之间、参数和参数之间都要用空格分隔开。在图 24—79 所示“输入元件”窗口中可单击“参照”按钮，则会弹出“元件说明”窗口，如图 24—80 所示。在“元件范围限制”文本框中显示出各类元件的元件号范围，可选中其中某一类元件的范围后，再在“元件”文本框中输入元件号。

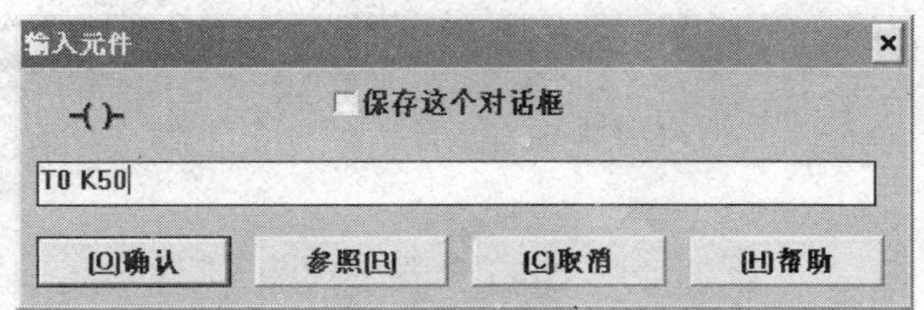

图 24—79　“输入元件”窗口

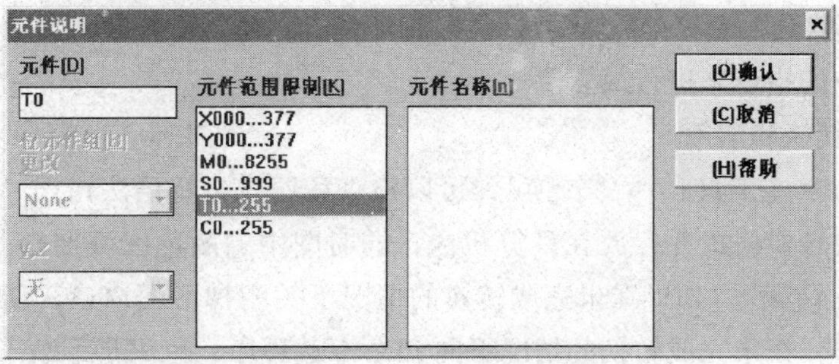

图 24—80　“元件说明”窗口

要放置梯形图中的垂直线时，垂直线是从矩形光标左侧中点开始往下画的。用<DEL>键删除垂直线时，所删除的垂直线也是在矩形光标的左下方。

用鼠标左键双击某个已存在的触点、线圈或应用指令，在弹出的“输入元件”对话框中，可以修改其元件号或参数。

如果是在浮动图标框中单击方括号欲输入应用指令或 RST 等输出指令时，单击所弹出的“输入指令”窗口中的“参照”按钮，则将弹出如图 24—81a 所示的“指令表”窗口，可在“指令”栏输入指令助记符，在“元件”栏中输入该指令的参数。若单击“指令”文本框右侧的“参照”按钮，将弹出如图 24—81b 所示的“指令参照”窗口，可以用“指令类型”和右边的“指令”列表框选择指令，选中的指令将在左边的“指令”文本框中出现，单击“确认”按钮后该指令将出现在图24—81b中的“指令”栏中。

单击图24—81b中的“双字节指令”和“脉冲指令”前的多选框，可以选择相应的应用指令为32位指令或脉冲执行型的指令。

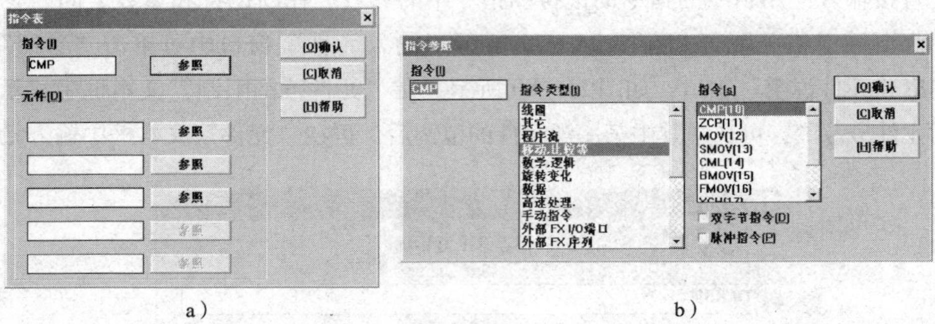

a）　　　　b）

图24—81　利用“参照”功能输入指令

a）“指令表”窗口　b）“指令参照”窗口

在梯形图编辑画面中，还可以直接输入指令来放置元件。例如直接用键盘输入“LD X0”，则回车后就会在光标处放置了一个元件号是X0的常开触点。其他元件也都可以通过直接输入对应的指令来进行放置。

3．程序的转换和清除

执行菜单命令〔工具〕→〔转换〕，可以检查程序是否有语法错误。如果没有语法错误，梯形图将被转换格式并存放在计算机内，同时图中的灰色区域变白。若有语法错误，将显示“梯形图错误”。如果在未完成转换的情况下关闭梯形图窗口，新创建的梯形图并未被保存。同样，在未完成转换的情况下向PLC下载程序，也只是下载了上一次转换后的程序，新输入的程序或修改过的程序并未下载。

执行菜单命令〔工具〕→〔全部清除〕可以清除编程软件中当前所有的用户程序。

4．程序的检查

执行菜单命令〔选项〕→〔程序检查〕，在弹出的对话框（见图24—82）中，可以选择检查的项目。语法检查主要检查命令代码及命令的格式是否正确；电路检查用来检查梯形图电路中的缺陷；双线圈检查用于显示同一编程元件被重复用于某些输出指令的情况，也可以设置被检查的指令。

5．查找功能

执行〔查找〕菜单中的命令〔到顶〕和〔到底〕，可以将光标移至程序的开始处或结束处。执行〔元件名查找〕、〔元件查找〕、〔指令查找〕和〔触点/线圈查找〕菜单命令，可以查找到指令所在的电路块。利用对话框中的单选框“向上/向下/全部”，可以选择查找的区域。执行〔查找〕菜单中的命令可以跳到指定的程序步、改变元件的地址、改变触点的类型和交换元件的地址，还可以设置标签和跳到标签设置处。

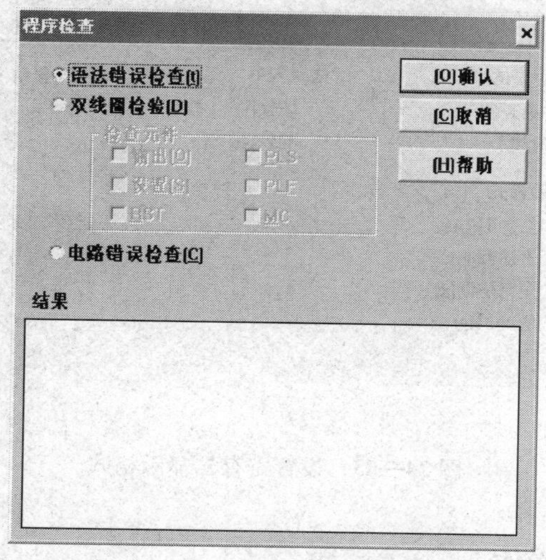

图 24—82 “程序检查”对话框

6. 视图命令

可以在〔视图〕菜单中选择显示梯形图、指令表、SFC（顺序功能图）或注释视图。

执行菜单命令〔视图〕→〔注释视图〕→〔元件注释/元件名称〕后，在对话框中选择要显示的元件号，将显示该元件及相邻元件的注释和元件名称。

执行菜单命令〔视图〕→〔注释视图〕还可以显示程序块注释视图和线圈注释视图，在弹出的窗口中可以设置需显示的起始步序号。

执行菜单命令〔视图〕→〔寄存器〕，即弹出如图 24—83 所示的对话框。选择显示格式为“列表”时，可以用多种数据格式中的一种来显示所有数据寄存器中的数据。选择显示格式为“行”时，在一行中可同时显示同一数据寄存器分别用十进制、十六进制、ASCII 码和二进制表示的值。

使用〔视图〕菜单，还可以查看触点/线圈列表、已用元件列表和 TC 设置表。

五、指令语句表的生成与编辑

执行菜单命令〔视图〕→〔指令表〕，进入指令表编辑界面，可以逐行输入指令。

执行菜单命令〔工具〕→〔指令〕，即会弹出如图 24—81a 所示的“指令表”对话框，其中的“指令”框中将显示光标所在行的指令。单击指令后面的“参照”按钮，可以帮助使用者选择指令。

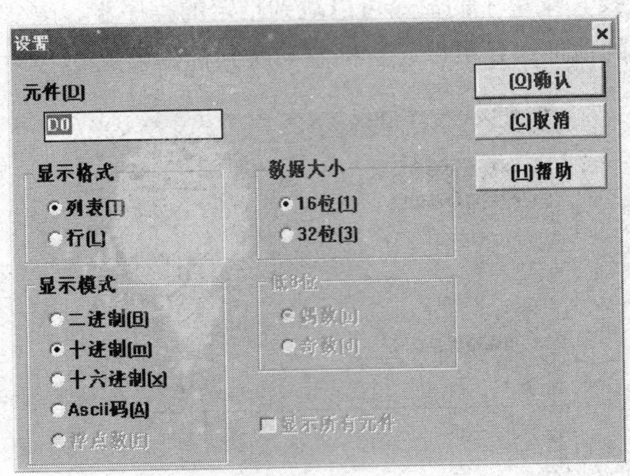

图 24—83　设置寄存器显示格式

六、PLC 的在线操作

对 PLC 进行操作之前，首先应在计算机的 RS－232C 接口和 PLC 的 RS－422 编程器接口之间使用编程通信转换接口电缆 SC－09（或 SC－10、SC－11）进行连接。对于计算机上没有串口的用户，可使用 USB－SC09 编程电缆将计算机上的 USB 接口与 PLC 的 RS－422 编程器接口连接好，然后设置好计算机的通信端口参数。

1. 端口设置

执行菜单命令〔PLC〕→〔端口设置〕，可以在如图 24—84 所示的“端口设置”对话框中，选择计算机与 PLC 通信的 RS－232C 串口号（COM1～COM4）。如果是使用 USB－SC09 通信电缆进行连接，实际上是把计算机上的 USB 接口转换成 RS－232C 接口来使用，因此需在安装通信电缆配备的驱动程序后，从计算机“控制面板”的“设备管理器”中查找到对应的 COM 口编号，然后在图 24—84 所示的对话框中选择串口号。

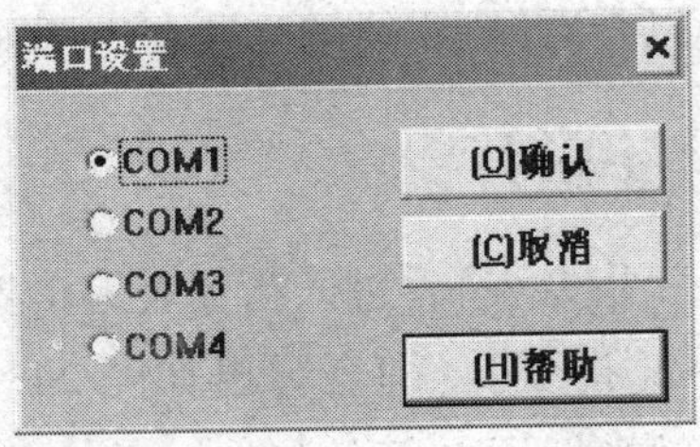

图 24—84　“端口设置”对话框

2. 程序文件上传和下载

执行菜单命令〔PLC〕→〔传送〕→〔读入〕可将 PLC 中的程序传送到计算机中。由于执行完读入功能后，计算机中原打开的程序将被读入的程序所覆盖，因此最好用一个新建立的程序文件来存放读入的程序。

执行菜单命令〔PLC〕→〔传送〕→〔写出〕，可将计算机中的程序下载到 PLC 中。执行写出功能时，PLC 上的 RUN 开关应在“STOP”位置，如果使用了 RAM 或 E^2PROM 存储器卡，其写保护开关应处于关断状态。执行“写出”功能时，在如图 24—85 所示的弹出窗口中可选择“范围设置”单选框，并在“终止步”后的方框内填上所要下载的程序步数，这样可以减少写出所需的时间，否则将下载系统默认的 8 000 步。

在执行“读入”“写出”命令时，PLC 的实际型号与编程软件中设置的型号必须一致。传送中的“读入”“写出”是从计算机的角度来看的。

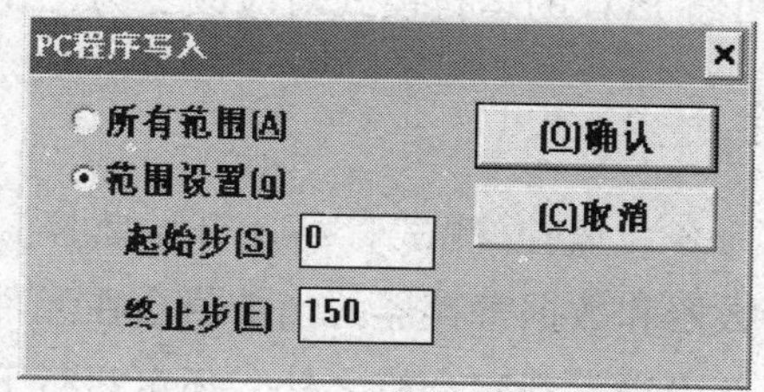

图 24—85　程序下载弹出窗口

执行菜单命令〔PLC〕→〔传送〕→〔校验〕，用来比较计算机和 PLC 中的顺控程序是否相同。如果二者不符合，将显示与 PLC 不相符的指令的步序号。选中其中某一步序号，可以显示计算机和 PLC 中该步序号的指令。

3. 寄存器数据传送

寄存器数据传送的操作与程序文件传送的操作类似，用来将 PLC 中的寄存器数据读入计算机、将已创建的寄存器数据成批传送到 PLC 中，或比较计算机与 PLC 中的寄存器数据。

4. 存储器清除

执行菜单命令〔PLC〕→〔存储器清除〕，在弹出的窗口中可以如下选择。

（1）“PLC 存储空间”：清除后，PLC 中程序存储器中的内容全为 NOP 指令，参数被设置为默认值。

（2）“数据元件存储空间”：将 PLC 中数据文件缓冲区的内容全部清零。

（3）“位元件存储空间”：将位元件 X、Y、M、S、T 和 C 复位为 OFF 状态。

单击“确认”按钮执行清除操作。

执行本条菜单命令时，特殊数据寄存器的数据不会被清除。

5. PLC 的串口设置

计算机和 PLC 之间在使用“RS”通信指令及 RS－232C 通信适配器进行通信时，通信参数用特殊数据寄存器 D8120 来设置，执行菜单命令〔PLC〕→〔串行口设置（D8120）〕时，在“串行口设置（D8120）”对话框中可设置与通信有关的参数。执行此菜单命令时设置的参数将传送到 PLC 的 D8120 中去。注意：这条命令只有在 PLC 与计算机之间已经建立通信连接后才能执行，否则将在计算机扫描通信连接失败后弹出“通信失败”显示窗口。

6. 遥控运行，停止

执行菜单命令〔PLC〕→〔遥控运行/停止〕，在弹出的窗口中选择“运行”或“停止”，单击“确认”按钮后可将 PLC 的运行模式对应改变为“RUN”或“STOP”。

七、监控与测试功能

在梯形图方式执行菜单命令〔监控/测试〕→〔开始监控〕后，画面上用绿色表示触点或线圈接通，定时器、计数器和数据寄存器的当前值会在元件号的上面显示。除了利用这两个特性直接在梯形图画面中进行观察分析之外，还可执行下列功能来帮助进行调试。

1. 元件监控

执行菜单命令〔监控/测试〕→〔元件监控〕后，出现如图 24—86 所示的元件监控画面，图中绿色的方块表示该常开触点闭合、线圈通电。双击左侧的深蓝色矩形光标，出现“设置元件”对话框（见图 24—87），输入元件号和需连续监视的点数（元件数），可以监控元件号相邻的若干个元件，也可以选择显示的数据是 16 位的还是 32 位的。在监控画面中选中某一被监控元件后，按 <DEL> 键可以将它删除，停止对它的监控。执行菜单命令〔视图〕→〔显示元件设置〕，可以改变元件监控时显示的数据位数和显示格式（例如 10 进制/16 进制）。

2. 强制 ON/OFF

执行菜单命令〔监控/测试〕→〔强制 ON/OFF〕，在弹出如图 24—88 所示的“强制 ON/OFF”对话框中的“元件”栏内输入元件号，选中“设置”单选框后单击“确认”按钮，该元件就被置位为 ON。选中“重新设置”单选框后单击“确认”按钮，该元件则被复位为 OFF。所有的强制操作过程都会逐条显示在“过程显示”方框内，双击此方框内的某一条时，该条信息中的元件号会被置放到“元件”栏内，可对该元件再次进行强制 ON/OFF 操作。单击“取消”按钮后关闭图 24—88 所示对话框。

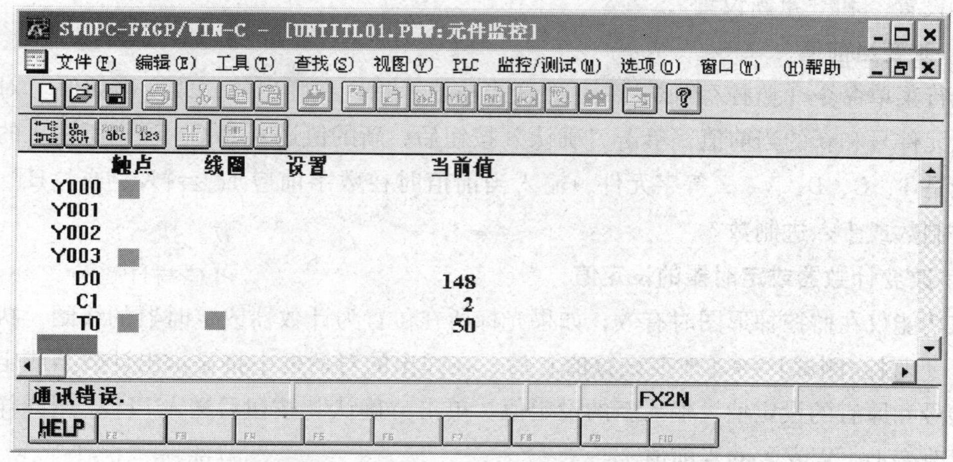

图 24—86 元件监控画面

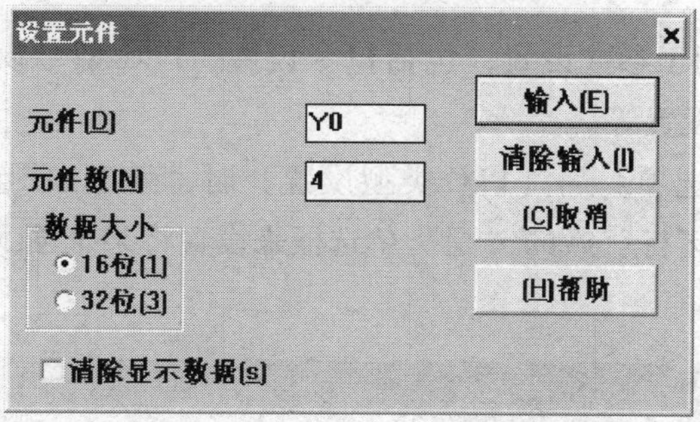

设置元件
元件[D] Y0
元件数[N] 4
数据大小
16位[1]
32位[3]
清除显示数据[s]
输入[E]
清除输入[I]
[C]取消
[H]帮助

图 24—87 “设置元件”对话框

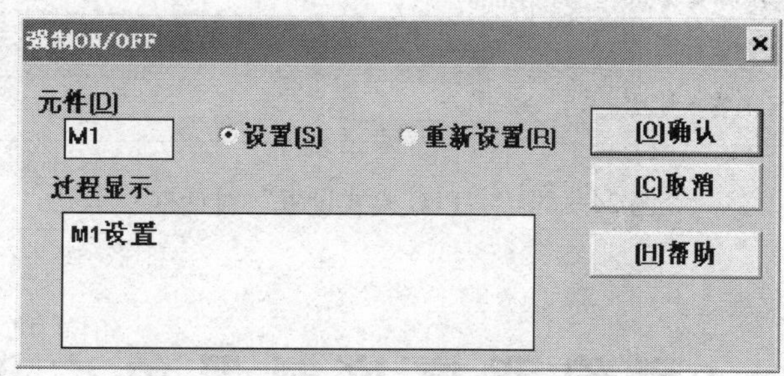

图 24—88 “强制 ON/OFF”对话框

3. 强制 Y 输出

菜单命令〔监控/测试〕→〔强制 Y 输出〕的执行过程与上述〔强制 ON/OFF〕相同，只不过是只能对 Y 进行强制操作，另外在弹出的窗口中，ON 和 OFF 取代了图 24—88

中的“设置”和“重新设置”。

4. 改变当前值

执行菜单命令〔监控/测试〕→〔改变当前值〕后，在弹出的“改变当前值”对话框中输入元件号和新的当前值，单击“确认”按钮后，新的值送入PLC。注意所输入的元件号只能是T、C、D、V、Z等字元件，输入当前值时在数字前应加上“K”或“H”表示是十进制数或十六进制数。

5. 改变计数器或定时器的设定值

该功能仅在监控梯形图时有效，如果光标所在位置为计数器或定时器的线圈，执行菜单命令〔监控/测试〕→〔改变设置值〕后，在弹出的对话框中将显示出计数器或定时器的元件号和原有的设定值。输入新的设定值。单击“确认”按钮后送入PLC。用同样的方法可以改变D、V或Z的当前值。

八、编程软件与PLC的参数设置

〔选项〕菜单主要用于参数设置，包括口令设置、PLC型号设置、串行口参数设置、元件范围设置和字体的设置等。

在执行菜单命令〔选项〕→〔PLC类型设置〕时，弹出如图24—89所示的对话框，可以选择“由输入控制运行”后的“是”单选框来设置将某个输入点（图中为X1）作为外接的RUN开关来使用。

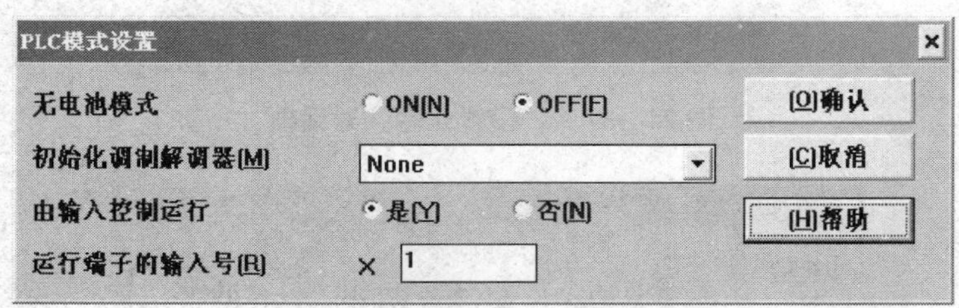

图24—89 “PLC模式设置”对话框

第6节 可编程序控制器的应用技术

在掌握了PLC的硬件组成、工作原理、指令系统、编程语言及基本的程序设计方法后，就可以根据实际设备或控制系统的要求，用PLC作为控制器构成PLC控制系统。

本节从应用 PLC 构成控制系统的角度，介绍 PLC 控制系统的设计步骤、PLC 的选型和硬件配置、编程软件的使用及 PLC 的安装维护与应用中的注意事项。

一、PLC 控制系统设计的步骤

由于 PLC 的应用场合是多种多样的，加之 PLC 自身功能的不断增强，它所控制的系统越来越复杂，PLC 之间、上位机（工业控制计算机）与 PLC（下位机）之间通信应用越来越多。因此希望列出 PLC 控制系统设计的详细步骤几乎是不可能的，在此只叙述 PLC 控制系统设计所必须遵循的基本原则和一般的主要步骤。

1. PLC 控制系统设计的基本原则

PLC 是一种计算机化的高科技产品，相对继电器而言价格较高。因此，在应用 PLC 之前，首先应考虑是否有使用必要。如果被控系统很简单，I/O 点数很少，或者 I/O 点数虽多，但是控制要求并不复杂，各部分的相互联系也很少，就可以考虑采用继电器控制的方法，而没有必要使用 PLC。

在下列情况下，可以考虑使用 PLC。

（1）系统的开关量 I/O 点数很多，控制要求复杂。如果用继电器控制，需要大量的中间继电器、时间继电器、计数器等器件。

（2）系统对可靠性的要求高，继电器控制不能满足要求。

（3）由于生产工艺流程或产品的变化，需要经常改变系统的控制关系，或需要经常修改多项控制参数。

（4）可以用一台 PLC 控制多台设备的系统。

任何一种电气控制系统都是为了实现被控对象（生产设备或生产过程）的工艺要求，以提高生产效率和产品质量。因此，确定选用 PLC 控制系统后，在设计 PLC 控制系统时应遵循以下基本原则：

第一，最大限度地满足被控对象的控制要求；

第二，在满足控制要求的前提下，力求使控制系统简单、经济，使用及维修方便；

第三，保证控制系统的安全、可靠；

第四，考虑到生产的发展和工艺的改进，在选择 PLC 容量时，应适当留有裕量。

2. PLC 控制系统设计的一般步骤

PLC 控制系统的一般设计步骤如图 24—90 所示，可以分为以下几步：熟悉控制对象、确定控制方案、PLC 选型及确定硬件配置、设计 PLC 的外部接线及硬件制作、设计控制程序、程序调试和编制技术文件。

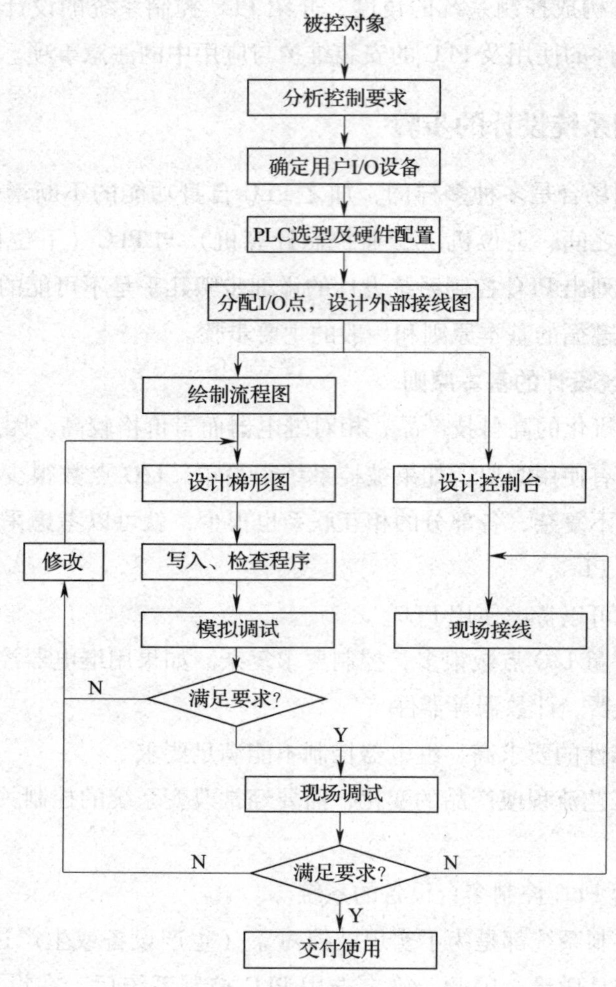

图 24—90　PLC 控制系统的设计步骤

（1）了解并列出系统的工艺要求和基本流程

1）了解各控制对象的控制要求。应详细了解被控对象的全部功能和它对控制系统的要求，例如机械的动作，机械、液压、气动、仪表、电气系统之间的关系，系统是否需要设置多种工作方式（如自动、半自动、手动等），PLC 与系统中其他智能装置之间的关系，是否需要通信联网功能，是否需要报警，电源停电及紧急情况的处理等。

在这一阶段，还要选择用户输入设备（按钮、操作开关、限位开关、传感器等）、输出设备（继电器、接触器、信号指示灯等执行元件），以及由输出设备驱动的控制对象（电动机、电磁阀等）。

2）用流程图表达出各控制对象的动作顺序，相互之间的约束关系等。

3）确定所控制的参数，如所控温度的精度要求，压力控制的点数和压力范围等。应确定哪些信号需要输入给 PLC，哪些负载需由 PLC 驱动，并分类统计出各输入量和输出量的性质，是开关量还是模拟量，是直流量还是交流量，以及电压的大小等级，为 PLC 的选型和硬件配置提供依据。

（2）确定控制方案

1）拟定实现 PLC 控制的具体方案。

2）系统控制的通信要求和网络结构设计，例如有没有和上位机相连，需不需要多机通信等。

3）硬件结构设计，例如控制系统由哪些环节所组成、各个环节在系统中的作用、各环节之间的相互关系、每个环节的具体结构、A/D 和 D/A 的个数及位数以及对主控制器的要求，如时钟频率、内存容量、功能要求等。

（3）PLC 选型、硬件配置及控制电路的设计。正确选择 PLC 对于保证整个控制系统的技术与经济性能指标起着重要的作用。选择 PLC，包括机型的选择、容量的选择、I/O 模块的选择、电源模块的选择等。根据被控对象对控制系统的要求，及 PLC 的输入量、输出量的类型和点数，确定 PLC 的型号和硬件配置。对于整体式 PLC，应确定基本单元和扩展单元的型号；对于模块式 PLC，应确定框架（或基板）的型号，及所需模块的型号和数量。

PLC 硬件配置确定后，应对 I/O 点进行分配，确定外部输入输出元件与 PLC 的 I/O 点的连接关系，完成 I/O 点地址定义表。

分配好与各输入量和输出量相对应的元件后，设计出 PLC 的外部接线图、其他部分的电路原理图、接线图和安装所需的图纸，以便进行硬件装配。

（4）系统控制软件的设计。在硬件设计的基础上，通过控制程序的设计完成系统的各项控制功能。对于较简单系统的控制程序，可以使用经验法设计直接设计出梯形图。对于比较复杂的系统，一般要首先画出系统的工艺流程图，然后再设计 PLC 的控制梯形图。

（5）程序调试。控制程序是控制整个系统工作的软件，是保证系统工作正常、安全、可靠的关键。因此，控制系统的设计必须经过反复调试、修改，直到满足要求为止。

程序的调试可以分为模拟调试和现场调试两个阶段进行。

1）模拟调试。用户程序一般先在实验室进行模拟调试，实际的输入信号可以用钮子开关和按钮来模拟，各输出量的通断状态用 PLC 上有关的发光二极管来显示，一般不用连接 PLC 实际的负载（如接触器、电磁阀等）。实际的反馈信号（如限位开关的接通等）可以根据流程图，在适当的时候用开关或按钮来模拟。

在调试时应充分考虑各种可能的情况。系统的各种不同的工作方式、流程图中选择分支的每一条支路、各种可能的进程路径，都应逐一检查，不能遗漏。发现问题后及时修改程序，直到在各种可能的情况下输入量与输出量之间的关系完全符合要求。如果程序中某些定时器或计数器的设定值过大，为了缩短调试时间，可以在调试时将它们减小，模拟调试结束后再写入它们的实际设定值。

2）现场调试。现场调试要等到系统其他硬件安装和接线工作完成后才能进行。在设计和模拟调试程序的同时就可以设计、制作控制台或控制柜。PLC 之外的其他硬件的安装、接线工作也可以同时进行，以缩短整个工程的周期。

完成以上工作后，将 PLC 安装到控制现场，进行联机总调试，并及时解决调试时发现的软件和硬件方面的问题。

（6）编制技术文件。系统调试好后，应根据调试的最终结果，整理出完整的技术文件，如电气原理图、接线图、功能表图、带注释的梯形图，以及必要的总体文字说明等，提供给用户或存档，以便于今后的系统维护与改进。一套完整的技术文件中应包含以下系统设计文件。

1）系统硬件配置图。它是一张以功能方框表示的硬件单元配置的示意图，表示了整个系统的硬件组成。

2）I/O 硬件接口图。I/O 硬件接口图是系统设计的一部分，它反映了现场输入和输出设备与 PLC 输入输出模块的实际连接关系。图中应同时给出模板的接线端子号和相应地址，并注释传感器或执行机构的相应意义。

3）I/O 地址分配表。在系统设计中应把输入/输出设备及其所连接的端口列成表，给出相应的地址和名称，以备软件编程和系统调试时使用。这种表称为 I/O 地址分配表，也叫输入输出表。

4）内部存储地址分配。内部器件指定时器、计数器、控制继电器及数据寄存器等，这些器件只在程序内部起作用，与现场设备不相关联，所以往往可以自由使用它们而无需考虑其用途。内部器件使用得当可简化程序，错误使用会导致系统误操作。由于在实际控制程序中往往大量地使用这些内部器件，在进行控制软件设计时需要把所使用的这些内部编程器件列成表，注明其名称、存储地址及其用途，以备软件编程和系统调试时使用。这种表称为内部存储地址分配表。

5）控制程序清单。控制程序清单是存储于 PLC 内存中的控制逻辑程序的硬拷贝。无论是以梯形图还是以其他语言形式存储，硬拷贝都是对存储器内容的精确复制。

通常，梯形图清单表示每条编程指令和每个输入输出相关联的地址。

二、PLC 的选型

随着 PLC 的推广普及，PLC 产品的种类和数量越来越多。其结构形式、性能、容量、指令系统、编程方法、价格等各有不同，适用场合也各有侧重。因此，合理选择 PLC 对于提高 PLC 控制系统的技术经济指标起着重要作用。

PLC 的选择应包括机型的选择、容量的选择、I/O 模块的选择、电源模块的选择等几个方面，下面分别加以介绍。

1. PLC 机型的选择

机型选择的基本原则应在满足功能要求的前提下，保证可靠性、维护使用方便以及最佳的性能价格比。具体应考虑以下几个方面。

（1）PLC 的结构。选择 PLC 结构的原则是结构要合理，安装、维修要方便。

按照物理结构，PLC 分为整体式和模块式。整体式的每一个 I/O 点的平均价格比模块式的便宜，所以人们一般倾向于在小型控制系统中采用整体式 PLC。但是模块式 PLC 的功能扩展方便灵活，I/O 点数的多少、输入点数与输出点数的比例、I/O 模块的种类和块数、特殊 I/O 模块的使用等方面的选择余地都比整体式 PLC 大得多，维修时更换模块、判断故障范围也很方便。因此，对于较复杂的和要求较高的系统一般应选用模块式 PLC。

（2）PLC 的功能。PLC 的功能应与系统的要求相当，能满足系统的要求即可，不应片面追求过高的性能指标。

对于小型单台、仅需要开关量控制的设备，一般的小型 PLC 都可以满足要求。

对于以开关量控制为主，带少量模拟量控制的工程项目，可选用带 A/D、D/A 转换，具有加减运算、数据传送功能的低档机，或选用低档的单元式主机再配置适用的模拟量输入输出模块。

如果系统要求 PLC 完成某些特殊的功能，应考虑 PLC 的指令系统是否有相应的指令来支持。

对于控制比较复杂，控制功能要求更高的工程项目，例如要求实现 PID 运算、闭环控制、通信联网等功能时，可视控制规模及复杂程度，选用中档或高档机。其中高档机主要用于大规模过程控制、全 PLC 的分布式控制系统以及整个工厂的自动化控制等。

2. PLC 容量的选择

PLC 的容量指 I/O 点数和用户存储器的存储容量（字数）两方面的含义。在选择 PLC 型号时不应盲目追求过高的性能指标，但是在 I/O 点数和存储器容量方面除了要满足控制系统要求外，还应留有一定的裕量，以作备用或系统扩展时使用。

（1）I/O 点数的确定。I/O 点数是可编程序控制器应用设计的最直接的参数。在选择机型时必须注意以下问题。

1）搞清产品手册上给出的最大 I/O 点数的确切含义。由于各公司的习惯不同，产品手册上所给出的最大 I/O 点数含义并不完全一样。有的给出的是 I/O 总点数，即输入点数和输出点数之和，有的则分别给出最大输入点数和最大输出点数。

2）I/O 点数的裕量。在系统硬件设计中要留有充分的 I/O 点数作为备用。主要是考虑两个方面的问题：一是系统设计的更改，一旦系统设备调整、控制功能增加，有增加触点扩展功能的余地；二是手册上给出的最大 I/O 点数都是在理想情况下获得的参数，一旦满负荷运行，就要影响整个系统的响应速度和可靠性，给系统带来不良的影响。为了保证所设计的控制系统能正常运行，在系统硬件设计时，建议根据实际 I/O 点数留有 20% ~ 30% 的裕量。

（2）存储器容量的确定。通常，一条逻辑指令占存储器一个字，计时、计数、移位以及算术运算、数据传送等指令占存储器两个字。各种指令占存储器的字数可查阅 PLC 产品使用手册。在选择存储容量时，一般可按实际需要的 25% ~30% 考虑裕量。

存储器容量的选择有两种方法。一种是根据编程实际使用的节点数计算，这种方法可精确地计算出存储器实际使用容量，缺点是要编完程序之后才能计算。常用的方法是估算法，用户可根据控制规模和应用目的，按照每 1 点开关量输入信号需占用 10 个字节、每 1 点开关量输出信号需占用 5 个字节、每 1 点模拟量输入或输出信号需占用 100 个字节来进行估算。

例如，某控制系统有 64 个开关量输入信号，48 个数字输出信号，4 点模拟量输入，则该控制系统所需存储器容量大致估算为：

$$10 \times 64 + 5 \times 48 + 100 \times 4 = 1\,280\ (\text{字节})$$

再加上 25% ~30% 的裕量，本例可选用 1.5 kB 或 2 kB 的存储器为宜。

3. I/O 模块的选择

PLC 的型号选好后，根据 I/O 分配表和可以供选择的 I/O 模块的类型，确定 I/O 模块的型号和块数。选择 I/O 模块时，I/O 点数一般应留有一定的裕量，以备今后系统改进或扩充时使用。由于不同的 I/O 模块其电路和性能不同，它直接影响着 PLC 的应用范围和价格，应该根据实际情况合理选择。

（1）开关量输入模块的选择。输入模块的作用是接收现场的输入信号，并将输入的外部的信号电平转换为 PLC 内部的信号电平。

选择输入模块应注意以下几个方面。

1）电压的选择。应根据现场设备与模块之间的距离来考虑，一般 5 V、12 V、24 V

属低电平，其传输距离不宜太远。如 5 V 模块最远不得超过 10 m，距离较远的设备应选用较高电压的模块。

2）同时接通的点数。高密度的输入模块，如 32 点、64 点等，同时接通的点数与输入电压的高低及环境温度有关，不宜过多。一般来讲，同时接通的点数不要超过输入点数的 60%。

3）门槛电平。为了提高控制系统的可靠性，必须考虑门槛电平的高低。门槛电平越高，抗干扰能力越强，传输距离也就越远。

开关量输入模块的输入电压一般选择 DC 24 V 或 AC 220 V。直流输入电路的延迟时间较短，可以直接与接近开关、光电开关等电子输入装置连接。交流输入方式适合于在有油雾、粉尘的恶劣环境下使用，在这些条件下交流输入触点的接触较为可靠。

（2）输出模块的选择。输出模块的作用是将 PLC 的输出信号传递给外部负载，并将 PLC 内部的低电平信号转换为外部所需电平的输出信号。

输出模块按输出方式的不同分为继电器输出型、晶体管输出型、双向晶闸管输出型等多种。此外，输出电压值和输出电流值也各有不同。

选择输出模块应注意以下几个方面。

1）输出方式。继电器型输出模块的工作电压范围广，触点的导通压降小，承受瞬时过电压和瞬时过电流的能力较强，适用于驱动较大电流负载，价格也较便宜。但它属于有触点元件，其动作速度较慢、寿命较短，因此适用于不频繁通断的负载。当驱动电感性负载时，其最大通断频率不得超过 1 Hz。因此，如果系统的输出信号变化不是很频繁，建议优先选用继电器型的。对于频繁通断的低功率因数的电感负载，应采用无触点开关元件，即选用晶体管输出（直流输出）或双向晶闸管输出（交流输出）。它们的可靠性高，反应速度快，寿命长，但是过载能力稍差。

2）输出电流。输出模块的输出电流额定值应大于负载电流的最大值，用户应根据实际负载电流的大小选择模块的输出电流。另外，在选择输出模块的电流时，还应考虑可能会同时接通的输出点数。在大多数模块中，除了给出每点输出的电流额定值之外，还对每组的总输出电流也有限制，例如“0.5 A/点、0.8 A/4 点”。同时接通点数的电流累计值必须小于公共端所允许通过的电流值。例如一个额定容量为 220 V、2 A 的 8 点输出模块，每个点当然可以通过 2 A 的电流，但输出公共端允许通过的电流不可能是 2 A × 8 = 16 A，通常要比这个值小得多。因此在选择输出模块时也应考虑同时接通的点数不要超过输出点数的 60%。

（3）在选择 I/O 模块时还需要考虑以下问题。

1）输入模块的输入电路应与外部传感器的输出电路的类型配合，使二者能直接相连。

例如有的 PLC 的输入模块只能与 NPN 晶体管集电极开路输出的传感器直接相连，如果选用 NPN 晶体管发射极输出的传感器，就需要在二者之间增加转换电路。

2）模拟量模块的选择。

①应考虑变送器、执行机构的量程是否能与 PLC 的模拟量输入/输出模块的量程匹配。

②模拟量模块的 A/D、D/A 转换器的位数反映了模块的分辨率，8 位的模块分辨率低，价格便宜，12 位的则反之。

③模拟量模块的转换时间反映了模块的工作速度，选择模拟量模块时应考虑能否满足控制系统的动态指标。

3）成本方面的考虑。选择某些高密度 I/O 模块（例如 32 点开关量 I/O 模块），可以降低系统成本，但是高密度模块一般用 D 型插座来连接 I/O 线，不如普通 I/O 模块的接线端子那样方便。

4）高速输入。高速计数器可以对编码器提供的高速脉冲进行计数，并能实现与 PLC 的扫描工作方式无关的立即输出。应考虑高速计数器的功能和工作频率是否能满足要求。

4. 电源模块的选择

电源模块的选择比较简单，只需考虑其输出电流。电源模块的额定输出电流必须大于 CPU 模块、I/O 模块、专用模块等消耗电流的总和。

三、系统运行方式的设计

1. 运行方式设计

PLC 控制系统的运行方式有以下三种。

（1）自动运行方式。是控制系统的主要运行方式。只要运行条件具备，可由 PLC 自动启动系统，或由操作人员按下启动按钮后启动系统，在 PLC 的控制下系统按照控制工艺，根据各种检测信号及 PLC 的内部状态的变化，驱动各个执行机构自动运行。

（2）半自动运行方式。系统的启动或运行过程中的某些步骤需要人工干预方可运行下去。多用于检测手段不完善，需要人工判断，或某些设备不具备自动控制条件，需要人工干涉的场合。

（3）手动运行方式。用于设备调试、系统调整或紧急情况下的控制方式，是自动运行方式的辅助或后备方式。

2. 停止方式的设计

PLC 控制系统的停止也有以下三种方式。

（1）正常停止。这是由 PLC 的程序所控制的停止。当运行步骤执行完毕，不需要重新启动程序时；或 PLC 接收到操作人员发出的停止指令后，PLC 按规定的停止步骤使系统停止运行。

（2）暂停。用于在程序控制方式时暂停执行当前程序，使所有的输出置成“OFF”状态，待暂停解除时继续执行被暂停的程序。

（3）紧急停止。当控制系统中某设备出现异常情况或故障时，如果不立即停止系统的运行，将会导致重大事故或可能损坏设备，必须使用紧急停止按钮来使所有的设备立刻停止运行。紧急停止时，所有设备停止运行，且程序的执行被解除，控制内容全部复位到初始状态。

注意：为了安全可靠，紧急停止方式应设计为既没有连锁条件，也没有延迟时间的停止方式，并且不受 PLC 运行状态的限制。

四、节省 PLC 输入输出点数的方法

PLC 输入输出点数的多少是决定控制系统价格的重要因素，因此设计控制系统时应尽量简化输入输出点数。简化 PLC 输入输出点数的方法很多，在完成同样控制功能的情况下，通过合理选择模块可以简化控制方案。同样，在设计 PLC 外围电路时，也要注意输入输出点数的简化问题。

1. 减少所需输入点数的方法

（1）分时分组输入。有些输入信号可以按输入的时间关系分成几组，如自动程序和手动程序不会同时执行，则可以把自动和手动两种工作方式中所分别使用的输入信号分成两组输入，并增加一个自动/手动指令信号，用于自动程序和手动程序的切换。如图 24—91 所示 K1 ~ K7 和 K11 ~ K17 共 14 个触点分为两组，共用 X1 ~ X7 等 7 个输入点，用 X0 作为自动/手动指令信号。当 X0 = ON 时，X1 ~ X7 是由手动方式下的信号产生的；而在 X0 = OFF 时，X1 ~ X7 是由自动方式下的信号产生的。

注意：分时分组输入时，各开关需要串联二极管来切断寄生电路，避免错误输入的产生。如图 24—91 所示，假设图中没有二极管，系统处于自动状态，假如 K1、K2、K11 闭合，K12 断开，这时电流从 X2 流出，经 K2、K1、K11 到 COM 形成回路，使输入 X2 错误地置为“ON”。各开关串联了二极管后，切断了寄生回路，避免了错误输入的产生。

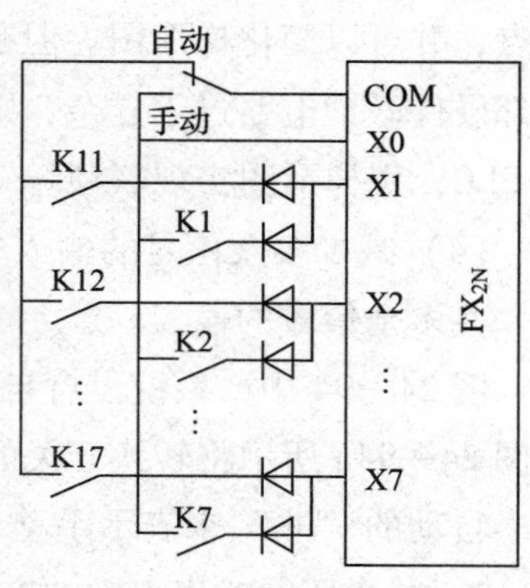

图 24—91　分时分组输入

（2）输入触点的合并。如果某些外部输入信号总是以某种“与或非”组合的整体形式出现在梯形图中，可以将它们对应的触点在 PLC 外部进行串联或并联后作为

一个整体输入PLC，只占PLC的一个输入点。例如某负载可在多处启动和停止，可以将多个启动用的常开触点并联，将多个停止用的常闭触点串联，分别送给PLC的两个输入点，如图24—92b所示。与如图24—92a所示的每一个启动信号或停止信号分别占用一个输入点的方法相比，不仅节约了输入点，还简化了梯形图电路。

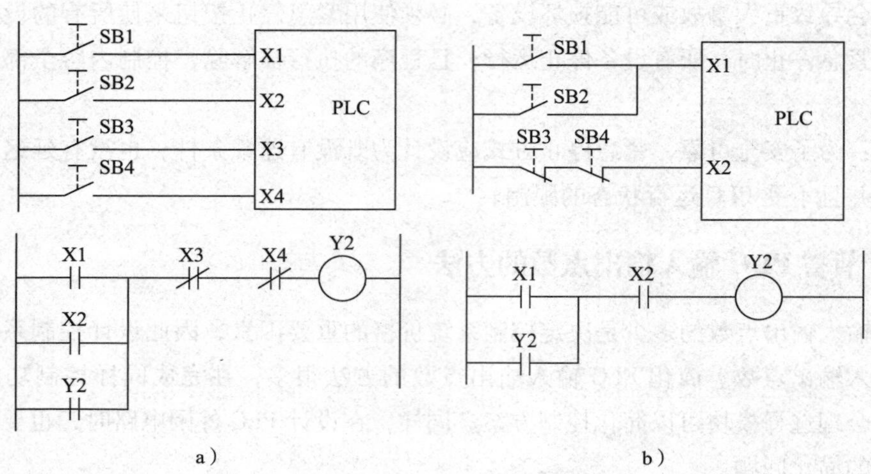

图24—92 输入触点的合并

a）合并前的接线图与梯形图 b）合并后的接线图与梯形图

（3）将手动开关等信号设置在PLC之外。系统的某些输入信号，例如手动操作按钮、过载保护动作后需手动复位的电动机热继电器的常闭触点提供的信号，可以设置在PLC外部的硬件电路中，如图24—93所示。如图24—93b所示将手动操作开关和热继电器的常闭触点直接接在PLC的输出侧，手动操作开关和热继电器的常闭触点可直接对负载起到控制作用。梯形图中不需对热继电器及手动开关编程。与图24—93a相比可以节省大量的输入点，并可以简化梯形图。但在某些手动按钮需要串接很多安全联锁触点的情况下，如果外部硬件联锁电路过于复杂，则应考虑不采用本例中的方法，仍然将有关安全联锁信号送入PLC，用梯形图实现联锁。

（4）减少多余信号的输入。如果通过PLC程序能够判定输入信号的状态，则可以减少一些多余信号的输入。

图24—94中，系统设有自动、半自动和手动三种工作状态，通过转换开关S1切换。如图24—94a所示将转换开关的三路信号全部输入到PLC，而如图24—94b所示则用自动和半自动的“非”来表示手动，则可节省一个输入点。

2. 减少所需输出点数的方法

（1）在PLC的输出功率允许的条件下，通/断状态完全相同的多个负载并联后，可以共用一个输出点，通过外部的或PLC控制的转换开关的切换，一个输出点可以控制两个或多个不同时工作的负载。与外部元件的触点配合，可以用一个输出点控制两个或多个有不同要求的负载。用一个输出点控制指示灯常亮或闪烁，可以显示两种不同的信息。

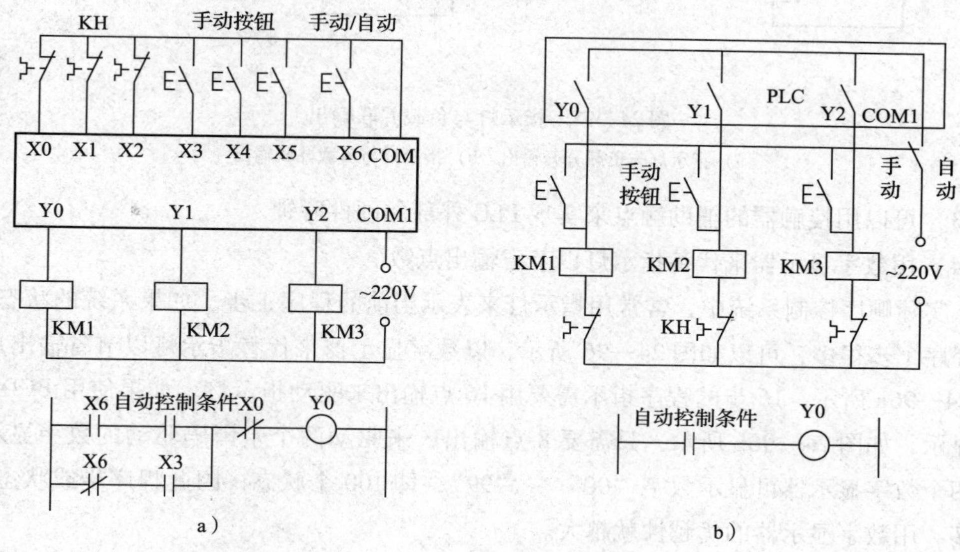

图 24—93　将手动开关设置在PLC之外

a）手动开关与热继电器连接到输入点　b）手动开关与热继电器放在PLC外

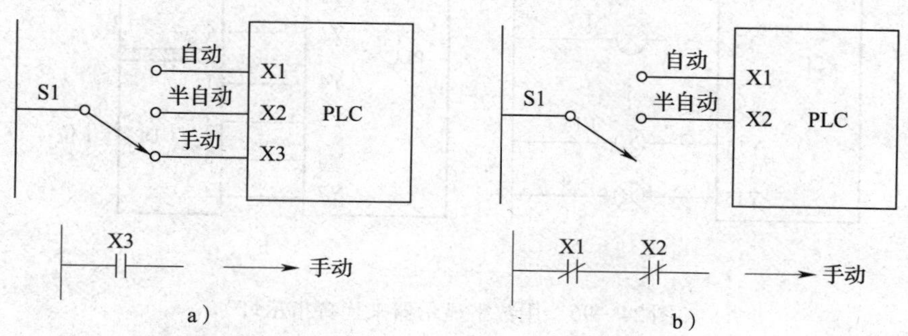

图 24—94　减少多余信号的输入

a）三种状态均输入，用 X3 = ON 代表手动状态

b）只输入两种状态，用 $\overline{X1}\cdot\overline{X2}$ 代表手动状态

（2）在需要用指示灯显示PLC驱动的负载（例如接触器线圈）状态时，可以将指示灯与负载并联，并联时指示灯与负载的额定电压应相同，总电流不应超过允许的值。可以选用电流小、工作可靠的LED（发光二极管）指示灯。如图 24—95 所示。

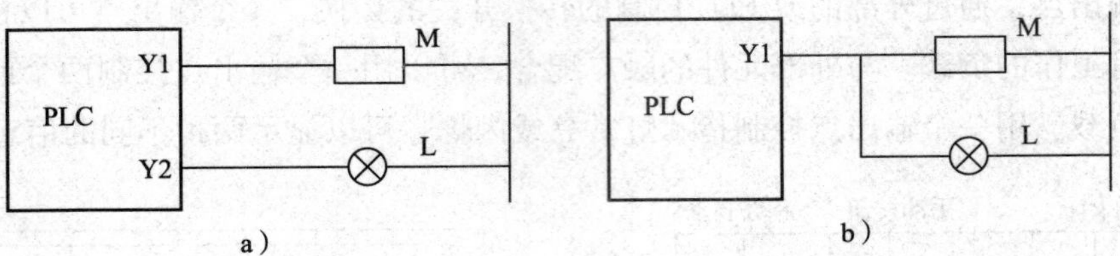

图 24—95　指示灯与负载并联输出

a）指示灯与负载分开输出　b）指示灯与负载并联输出

（3）可以用接触器的辅助触点来实现 PLC 外部的硬件联锁。

（4）用数字显示器来代替指示灯以节省输出点数。

在实际顺序控制系统中，常常用指示灯来表示当前的程序工步。如果系统的状态指示灯或程序工步很多，可以如图 24—96 所示，以数字显示器来代替指示灯以节省输出点数。如图 24—96a 所示，16 步的程序指示需要用 16 点输出来驱动指示灯。如果使用 BCD 码的数字显示，如图 24—96b 所示，只需要 8 点输出，来驱动两个带译码驱动的数字显示器。由于两个数字显示器可显示数字“00” ~ “99”，即 100 个状态，因此程序步或状态指示灯愈多，用数字显示器的优越性就越大。

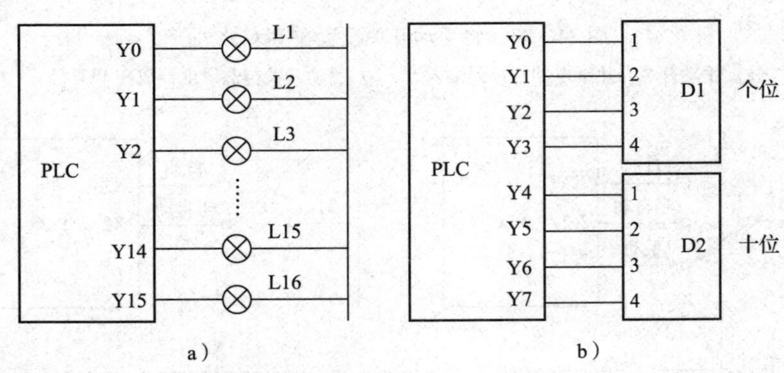

图 24—96　用数字显示器来代替指示灯

a）16 个指示灯用 16 点输出　b）用 BCD 显示器只用 8 点输出

五、PLC 应用系统的可靠性措施

PLC 是专门为工业环境设计的控制装置，一般不需要采取什么特殊措施，就可以直接在工业环境中使用。但是如果环境过于恶劣，电磁干扰特别强烈，或安装使用不当，也可能使 PLC 接收到错误的信号，造成误动作，或使 PLC 内部的数据丢失，严重时甚至会使系统失控。在系统设计时，应采取相应的可靠性措施，以消除或减少干扰的影响，保证系统的正常运行。

1．对电源的处理

电源是干扰进入 PLC 的主要途径之一，电源干扰主要是通过供电线路的阻抗耦合产生的，各种大功率用电设备和产生谐波的设备（例如大功率晶闸管装置和变频器）是主要的干扰源。

在干扰较强或对可靠性要求很高的场合，可以在 PLC 的交流电源输入端加接带屏蔽层的隔离变压器和低通滤波器，如图 24—97 所示。隔离变压器可以抑制从电源线窜入的外来干扰，提高抗高频共模干扰的能力。而低通滤波器可以吸收掉电源中的大部分“毛刺”，即尖峰脉冲。

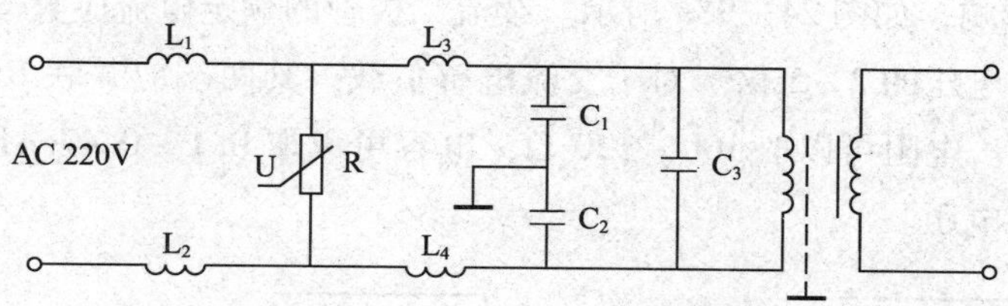

图 24—97　低通滤波器和隔离变压器

2．安装与布线的注意事项

开关量信号一般对信号电缆没有严格的要求，可以选用普通电缆。当信号传输距离较远时，可以选用屏蔽电缆。模拟量信号和高速信号（例如光电编码器等提供的信号）应选择屏蔽电缆。在信号频率很高的情况下，应选用专用电缆或光纤电缆；在要求不高或信号频率较低时，也可以选用带屏蔽的多芯电缆或双绞线电缆。

PLC 应远离强干扰源，例如大功率晶闸管装置、变频器、高频焊机和大型动力设备等。PLC 不能与高压电器安装在同一个开关柜内，在柜内 PLC 应远离动力线，二者之间的距离应大于 200 mm。与 PLC 装在同一个开关柜内的电感性元件，例如继电器、接触器的线圈，应并联 RC 吸收电路。

信号线与功率线应分开走线，电力电缆应单独走线，不同类型的线应分别装入不同的电缆管或电缆槽中，并使其有尽可能大的空间距离，信号线应尽量靠近地线或接地的金属导体。

当信号源距离 PLC 超过 300 m 时，应采用中间继电器来转接信号，或使用 PLC 的远程 I/O 模块。I/O 线与电源线应分开走线，并保持一定的距离。如果不得已要在同一线槽中布线，应使用屏蔽电缆。交流线与直流线应分别使用不同的电缆；开关量、模拟量 I/O

线应分开敷设，后者应采用屏蔽线。如果模拟量输入/输出信号距离 PLC 较远，应采用 DC 4 ~ 20 mA 的电流传输方式，而不宜采用易受干扰的电压传输方式。屏蔽线的屏蔽层应一端接地。

3. PLC 输出的可靠性措施

在负载要求的输出功率超过 PLC 输出点的允许值时，应设置外部继电器。PLC 输出模块内小型继电器的触点小，断弧能力差，一般不能直接用于直流 220 V 电路中，必须用 PLC 驱动外部的继电器，用外部继电器的触点驱动直流 220 V 的负载。

感性负载有储能作用，当控制触点断开时，电路中的感性负载会产生高于电源电压数倍甚至数十倍的反电势，触点闭合时，会因触点的抖动而产生电弧，它们都会对系统产生干扰。因此，对于直流感性负载，应在它们两端并联续流二极管，以抑制电路断开时产生的电弧对 PLC 的影响，如图 24—98a 所示。续流二极管的额定电流应大于负载电流，其额定电压应大于电源电压的 2 ~ 5 倍。对于交流电感负载，其两端应并联 RC 浪涌吸收电路，如图 24—98b 所示。电阻可以取 100 ~ 120 Ω，电容可以取 0.1 ~ 0.47 μF，电容的额定电压应大于电源峰值电压。

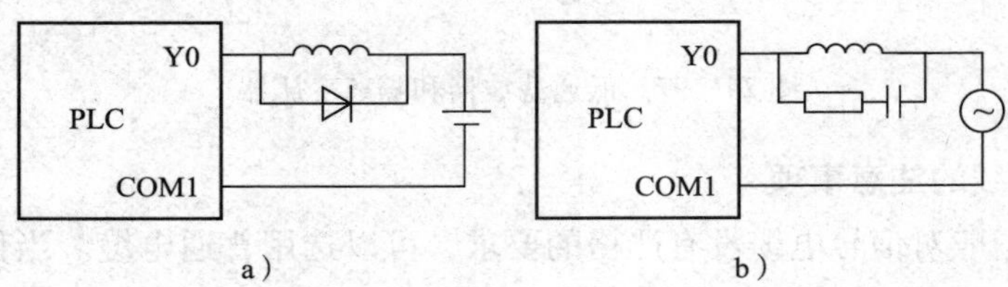

图 24—98　输出电路的处理

a）直流感性负载接续流二极管　b）交流感性负载接浪涌吸收器

4. PLC 控制系统的接地

良好的接地是 PLC 安全可靠运行的重要条件，PLC 应与强电设备分别使用独立的接地装置；PLC 接地线的截面积应大于 2 mm^2，接地点与 PLC 的距离应小于 50 m，接地电阻应小于 100 Ω。

当控制系统的各个控制屏和控制设备相距较远时，若将它们在就近的接地点分别接地，强电设备的接地电流就可能在两个接地点之间产生较大的电位差，干扰控制系统的工作。为防止不同信号回路接地线上的电流引起交叉干扰，必须分系统（例如以控制屏为单位）将弱电信号的内部地线接通，然后各自用规定截面积的导线统一引到接地网络的同一点，从而实现控制系统一点接地的要求。

强电设备漏电时在接地线上会产生高电压，为防止此种情况对 PLC 控制电路及操作者人身造成危险，不允许 PLC 控制电路与强电设备公共接地。

PLC 控制系统的接地方式如图 24—99 所示。

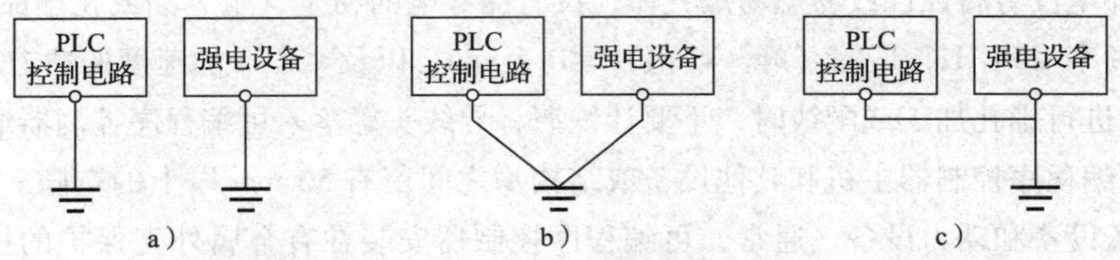

图 24—99　PLC 控制系统的接地方式

a）专用接地（最好）　b）共用接地（可以）　c）公共接地（不可）

六、可编程序控制器安装维护及应用中注意事项

1. PLC 的安装与接线

可编程序控制器是由继电器线路和计算机技术发展而来的，因此其程序设计具有两者的特点。而在安装 PLC 控制线路时，必须考虑到可编程序控制器的一些特殊问题。

（1）可编程序控制器的外部应设置安全线路，以便当外部电源出现异常、可编程序控制器发生故障时，全系统也能安全运行。

1）在可编程序控制器外部建立紧急停机电路、保护电路、正反向动作联锁电路、上下限定位、防止机器损坏的联锁电路。

2）可编程序控制器 CPU 利用监视定时器错误自诊断功能检测出异常时，关闭全部输出。此外，当可编程序控制器 CPU 不能检测的外部输入输出控制部分出现异常时，输出控制会失灵。因此，对外部电路和机构，也必须设计检测电路，保障机器安全运行。

3）必须注意传感器的电源。因型号不同、有无连接扩展模块的不同，一旦发生过载，电源电压会自动下降，可编程序控制器的输入部分也不能工作，输出部分全部关闭。

4）当输出单元的继电器、晶体管、晶闸管开关元件故障，导致输出开关信号失灵时，接输出端的外部线路和机构，要有以下保护措施。

① 接入输出端口的电源，必须加接合格的熔断器。

② 输出负载的两端并接阻容保护或续流二极管保护。

（2）安装

1）可编程序控制器安装在 DIN 导轨（35 mm 宽）上，或直接用 M4 螺钉对准螺孔固定。

2）安装环境。虽然可编程序控制器是为工业应用的恶劣环境而设计，但合适的工作环境可有效地提高产品的使用寿命和可靠性。

PLC 的安装环境是指它安装场所的温度、湿度、尘埃等特性。通常，可编程序控制器安装的环境温度范围在 0～55℃，相对湿度 35%～85%，不结露，阳光不能直接照射的场所。周围环境没有腐蚀性或易燃易爆气体，没有能导电的粉尘、水、油或化学品。安装位置的振动频率≤55 Hz，振幅（峰—峰值）≤0.5 mm，以及≤10 g 加速度的冲击。

3）在进行螺孔加工或配线时，不要让铁屑、导线头等落入可编程序控制器通风口内。

4）可编程序控制器主机和其他设备或结构物之间留有 50 mm 以上的空隙。要远离高压线、高压设备和动力设备。通常，可编程序控制器安装在有金属外壳保护的控制柜内，安装时应留有一定空间，便于系统的扩展和通风散热。必要时可安装风扇强制通风，在易燃易爆或有腐蚀性气体的场所内应考虑柜内的正压通风。在控制柜内安装 PLC 时，为便于 PLC 的通风降温，PLC 应水平正面安装在底板上，如图 24—100 所示圆圈的位置；而不要竖直安装，也不要安装在控制柜顶部或底部，如图 24—100 所示打叉处。

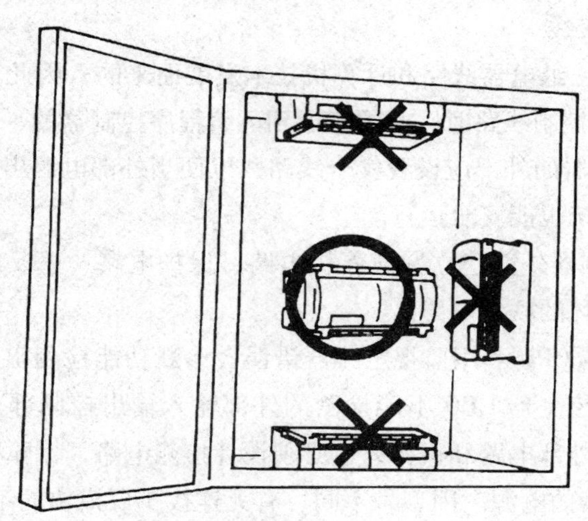

图 24—100　PLC 的安装位置

5）可编程序控制器的信号输入线和输出线不能走同一电缆。

6）根据上述注意事项，输入、输出线长度达到 50～100 m，基本不会有噪声问题。但是，一般为了安全起见，配线长度定在 20 m 以内为好。

（3）配线

1）AC 电源配线，只能接于专用端子（L、N）上。若误接在直流输入输出端子或直流电源端子上，将烧坏可编程序控制器。

2）基本单元、扩展单元的“+24”端子，不能从外部供给电源。

3）扩展单元和基本单元的接地端子互相连接，并将基本单元的接地端子接地。接地线要用2 mm^2以上的导线，实行第三种接地（即独立接地）。此外各个单元、模块的“SG”端子，都要采用2 mm^2以上的电线连接。但是，不允许与强电系统公共接地。

4）电源线请用2 mm^2以上的电线，防止电压下降。

5）空端子“·”不要用于外部配线，以防损坏产品。

2. PLC的维护和保养

可编程序控制器的可靠性高，为使系统能长期稳定可靠运行，对可编程序控制器系统的维护十分重要。实践证明，良好的维护能明显提高平均无故障运行时间，因此应加强可编程序控制器系统的维护和保养，防患于未然，提高系统有效率。

（1）可编程序控制器系统的维护和保养主要注意下列问题。

1）建立系统维护和保养的一系列规章制度，不断完善，并严格执行。

2）建立一支有技能、热爱本职工作的技术队伍，定期进行技术培训和考核，提高维护人员技能。

3）建立备品备件库，包括购置必要的检查和调试设备，满足系统维护和保养需要。

（2）系统维护和保养的主要内容

1）建立系统的设备档案。包括设备一览表，程序清单和程序说明书，设计图纸、竣工图纸和资料，运行记录和维护记录等。

2）采用标准格式记录系统运行情况和各设备状况，记录故障现象和维护处理情况，并归档。系统运行记录，包括运行时间、CPU和各卡件模块运行状态、电源供电状态和负荷电流、工作环境状态、通信系统状态及检查人员签名等。维护记录包括维护时间、故障现象、当时环境状态、故障分析、处理方法和结果、故障发现人员和处理人员的签名等。

3）系统定期维护保养。根据定期保养一览表，对所需保养设备和线路进行检查和保养，记录有关保养内容，并制订备品备件购置计划。

定期检查控制器是否因其他发热体或阳光直射而导致机内温度异常升高；粉尘、导电性尘埃是否落入机内；配线、端子是否松动。可编程序控制器的一次检测元件、连接电缆、管缆和连接点、输入输出继电器、可编程序控制器和执行机构等都需要定期检查，定期更换有关部件，进行清洁工作。

可编程序控制器系统中一些设备和部件的使用寿命有限，例如可编程序控制器内的锂电池寿命一般为1~3年，输出继电器机械触点使用寿命为100万~500万次，电解电容使用寿命为3~5年等，要根据有关资料制订定期保养一览表。

一般而言，当“BATT. V”LED亮灯后，应尽快更换电池，以免停电。更换电池的步骤如下。

①关闭可编程序控制器的电源。

②卸下面板盖。

③从电池架上取出旧电池，拔出插座。

④在插座拔出后的20 s内，插入新电池插座。

⑤把电池插入电池架内，装上面板盖。

⑥使用功能扩展板时，注意电池的簧片不要接触功能扩展板。

3. PLC的应用注意事项

（1）运行前的检查

1）通电前，要认真检查电源和地线、输入输出线是否正确连接。

2）对长期不用的控制器，通电前需进行绝缘电阻和耐压试验，方法如下。

①全部卸下可编程序控制器的输入输出接线和电源线。

②可编程序控制器处于单独状态，除了接地端子之外，其他端子全部用连接线连接。

③测量是在该连接线和接地端子之间进行。

④耐压：AC电源型——AC 1 500 V，1 min；DC电源型——AC 500 V，1 min。绝缘电阻：DC 500 V高阻表时为5 MΩ以上。

（2）程序检查。在新装入程序正式运行之前，应读出程序，检查写入的程序正确与否，同时，利用外围设备的程序检查功能检查电路错误、语法错误等。

（3）RUN/STOP操作

1）内置RUN/STOP：操作基本单元左侧有内置RUN/STOP开关，开关倒向RUN时运行，倒向STOP时为停止。

2）利用通用输入的RUN/STOP：通过参数设定，可在通用输入（X0 ~ X17）中任选一点接上开关来作为RUN/STOP开关。当开关ON时，指定为输入动作，当OFF时，输入停止。

（4）运行试验。当可编程序控制电源为ON，自诊断功能便发挥作用。如无异常，可编程序控制器便进入运行状态（“RUN”LED灯亮）。可是，如有电路错误或程序中有语法错误，“PROG－E”LED闪烁，可编程序控制器停机。“CPU－E”LED闪烁，可编程序控制器停机。

4. 用LED判断异常

发生异常情况时，请首先检查电源电压、可编程序控制器及输入输出设备的端子螺丝是否松动，有无其他异常。然后根据可编程序控制器上所设置的各种LED亮灯情况，按下述要领检查是可编程序控制器本身的异常，还是外部设备的异常。

（1）“POWER”LED指示。设置于基本单元、扩展单元模块表面的“POWER”LED，是因基本单元或扩展单元供给电源而亮灯的。如果接上电源，LED还不亮时，可尝试卸下控制器的“+24”端子。如果这时变为正常，LED 灯亮，则表示是由于传感器电源的负载短路或过大负载电流的缘故，供给电源电路的保护功能在起作用。电流容量不足时，可使用外接 DC 24 V 电源。

控制器机内混入其他导电性物质，或产生其他异常时，基本单元或扩展单元内的熔丝会熔断，这时，仅更换熔丝是不能彻底解决问题的，还应对内部元器件做仔细检查。

(2)“BATT. V”LED 亮灯。电源接通，若电池电压下降，该指示灯就亮灯，特殊辅助继电器 M8006 就工作。电池电压下降约 1 个月后，程序内容（使用 RAM 存储器时）、电池后备方面的各种存储器将失去停电保持功能。

(3)“PROG. E/ CPU. E”LED 闪烁——程序出错指示。忘记设置定时器或计数器的常数、电路不良、电池电压异常下降时；有异常噪声、混入导电性异物，使程序存储器的内容有变化时；存储卡盒第一次使用，尚未初始化时，该 LED 指示灯会闪烁。这时应检查校验程序，检查有无导电性异物混入，检查有无严重的噪声源，检查电池电压的指示值。

出错时可通过看 D8004 的内容，就能知道出错的编码号。出错编码对应的实际出错内容，可参阅 FX_{2N}使用手册。

(4)“PROG. E/ CPU. E”LED 亮灯——CPU 出错指示

1）当控制器内部混入导电性异物，外部异常噪声传入而导致 CPU 失控时，或当运算周期超过 200 ms 时，监视定时器就出错，该 LED 亮灯。在使用多个特殊单元、特殊模块时，初始化耗时过大，也会出现监视定时器出错。这种情况下，需重新查看对这些特殊单元、特殊模块的初始化程序，也可在程序中修改 D8000（监视定时器）的数值。

2）在通电状态下进行存储卡盒的装卸，也会出现亮灯指示出错。出现这种情况时，可在 LED 亮灯几秒钟后关闭一次可编程序控制器电源，然后再进入运行状态。

3）检查是否是第三种接地。

4）如果 LED 一直亮灯，那么就要考虑是否运算周期过长、还是程序有问题。（监视 D8012 可知最大运行周期）

5）即使进行全面检查，仍然不能解除“CPU. E”LED 亮灯状态时，要考虑到控制器的内部电路发生了故障。

(5) 输入指示

1）输入开关的额定电流过大，或油的侵入，容易产生接触不良。

2）输入开关上并联的 LED 指示灯及限流电阻设置过小时，即使输入开关为 OFF，通过该并联电路，控制器的输入还在工作。

3）光传感器等输入设备，其发光/感光部脏了会引起灵敏度的变化，输入不能可靠地置为 ON。

4）不接受小于控制器运算周期的 ON 或 OFF 的输入。

5）传感器电源 DC 24 V 输出过载或短路时，保护电路工作，该输出自动降低电压。因而，控制器的全部输入停止工作。发生这种情况时，拆卸“+24”端子的配线。

6）在输入端子上附加异电压，就会损坏输入电路。

（6）输出指示

不论输出单元的 LED 指示灯是亮灯还是熄灭，当负载不进行 ON 或 OFF 时，可能是下述原因。

1）由于过载、负载短路或电容性负载的冲击电流等，使继电器输出接点熔焊，接点面粗糙，而产生接触不良。

2）基本单元、扩展单元可能存在输出端子插座接触不良的问题，这时可卸下输出端子台重新安装。

3）对于三端双向晶闸管开关元件输出的开路漏电流，应作适当处理。

测 试 题

一、判断题

1. 可编程序控制器不是普通的计算机，它是一种工业现场用计算机。（　）

2. 继电器控制电路工作时，电路中硬件都处于受控状态，PLC 各软继电器都处于周期循环扫描状态，各个软继电器的线圈和它的触点动作并不同时发生。（　）

3. 可编程序控制器抗干扰能力强，是工业现场用计算机特有的产品。（　）

4. 可编程序控制器的输出端可直接驱动大容量电磁铁、电磁阀、电动机等大负载。（　）

5. 可编程序控制器的输入端可与机械系统上的触点开关、接近开关、传感器等直接连接。（　）

6. 可编程序控制器一般由 CPU、存储器、输入/输出接口、电源及编程器等五部分组成。（　）

7. 可编程序控制器的型号能反映出该机的基本特征。（　）

8. PLC 采用了典型的计算机结构，主要是由 CPU、RAM、ROM 和专门设计的输入输出接口电路等组成。（　）

9. 复杂的电气控制程序设计，可以采用继电器控制原理图来设计程序。（　）

10. 在 PLC 的顺序控制程序中采用步进指令方式编程，有程序不能修改的优点。 （ ）

11. PLC 中主要用于开关量信息的传递、变换及逻辑处理的元件，称为字元件。 （ ）

12. 能流在梯形图中只能作单方向流动，从左向右流动，层次的改变只能先上后下。 （ ）

13. PLC 机将输入信息采入内部，执行用户程序的逻辑功能，最后达到控制要求。 （ ）

14. PLC 机的一个扫描周期，主要是指读入输入状态到发出输出信号所用的时间。 （ ）

15. 连续扫描工作方式是 PLC 的一大特点，也可以说 PLC 是“串行”工作的，而继电器控制系统是“并行”工作的。 （ ）

16. PLC 机的继电器输出，适用于要求高速通断、快速响应的工作场合。 （ ）

17. PLC 机的双向晶闸管输出，适用于要求高速通断、快速响应的交流负载工作场合。 （ ）

18. PLC 机产品技术指标中的存储容量是指其内部用户存储器的存储容量。 （ ）

19. 所有内部辅助继电器均带有断电记忆功能。 （ ）

20. FX 系列 PLC 的输入继电器是用程序驱动的。 （ ）

21. 计数器只能做加法运算，若要做减法运算必须用寄存器。 （ ）

22. 数据寄存器是用于存储数据的软元件，在 FX_{2N} 系列中为 16 位，也可组合为 32 位。 （ ）

23. PLC 的特殊继电器指的是提供具有特定功能的内部继电器。 （ ）

24. 输入继电器仅是一种形象说法，并不是真实继电器，它是编程语言中专用的“软元件”。 （ ）

25. PLC 梯形图中，串联块的并联连接指的是梯形图中由若干接点并联所构成的电路。 （ ）

26. PLC 机的梯形图是由继电器接触器控制线路演变而来的。 （ ）

27. 能直接编程的梯形图必须符合顺序执行，即从上到下，从左到右地执行。（ ）

28. 串联接点较多的电路放在梯形图的上方，可节省指令表语言的条数。 （ ）

29. 在逻辑关系比较复杂的梯形图中，常用到触点电路块连接指令。 （ ）

30. 在 FX_{2N} 系列的指令中，STL 是基本指令。 （ ）

31. PLC 程序中的 END 指令的用途是程序结束，停止运行。 （ ）

32. 用于梯形图某接点后存在分支支路的指令为栈操作指令。 （ ）

33. 主控触点指令含有主控触点 MC 及主控触点复位 RST 两条指令。 （ ）

34. 步进顺控的编程原则是先进行负载驱动处理，然后进行状态转移处理。 （ ）

35. 状态转移图中，终止工作步不是它的组成部分。 （ ）

36. PLC 步进指令中的每个状态器需具备：驱动有关负载、指定转移目标、指定转移条件三要素。 （ ）

37. PLC 中的选择性流程指的是多个流程分支可同时执行的分支流程。 （ ）

38. 在选择性分支中转移到各分支的转换条件是各分支之间必须互相排斥。 （ ）

39. 连续写 STL 指令表示并行汇合，STL 指令最多可连续使用无限次。 （ ）

40. 状态元件 S 除了可与 STL 指令结合使用外，还可作为定时器使用。 （ ）

41. 在 STL 指令后，不同时激活的双线圈输出是允许的。 （ ）

42. 在 STL 和 RET 指令之间不能使用 MC/MCR 指令。 （ ）

43. 功能指令主要由功能指令助记符和操作元件两大部分组成。 （ ）

44. 可存储数据数值的软元件，称为字元件。 （ ）

45. FX_{2N}的所有功能指令都能成为脉冲执行型指令。 （ ）

46. 在 FX 系列 PLC 功能指令中，操作码前附有符号 D 表示处理 32 位数据。 （ ）

47. PLC 中的功能指令主要是指用于数据的传送、运算、变换及程序控制等功能的指令。 （ ）

48. 比较指令是将源操作数［S1·］和［S2·］中数据进行比较，结果驱动目标操作数［D·］。 （ ）

49. 传送指令 MOV 的功能是将源数据内容传送给目标单元，同时源数据不变。 （ ）

50. 程序设计时必须了解生产工艺和设备对控制系统的要求。 （ ）

51. 系统程序是永久保存在 PLC 中的，用户不能改变；用户程序是根据生产工艺要求编制的，可修改或增删。 （ ）

52. PLC 模拟调试的方法是在输入端接开关来模拟输入信号，输出端接指示灯来模拟被控对象的动作。 （ ）

53. 选择可编程序控制器的原则是价格越低越好。 （ ）

54. 可编程序控制器的开关量输入/输出总点数是计算所需内存储器容量的重要根据。 （ ）

55. FX_{2N}可编程序控制器面板上的“PROG. E”指示灯闪烁表示编程语法错。 （ ）

56. FX_{2N}可编程序控制器面板上 RUN 的指示灯点亮，表示 PLC 正常运行。 （ ）

57. FX_{2N}可编程序控制器面板上 BATT. V 的指示灯点亮，应检查程序是否有错。（　）

58. PLC 必须采用单独接地。（　）

59. PLC 除了锂电池及输入输出触点外，几乎没有经常性损耗的元器件。（　）

60. PLC 机锂电池电压即使降至最低值，用户程序也不会丢失。（　）

二、单项选择题

1. 可编程序控制器不是普通的计算机，它是一种（　）。

A. 单片机　B. 微处理器

C. 工业现场用计算机　D. 微型计算机

2. PLC 机与继电控制系统之间存在元件触点数量、工作方式和（　）的差异。

A. 使用寿命　B. 工作环境　C. 体积大小　D. 接线方式

3. 可编程序控制器具有体积小，重量轻，是（　）特有的产品。

A. 机电一体化　B. 工业企业　C. 生产控制过程　D. 传统机械设备

4. （　）是 PLC 的输出信号，用来控制外部负载。

A. 输入继电器　B. 输出继电器　C. 辅助继电器　D. 计数器

5. 可编程序控制器一般由 CPU、存储器、输入/输出接口、（　）及编程器等外围设备五部分组成。

A. 电源　B. 连接部件　C. 控制信号　D. 导线

6. （　）型号代表是 FX 系列基本单元晶体管输出。

A. FX_{0N} - 60MR　B. FX_{2N} - 48MT　C. FX - 16EYT - TB　D. FX - 48ET

7. 防止干扰输入脉冲信号的输入滤波（　）实现。

A. 采用降低电压　B. 采用重复计数　C. 采用整形电路　D. 采用高速计数

8. PLC 的程序编写有（　）等图形方法。

A. 梯形图和功能图　B. 图形符号逻辑　C. 继电器原理图　D. 卡诺图

9. 在 PLC 的顺序控制程序中，采用步进指令方式编程有（　）优点。

A. 方法简单、规律性强　B. 程序不能修改

C. 功能性强、专用指令多　D. 程序不需进行逻辑组合

10. 功能指令用于数据传送、运算、变换及（　）功能。

A. 编写指令语句表　B. 编写状态转移图

C. 编写梯形图　D. 程序控制

11. 为了便于分析 PLC 的周期扫描原理，假想在梯形图中有（　）流动，这就是“能流”。

A. 电压　　B. 电动势　　C. 电流　　D. 反电势

12. 通过编制控制程序，即将 PLC 内部的各种逻辑部件按照（　　）进行组合以达到一定的逻辑功能。

A. 设备要求　　B. 控制工艺　　C. 元件材料　　D. 编程器型号

13. PLC 机的扫描周期与程序的步数、时钟频率及（　　）有关。

A. 辅助继电器　　B. 计数器

C. 计时器　　D. 所用指令的执行时间

14. PLC 机的（　　）输出是有触点输出，既可控制交流负载又可控制直流负载。

A. 继电器　　B. 晶体管　　C. 单结晶体管输出　　D. 二极管输出

15. PLC 机的（　　）输出是无触点输出，只能用于控制直流负载。

A. 继电器　　B. 双向晶闸管　　C. 晶体管　　D. 二极管输出

16. 可编程序控制器的（　　）是它的主要技术性能之一。

A. 机器型号　　B. 接线方式　　C. 输入/输出点数　　D. 价格

17. FX 系列 PLC 内部输出继电器 Y 的编号是（　　）进制的。

A. 二　　B. 八　　C. 十　　D. 十六

18. PLC 中的定时器是（　　）。

A. 硬件实现的延时继电器，在外部调节

B. 软件实现的延时继电器，用参数调节

C. 时钟继电器

D. 输出继电器

19. 用状态元件表示步序所编写的步进程序中，两条步进指令为（　　）。

A. SET STL　　B. OUT SET　　C. STL RET　　D. RET END

20. 在断电保持数据寄存器（　　）中，只要不改写，无论运算或停电，原有数据不变。

A. D0 ~ D49　　B. D50 ~ D99　　C. D100 ~ D199　　D. D200 ~ D511

21. 下列 FX_{2N}系列 PLC 的编程元件中，（　　）为数据类软元件，基本结构为 16 位存储单元，称为字元件。

A. X　　B. Y　　C. V　　D. S

22. 在同一段程序内，（　　）使用相同的暂存寄存器存储不相同的变量。

A. 不能　　B. 能

C. 根据程序和变量的功能确定　　D. 只要不引起输出矛盾就可以

23. 可编程序控制器的梯形图采用（　　）方式工作。

A. 并行控制　　B. 串并控制　　C. 循环扫描　　D. 连续扫描

24. 有几个并联回路相串联时，应将并联支路多的放在梯形图的（　　），可以节省指令表语言的条数。

A. 左边　　B. 右边　　C. 上方　　D. 下方

25. 在 PLC 梯形图编程中，两个或两个以上的触点并联的电路称之为（　　）。

A. 串联电路　　B. 并联电路　　C. 串联电路块　　D. 并联电路块

26. 在 PLC 梯形图编程中，将并联触点块串联的指令是（　　）。

A. LD　　B. OR　　C. ORB　　D. ANB

27. 在 PLC 梯形图编程中，触点应画在（　　）上。

A. 垂直线　　B. 水平线

C. 串在输出继电器后面　　D. 直接连到右母线

28. 在 FX_{2N} 系列的下列基本指令中，（　　）指令是不带操作元件的。

A. OR　　B. ORI　　C. ORB　　D. OUT

29. PLC 程序中，END 指令的用途是（　　）。

A. 程序结束，停止运行

B. 指令扫描到端点，有故障

C. 指令扫描到端点，将进行新的扫描

D. 程序结束、停止运行和指令扫描到端点、有故障

30.（　　）为栈操作指令，用于梯形图某接点后存在分支支路的情况。

A. MC MCR　　B. OR ORB　　C. AND ANB　　D. MPS MRD MPP

31. 主控指令含有主控触点接通 MC 及主控触点复位（　　）两条指令。

A. MCR　　B. MPS　　C. RST　　D. MRD

32. 在下列指令语句表程序段中，（　　）属于并行输出方式。

A.	B.	C.	D.
LD X0	LD X0	LD X0	LD Y0
OUT Y0	OUT Y0	LD X1	OUT X2
LD X1	OUT Y1	AND X2	LD Y1
OUT Y1	OUT Y2	ORB	OUT X1
LD X2		OUT Y0	LD Y2
OUT Y2			OUT X0

33. 状态转移图中，（　　）不是它的组成部分。

A. 初始步　　B. 中间工作步

C. 终止工作步　　D. 转换和转换条件

34. 状态的三要素为驱动负载、转移条件和（　　）。

A. 初始步　　B. 扩展工作步　　C. 中间工作步　　D. 转移目标

35. 步进指令 STL 在步进梯形图上是以（　　）的形式来表示的。

A. 步进接点　　B. 状态元件

C. S 元件的常闭触点　　D. S 元件的置位信号

36. 并行性分支的汇合状态由（　　）来驱动。

A. 任一分支的最后状态　　B. 二个分支的最后状态同时

C. 所有分支的最后状态同时　　D. 任意个分支的最后状态同时

37. STL 指令仅对状态元件（　　）有效，对其他元件无效。

A. T　　B. C　　C. M　　D. S

38. 在 STL 指令后，（　　）的双线圈是允许的。

A. 不同时激活　　B. 同时激活　　C. 无需激活　　D. 随机激活

39. 在 STL 和 RET 指令之间不能使用（　　）指令。

A. MPS \ MPP　　B. MC \ MCR　　C. RET　　D. SET \ RST

40. 功能指令的格式是由（　　）组成的。

A. 功能编号与操作元件　　B. 助记符和操作元件

C. 标识符与参数　　D. 助记符与参数

41. FX_{2N}系列 PLC 的功能指令所使用的数据类软元件中，除了“字元件”“双字元件”之外，还可使用（　　）。

A. 三字元件　　B. 四字元件　　C. 位元件　　D. 位组合元件

42. 功能指令可分为 16 位指令和 32 位指令，下列指令中（　　）为 32 位指令。

A. CMP　　B. MOV　　C. DADD　　D. SUB

43. 功能指令的操作数可分为源操作数和（　　）操作数。

A. 数值　　B. 参数　　C. 目的　　D. 地址

44. FX_{2N}有 200 多条功能指令，分为（　　）、数据处理和特殊应用等基本类型。

A. 基本指令步　　B. 步进指令　　C. 程序控制　　D. 结束指令

45. FX_{2N}可编程序控制器中的功能指令有（　　）条。

A. 20　　B. 2　　C. 100　　D. 200 多

46. 比较指令 CMP　K100　C20　M0　中使用了（　　）个辅助继电器。

A. 1 个　　B. 2 个　　C. 3 个　　D. 4 个

47. 在梯形图编程中，传送指令 MOV 功能是（　　）。

A. 源数据内容传送给目标单元，同时将源数据清零
B. 源数据内容传送给目标单元，同时源数据不变
C. 目标数据内容传送给源单元，同时将目标数据清零
D. 目标数据内容传送给源单元，同时目标数据不变

48. 在触点比较指令［= K20 C0］中，当 C0 当前值为（　　）时，此触点接通。
A. 10　　B. 20　　C. 100　　D. 200

49. 程序设计的步骤为：了解控制系统的要求、编写 I/O 及内部地址分配表、设计梯形图和（　　）。
A. 程序输入　　B. 制作控制柜　　C. 编写程序清单　　D. 程序修改

50. 在机房内（　　）对 PLC 进行编程和参数修改。
A. 通过个人计算机
B. 通过单片机开发系统
C. 通过手持编程器或带有编程软件的个人计算机
D. 无法修改和编程

51. PLC 在模拟运行调试中可用计算机进行（　　），若发现问题，可在计算机上立即修改程序。
A. 输入　　B. 输出　　C. 编程　　D. 监控

52. PLC 机型选择的基本原则是在满足（　　）要求的前提下，保证系统可靠、安全、经济及使用维护方便。
A. 硬件设计　　B. 软件设计　　C. 控制功能　　D. 输出设备

53. 选择 PLC 产品要注意的电气特征是（　　）。
A. CPU 执行速度和输入输出模块形式
B. 编程方法和输入输出模块形式
C. 容量、速度、输入输出模块形式、编程方法
D. PLC 的体积、耗电、处理器和容量

54. FX_{2N}可编程序控制器面板上的“PROG. E”指示灯闪烁是表示（　　）。
A. 设备正常运行状态电源指示　　B. 忘记设置定时器或计数器常数
C. 梯形图电路有双线圈　　D. 在通电状态下进行存储卡盒的装卸

55. FX_{2N}可编程序控制器面板上“RUN”的指示灯点亮，表示（　　）。
A. 正常运行　　B. 程序写入
C. 工作电源电压低下　　D. 工作电源电压偏高

56. FX_{2N}可编程序控制器面板上“BATT. V”的指示灯点亮，应是（　　）。

A．工作电源电压正常　　B．后备电池电压低下
C．工作电源电压低下　　D．工作电源电压偏高

57．可编程序控制器的接地（　　）。

A．可以和其他设备公共接地　　B．采用单独接地
C．可以和其他设备串联接地　　D．不需要接地

58．FX 系列 PLC 内部辅助继电器 M 编号是（　　）进制的。

A．二　　B．八　　C．十　　D．十六

59．PLC 的日常维护工作的内容包含（　　）。

A．定期修改程序　　B．日常清洁与巡查　　C．更换输出继电器　　D．刷新参数

60．FX_{2N}中的锂电池为（　　）的。

A．碱性　　B．通用　　C．酸性　　D．专用

三、多项选择题

1．PLC 机与继电器控制系统之间存在（　　）差异。

A．使用寿命　　B．元件触点数量
C．体积大小　　D．工作方式
E．接线方式

2．可编程序控制器的控制技术将向（　　）发展。

A．机电一体化　　B．微型化
C．多功能网络化　　D．大型化
E．液压控制

3．可编程序控制器的输出继电器（　　）。

A．可直接驱动负载　　B．工作可靠
C．只能用程序指令驱动　　D．用 Y 表示
E．八进制编号

4．可编程序控制器的输入继电器（　　）。

A．可直接驱动负载　　B．接受外部用户输入信息
C．不能用程序指令来驱动　　D．用 X 表示
E．八进制编号

5．可编程序控制器的硬件由（　　）组成。

A．CPU　　B．存储器
C．输入/输出接口　　D．电源
E．编程器

6. 可编程序控制器的型号中（　　）表示输出方式。

A. MR　　B. MT

C. TB　　D. MS

E. ON

7. PLC 的输出采用（　　）等方式。

A. 二极管　　B. 晶体管

C. 双向晶闸管　　D. 发光二极管

E. 继电器

8. 可编程序控制器一般采用的编程语言有（　　）。

A. 梯形图　　B. 语句表

C. 功能图编程　　D. 高级编程语言

E. 汇编语言

9. PLC 的指令语句表形式是由（　　）等组成。

A. 程序流程图　　B. 操作码

C. 参数　　D. 梯形图法

E. 标识符

10. 在 PLC 的顺序控制程序中采用步进指令方式编程有（　　）优点。

A. 方法简单、规律性强　　B. 提高编程工作效率、修改程序方便

C. 程序不能修改　　D. 功能性强、专用指令多

E. 程序不需进行逻辑组合

11. 功能指令用于实现（　　）等功能。

A. 数据传送　　B. 数据运算

C. 数据变换　　D. 编写指令语句表

E. 程序控制

12. 为了便于分析 PLC 的周期扫描原理，能流在梯形图中只能做（　　）的单方向流动。

A. 从左向右　　B. 从右向左

C. 先上后下　　D. 随机

E. 先下后上

13. 可编程序控制器的输入端可与机械系统上的（　　）等直接连接。

A. 触点开关　　B. 接近开关

C. 用户程序　　D. 按钮触点

E. 传感器

14. 通过编制（　　），即将 PLC 内部的逻辑关系按照控制工艺进行组合，以达到一定的逻辑功能。

A. 梯形图
B. 接近开关
C. 用户程序
D. 指令语句表
E. 系统程序

15. 指令执行所需的时间与（　　）有很大关系。

A. 用户程序的长短
B. 程序监控
C. 指令的种类
D. CPU 执行速度
E. 自诊断

16. PLC 输出类型有（　　）等输出形式。

A. 继电器
B. 双向晶闸管
C. 晶体管
D. 二极管输出
E. 光电耦合器

17. PLC 机的双向晶闸管输出，适应于（　　）工作场合。

A. 高速通断
B. 快速响应
C. 交流负载
D. 电流大
E. 使用寿命长

18. PLC 机的晶体管输出，适应于要求（　　）工作场合。

A. 高速通断
B. 快速响应
C. 直流负载
D. 使用寿命长
E. 电流大

19. 可编程序控制器的主要技术性能包含（　　）。

A. 机器型号
B. 应用程序的存储容量
C. 输入/输出点数
D. 指令执行速度
E. 接线方式

20. PLC 的内部辅助继电器有（　　）等特点。

A. 可重复使用
B. 无触点
C. 能驱动灯
D. 寿命长
E. 数量多

21. FX 系列 PLC 输入继电器可由（　　）驱动。

A. 磁场直接
B. 外部开关

C. 外部按钮　　D. 接近开关

E. 模拟量

22. FX 系列 PLC 输出继电器可驱动（　　）。

A. 灯泡　　B. 电磁铁线圈

C. 继电器线圈　　D. 电容

E. 开关触点

23. 定时器可采用（　）的内容作设定值。

A. 常数 K　　B. 变址寄存器 V

C. 变址寄存器 Z　　D. KM

E. 寄存器 D

24. 各状态元件的触点在内部编程时可（　　）。

A. 驱动电磁铁线圈　　B. 自由使用

C. 次数不限　　D. 驱动灯泡

E. 驱动继电器线圈

25. 可对 PLC 机内（　）等元件的信号进行计数的器件，称为内部计数器。

A. X　　B. Y

C. M　　D. S

E. T

26. PLC 内用于存储数据的寄存器有（　　）等元件。

A. X　　B. D

C. V　　D. S

E. Z

27. 下列元件中属特殊继电器的有（　）等。

A. M8000　　B. M8002

C. M8013　　D. M200

E. M800

28. 可编程序控制器梯形图的基本结构组成是（　）。

A. 左右母线　　B. 编程触点

C. 连接线　　D. 线圈

E. 动力源

29. PLC 采用循环扫描方式工作，因此程序执行时间和（　）有关。

A. CPU 速度　　B. 编程方法

C. 输出方式　　D. 负载性质

E. 程序长短

30. 能直接编程的梯形图必须符合（　　）等顺序执行规律。

A. 从上到下　　B. 从下到上

C. 从左到右　　D. 从内到外

E. 从右到左

31. 在梯形图中，软继电器常开触点可与（　　）等结构串联。

A. 常开触点　　B. 线圈

C. 并联电路块　　D. 常闭触点

E. 串联电路块

32. 在梯形图中，软继电器常开触点可与（　　）并联。

A. 常开触点　　B. 线圈

C. 并联电路块　　D. 常闭触点

E. 串联电路块

33. 在 PLC 梯形图编程中，常用到（　　）等触点电路块连接指令。

A. MPS MRD MPP　　B. OR

C. ORB　　D. ANB

E. MC MCR

34. 在 PLC 梯形图编程中，将触点（　　）是不正常的。

A. 画在垂直线上　　B. 画在水平线上

C. 串在输出继电器线圈后面　　D. 连到右母线

E. 连到左母线

35. 在 FX_{2N} 系列的下列指令中，有（　　）是基本指令。

A. MC MCR　　B. ANB

C. ORB　　D. OUT

E. MOV

36. FX_{2N} 系列 PLC 的指令系统由（　　）组成。

A. 系统指令　　B. 步进指令

C. 功能指令　　D. 汇编指令

E. 基本指令

37. 在 FX_{2N} 系列中，栈操作指令由（　　）组成。

A. MCR　　B. MPS

C. MC　　D. MRD

E. MPP

38. 在 FX_{2N}系列中，（　　）指令不是主控触点指令。

A. MCR　　B. MPS

C. MC　　D. RST

E. SET

39. PLC 步进触点指令中，（　　）不是 STL 的功能。

A. S 线圈被激活　　B. S 的常闭触点与母线连接

C. 将步进触点返回主母线　　D. S 的常开触点与主母线连接

E. S 的常开触点与副母线连接

40. 状态转移图的组成部分是（　　）。

A. 初始步　　B. 中间工作步

C. 终止工作步　　D. 有向连线

E. 转换和转换条件

41. 在 FX_{2N}系列中，状态转移图有（　　）流程。

A. 跳转　　B. 循环

C. 选择性分支　　D. 汇编

E. 并行性分支

42. 在选择性分支中，（　　）不是转移到各分支的必需条件。

A. 有一对分支的转移条件相同　　B. 各分支之间的转移条件互相排斥

C. 有部分分支的转移条件相同　　D. 只有一对分支的转移条件互相排斥

E. 使用 S 元件的常开触点

43. 在 STL 指令后，（　　）的双线圈是不允许的。

A. 不同时激活　　B. 同时激活

C. 无需激活　　D. 随机激活

E. 定时器

44. 在 STL 和 RET 指令之间可以使用（　　）等指令。

A. SET　　B. OUT

C. RST　　D. END

E. LD

45. FX_{2N}指令有基本指令、功能指令和步进指令，（　　）不是步进指令。

A. ADD　　B. STL

C. LD　　D. AND

E. RET

46. 在 FX_{2N}系列 PLC 中，下列指令书写正确的为（　　）。

A. ZRST S20 M30　　B. ZRST T0 Y20

C. ZRST S20 S30　　D. ZRST Y0 Y27

E. ZRST M0 M100

47. 功能指令可分为 16 位指令和 32 位指令，下列指令中可作为 32 位指令的有（　　）。

A. DCMP　　B. DMOV

C. DADD　　D. DSUB

E. DZRST

48. 功能指令的使用要素有（　　）。

A. 编号　　B. 助记符

C. 数据长度　　D. 执行方式

E. 操作数

49. FX_{2N}的功能指令种类多、数量大、使用频繁。其中（　　）为数据处理指令。

A. CJ　　B. CALL

C. CMP　　D. ADD

E. ROR

50. FX_{2N}可编程序控制器中的功能指令有（　　）等类别共 100 多种应用指令。

A. 传送比较　　B. 四则运算

C. 主控　　D. 移位

E. 栈操作

51. 比较指令 CMP 的目标操作元件可以是（　　）。

A. T　　B. M

C. X　　D. Y

E. S

52. 传送指令 MOV 的目标操作元件可以是（　　）。

A. 定时器　　B. 计数器

C. 输入继电器　　D. 输出继电器

E. 数据寄存器

53. 程序设计应包括（　　）的步骤。

A．了解控制系统的要求　　B．写 I/O 及内部地址分配表

C．编写程序清单　　D．编写元件申购清单

E．设计梯形图

54．用计算机编程的操作步骤为（　　）。

A．安装编程软件　　B．清除原有的程序

C．程序输入　　D．程序检查

E．程序测试

55．PLC 模拟调试中，当编程软件设置为监控时，梯形图中可以监控（　　）等元件的工作状态。

A．X　　B．Y

C．T　　D．C

E．M

56．选择可编程序控制器的原则是（　　）。

A．控制功能适用　　B．系统可靠

C．安全经济　　D．使用维护方便

E．I/O 点数够用并有裕量

57．选购 PLC 机时应考虑的因素有（　　）等。

A．是否有特殊控制功能的要求　　B．I/O 点数总需要量的选择

C．扫描速度　　D．程序存储器容量及存储器类型的选择

E．系统程序大小

58．PLC 扩展单元有（　　）和 AD/DA 转换等模块。

A．输出　　B．输入

C．高速计数　　D．转矩转电压

E．转速转频率

59．FX_{2N}可编程序控制器面板上的“PROG. E”指示灯闪烁是表示（　　）。

A．编程语法错

B．卡盒尚未初始化

C．首先执行存储程序，然后执行卡盒中的程序

D．写入时，卡盒上的保护开关为 OFF

E．卡盒没装 EEPROM

60．FX_{2N}可编程序控制器面板上“BATT. V”的指示灯点亮，应采取（　　）措施。

A．更换后备电池　　B．检查工作电源电压

C. 检查程序　　D. 仍可继续工作

E. 检查后备电池电压

61. 可编程序控制器的接地必须注意（　　）。

A. 可以和其他设备公共接地　　B. 采用单独接地

C. 可以和其他设备串联接地　　D. 不需要接

E. 必须与动力设备的接地点分开

62. 可编程序控制器的布线应注意（　　）。

A. PLC 的交、直流输出线不能同用一根电缆

B. 输出线应尽量远离高压线和动力线

C. 输入采用双绞线

D. 接地点必须与动力设备的接地点分开

E. 单独接地

63. 对 PLC 机的日常检查与维修，应该（　　），以保证其工作环境的整洁。

A. 用干抹布和皮老虎清灰　　B. 日常清洁与巡查

C. 用干抹布和机油　　D. 用干抹布和清水

E. 查看接口有否松动

四、简答题

1. 试述可编程序控制器的工作过程。

2. 可编程序控制器有哪些内部资源？

3. 为什么 PLC 中元器件接点可以无限次使用？

4. FX 系列可编程序控制器有多少状态器 S，是否可以随便使用？

5. 可编程序设计一般分为几步？

测试题答案

一、判断题

1. √　2. √　3. √　4. ×　5. √　6. √　7. √　8. √　9. ×
10. ×　11. ×　12. √　13. √　14. √　15. ×　16. ×　17. ×　18. √
19. ×　20. ×　21. ×　22. √　23. √　24. √　25. ×　26. √　27. √
28. √　29. √　30. ×　31. ×　32. √　33. ×　34. √　35. √　36. √
37. ×　38. √　39. ×　40. ×　41. √　42. √　43. √　44. √　45. ×

46. √ 47. √ 48. √ 49. √ 50. √ 51. √ 52. √ 53. × 54. √
55. √ 56. √ 57. × 58. √ 59. √ 60. ×

二、单选题

1. C 2. A 3. A 4. B 5. A 6. B 7. C 8. A 9. A
10. D 11. C 12. B 13. D 14. A 15. C 16. C 17. B 18. B
19. C 20. D 21. C 22. A 23. C 24. A 25. B 26. D 27. B
28. C 29. C 30. D 31. A 32. B 33. C 34. D 35. A 36. C
37. D 38. A 39. B 40. B 41. D 42. C 43. C 44. C 45. D
46. C 47. B 48. B 49. C 50. C 51. D 52. C 53. C 54. B
55. A 56. B 57. B 58. C 59. B 60. D

三、多选题

1. ABD 2. ABCD 3. ACDE 4. BCDE 5. ABCDE 6. ABD
7. BCE 8. ABCD 9. BCE 10. AB 11. ABCE 12. AC
13. ABDE 14. ACD 15. ACD 16. ABC 17. CE 18. ABCD
19. BCD 20. ABDE 21. BCD 22. ABC 23. AE 24. BC
25. ABCD 26. BCE 27. ABC 28. ABCD 29. ABE 30. AC
31. ACDE 32. ACDE 33. CD 34. ACD 35. ABCD 36. BCE
37. BDE 38. BDE 39. ABCE 40. ABDE 41. ABCE 42. ACDE
43. BCD 44. ABCE 45. ACD 46. CDE 47. ABCD 48. ABCDE
49. CDE 50. ABD 51. BDE 52. ABDE 53. ABCE 54. ACDE
55. ABCDE 56. ABCDE 57. ABCD 58. ABC 59. AB 60. AE
61. BE 62. ABCDE 63. ABE

四、简答题

1. PLC 采用循环扫描工作方式，从用户程序第一条指令开始执行程序，直到遇到结束符后又返回到第一条，周而复始不断循环。在这个循环过程中，分为内部处理、通信操作、输入采样、程序执行和输出刷新等几个阶段。

2. PLC 机内部有一类存储器，按照用户程序的编程需要划分为一些区域，各个区域中的存储单元对应于不同的用途。为了便于编程，将这类存储器中的各个区域按其功能等效为各类电器元件，有输入继电器、中间继电器、定时器、计数器、输出继电器及其他一些特殊继电器等。

3. PLC 机内部具有许多不同功能的编程元件，虽然它们采用传统的继电器表示方法，但实际上它们是由电子电路和存储器组成的，不存在机械触点那种机械动作和电弧灼烧的问题，而是一种电信号。程序中所使用的元器件触点实际上是对这些元器件在存储器中的状态进行判读而已，因此可以使用无限次。

4．FX 系列 PLC 有状态器 1 000 点（S0 ~ S999），其中 S0 ~ S9 共十个称为初始状态器，是状态转移图的起始状态，只有这些初始状态器才能在步进流程之外进行驱动。除了初始状态器外的其他状态器元件必须在步进流程中某个状态后加入 STL 指令才能驱动，不能脱离状态器用其他方式驱动。而当状态器被驱动后状态器的触点也可以作为一般触点使用。

5．设计步骤一般为：熟悉控制对象，确定控制范围；制定控制方案，进行 PLC 选型；设计硬件、软件；模拟调试；现场运行调试等。

第 25 章

松下可编程序控制器简介

第 1 节　松下 FP 系列 PLC 简介　/122

第 2 节　FP0 的指令及其编程　/136

第1节　松下FP系列PLC简介

一、松下FP系列PLC

松下PLC是目前国内比较常用的PLC产品之一，其功能完备，性价比高。松下的FP系列中、小型PLC是20世纪90年代开发的第三代产品，可分为整体式、模块式及板式三大类七种型号。其中小型PLC有：FP－X、FP0、FP1、FPΣ、FP－e等系列。中型PLC有：FP2、FP2SH、FP3 、FP10SH等系列。

FP系列PLC产品具有指令系统功能强的特点；有的机型还提供可以用FP－BASIC语言编程的CPU及多种智能模块，为复杂系统的开发提供了软件支持；FP系列各种PLC都配置通信功能，由于它们使用的应用层通信协议具有一致性，这给构成多级PLC网络和开发PLC网络应用程序带来方便。

FP1是整体式小型PLC，该产品有C14、C16、C24、C40、C56、C72等多种规格，形成系列化。它们虽然是小型机，性能价格比却很高，比较适合中小企业使用。FP1硬件配置除主机外还可加I/O扩展模块，A/D（模/数转换）、D/A（数/模转换）模块等智能单元。FP1最多可配置几百点，机内有高速计数器，可输入频率高达10 kHz的脉冲，并可同时输入两路脉冲，还可输出频率可调的脉冲信号（晶体管输出型）。

FP2、FP3、FP10、FP10S、FP10SH、FPΣ等系列均为模块式机型。模块化产品以其组合灵活，功能强大，模块丰富等特点，广泛应用于机械、包装、食品、冶金、化工等大中规模的控制。

FPΣ型的PLC采用通信模块插件加强了通信功能，可以实现最大100 kHz的位置控制，体现了免维护性及考虑了数据备份的结构，具有高速、丰富的实数运算功能。FPΣ依照小型PLC的标准在保持机身小巧、使用简便的同时，加载中型PLC的功能。FPΣ大幅度加强通信功能、提升位置控制性能，维护性能好；考虑到设备组装后的维护问题，采用FlashRom内置方式。FPΣ可以对数据寄存器区进行完全备份，日历时钟的数据也能由电池后备，还配备有两个分辨率为1/1 000的模拟量调节旋钮，可以作为模拟量定时器等使用。FPΣ在16点输出中的12点，采用了带短路保护功能的晶体管。为了防止出厂后的意外改写程序或保护原始程序不被窃取，FPΣ可以设置密码功能。其I/O注释可以与程序一同写入本体，大幅提高了系统保存性。同时，FPΣPLC实现了PID控制的指令化，可以进行自

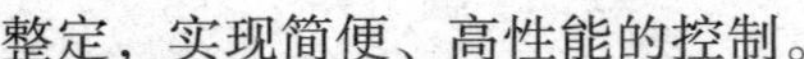

整定，实现简便、高性能的控制。

FP2 系列 PLC 有 FP2 – C1、FP2 – C1D、FP2 – C1SL、FP2 – C1A 等型号产品。基本结构最大 768 点；扩展结构最大 1 600 点；使用远程 I/O 系统最大 2 048 点（采用 S – LINK 或 MEWINET – F 系统）。FP2 系列具有优良的性能价格比。虽然保持了中规模 PLC 的功能，安装面积却很小，结构紧凑，有利于装置的小型化。它集多种功能于一体，CPU 单元配有一个 RS232 编程接口，可直接与人机界面相连。此外，还带有一个用于远程监控和通过调制解调器进行维护的高级通信接口。FP2 提供多种高功能单元，使其能够从事诸如模拟量控制，联网和位置控制。

FP10SH 是 FP3 的升级换代产品，它具有极高的运算速度，每一步基本指令的扫描时间为 0.04 μs，1 万步程序的扫描时间为 1 ms。FP10SH 具有如下特点：高速 CPU，最多可控制 2 048 个 I/O 点，中继功能，可利用中继功能执行高优先级的中断程序；调试和测试运行功能；注释功能，编程器可在程序中插入注释，便于以后的检查与调试；高效的辅助定时功能；高精度定时功能/日历功能；具备 16 k 步的大程序容量；同时具有定时时钟功能，288 条方便指令功能，E^2PROM 写入功能；网络的连接及安装简便。

单板式 PLC 产品有 FP – M 和 FP – C 两大系列。FP – M 是在 FP1 型 PLC 基础上改进设计的产品，其性能与 FP1 基本相同，其最大 I/O 点数可达 192 点，采用堆叠式的扩展方法，由主控板、扩展板、模拟 I/O 板、网络板组成。FP – C 是在 FP3 型 PLC 基础上改进设计的产品，其性能基本类同于 FP3。单板式 PLC 在编程上与整体式或模块式的 PLC 完全相同，只是结构更加紧凑，体积更加小巧，价格也相对便宜，是比较独特的产品。它适用于安装空间很小或对成本要求很严的场合，如大批量生产的轻工机械等产品。

FP0 型 PLC 是 20 世纪 90 年代后期推出的超小型 PLC，一个控制单元只有 25 mm 宽，甚至扩充 I/O 为 128 点时，宽度也只有 105 mm，它的安装面积是同类产品中最小的。FP0 的运算速度快，每一步基本指令的扫描时间为 0.9 μs。具有两轴相互独立的位置控制方式，内置与 PWM 输出相对应的高速计数器。由于它的超小型尺寸和高度兼容性，FP0 具有广泛的应用领域，如产品检测、传送控制、食品加工、包装机械、自动货架、行车限距仪等都可采用 FP0 来实现 PLC 控制。

为了使 FP 系列 PLC 的用户能够更方便地编程、调试程序，更大地发挥 PLC 的功能，松下电工在 FP 系列 PLC 编程软件 NPST for Dos 的基础上，又推出了 FPSOFT for Windows 中文版，将用户从复杂的英文甚至日文环境中解放出来，专心于 PLC 程序本身。中文版编程软件不但提供全部中文的菜单，用户还可以使用在线帮助以及输入中文注释。其独特的“动态时序图”功能可使用户同时监控 16 个 I/O 点的时序，是调试程序的极好工具。

二、FP0 可编程序控制器的硬件及其结构

1. FP0 可编程序控制器的硬件结构

松下 FP0 系列是超小型 PLC，它的尺寸只有一支香烟盒的大小，如图 25—1 所示。

FP0 系列 PLC 是模块式的，分为电源单元、控制单元及其他扩展模块。控制单元中除了具备 CPU 的功能之外，还集成有开关量的输入输出，控制单元有 FP0 - C10、FP0 - C14、FP0 - C16、FP0 - C32 等规格，分别表示其 I/O 点数为 10 点、14 点、16 点和 32 点（I/O 点数若不够用，可通过 I/O 扩展模块加以扩展）。有继电器输出及晶体管输出两种类型，晶体管输出型又分为 PNP 输出型和 NPN 输出型。控制单元的结构如图 25—2 所示。

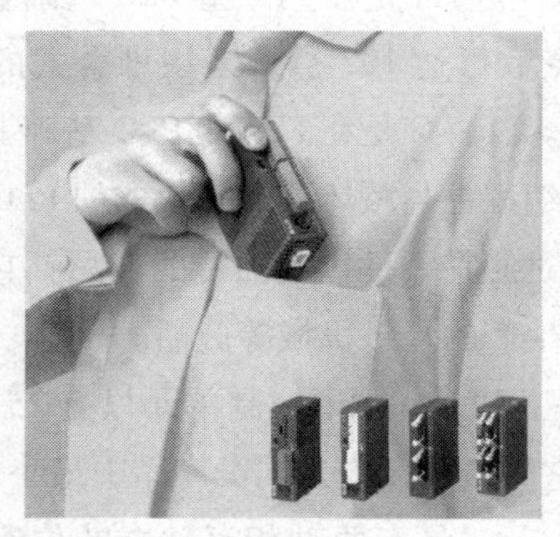

图 25—1　超小型可编程序控制器 FP0

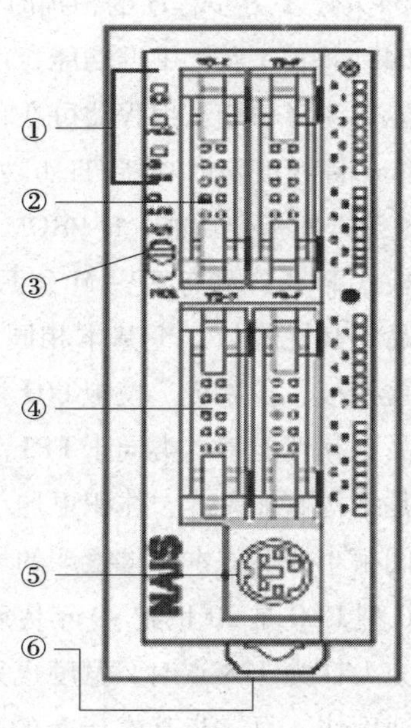

图 25—2　控制单元的结构

如图 25—2 所示为 32 点晶体管输出的控制单元 FP0 - C32T。图中①为状态显示 LED，表示 PLC 的运行/停止、错误/报警等动作状态；②是输入端口，可使用连接端子与输入设备相连；③是模式切换开关，用于切换 PLC 的运行模式；④是输出端口，可使用连接端子与输出设备相连；⑤是编程接口，用于与编程工具相连；⑥是电源连接器插座，为控制单元提供 DC24 V 电源，位于控制单元侧面。

模式切换开关有 RUN（上）和 PROG（下）两个位置，处于 RUN 模式时 PLC 开始执行程序、运行，处于 PROG 模式时 PLC 停止运行，可进行程序下载。

状态显示 LED 有 RUN（绿）、PROG（绿）、ERROR/ALARM 三个指示灯：RUN 为“运行”模式指示灯，在 RUN 模式下点亮，表示 PLC 为运行状态，而在执行强制输入输出时闪烁；PROG 为“编程模式”指示灯，在 PROG 模式下点亮，表示 PLC 为停止状态；ERROR/ALARM 为“故障/报警”指示灯，当由于硬件故障、程序错误使运算停滞或者“系统看门狗”（即监视定时器）动作时此灯点亮，如果检测到自检错误则灯闪烁。

FP0 的电源可选用 FP0 - PSA4 电源单元，它能向 FP0 系列 PLC 提供 DC 24 V、0.7 A 的直流电源。也可选用其他能提供 DC 24 V 的直流电源，如 DC 24 V、3 A 的直流开关电源。控制单元侧面的电源连接器插座与直流电源之间使用随控制单元提供的电源电缆（AFP0581）进行连接，如图 25—3 所示。该电缆中有三根线：褐色的是正极（24 V +），蓝色的是 0 V（24 V -），绿色的是功能地（机壳地）。

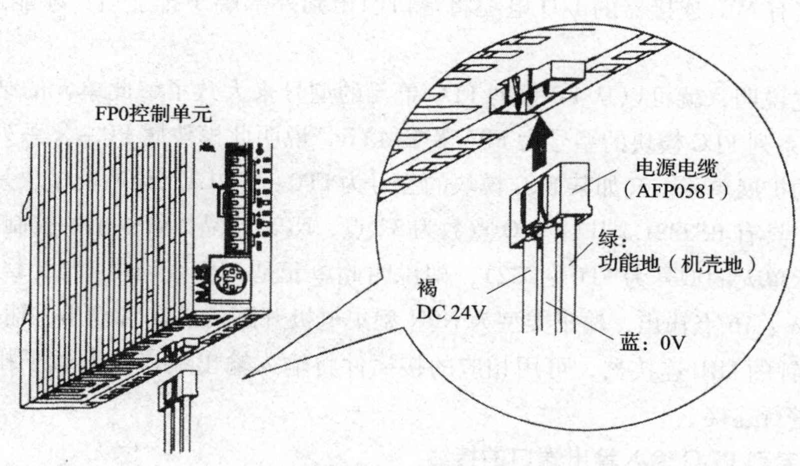

图 25—3　控制单元与电源之间的连接

2. FP 系列 PLC 的型号

松下公司 FP 系列 PLC 的型号如下式所示：

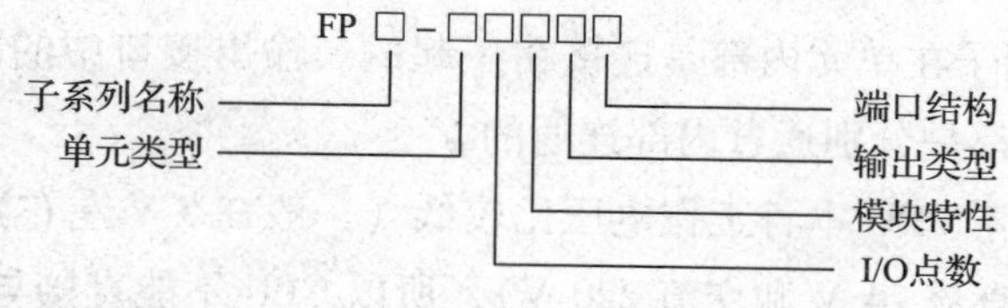

上式中，各项参数的内容为：

子系列名称——为字母或数字，表示属何种子系列。根据 FP 系列中各子系列的名称命名，如 0、1、X、∑等。

单元类型——为一个字母，表示单元的类型。C 为控制单元，E 为扩展单元，T 为有日历时钟功能的控制单元，A 为模拟量输入/输出单元等。

I/O 点数——为一个 2 位或 3 位的数字，表示输入输出总点数。对 FP0 系列为 10、14、16、32 等。

模块特性——为一个字母，表示模块端口的类型。X 为输入单元，Y 为输出单元，C 为带 RS232C 端口的模块。此项若不写，表示模块有输入和输出端口，不带 RS232C。

输出类型——为一个字母，表示是什么输出形式。R 为继电器输出，T 为 NPN 型的晶体管输出，P 为 PNP 型的晶体管输出。

端口结构——为一个字母，表示接线端口的结构。S 表示是拆卸式欧式端子排结构，外部接线可直接接在端子排上；此项不标表示是 MIL 连接器（牛角式扁平电缆连接器）结构，须用接有 MIL 连接器的 I/O 电缆将端口引出到外部端子排上后，才能连接外部接线。

根据上述说明，就可以从 FP 系列 PLC 单元的型号来大致了解此单元的结构和性能。例如某一 FP 系列 PLC 模块的型号为 FP－X E14YR，说明此模块属 FP－X 系列，为 14 点继电器输出的扩展单元。又如某 PLC 模块的型号为 FP0－T32CT，说明此模块是 FP0 系列，带日历时钟，具有 RS232C 端口，I/O 点数为 32 点，NPN 型晶体管输出的控制单元。前述图 25—2 所示单元的型号为 FP0－C32T，即说明此单元是 FP0 系列中 32 点 I/O 的控制单元，16 点输入、16 点输出，输出类型为 NPN 型集电极开路的晶体管输出，输入、输出端口为四个 10 针的 MIL 连接器，可用相应的接插件将输入输出端口引到端子排上与输入、输出元器件进行连接。

3. FP0 系列 PLC 输入输出端口的接线

输入输出端口是端子排结构时，可按照端子排旁所标注的符号直接在端子排上接线。但若输入输出端口是 MIL 连接器结构时，则在接线之前，先要将端口引出到外部接线端子排后才能接线。

以 FP0－C32T 控制单元为例，MIL 连接器的引脚排列如图 25—4 所示，其中两个输入接口中的四个 COM 端子在单元内部是连接在一起的。输出接口中的两个（＋）端之间及两个（－）端之间也都是分别通过内部连通的。

在 PLC 内部，由于 CPU 本身工作电压比较低（一般在 5 V 左右），而输入、输出信号电压一般比较高（如直流 24 V 和交流 220 V），所以 CPU 不能直接与外部输入、输出装置连接，而需由输入、输出接口电路转接。这样，输入、输出接口电路除了传递信号外，还有电平转换和噪声隔离的作用。FP0 系列 PLC 的输入、输出电路及外部元器件的接线方式分别如图 25—5 和图 25—6 所示。

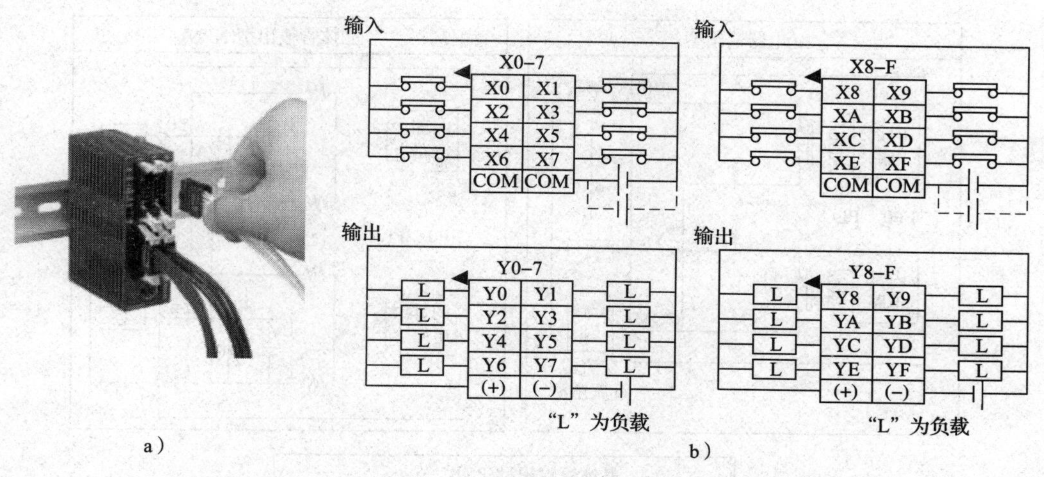

图 25—4 FP0 - C32T 的 I/O 引脚排列

a）MIL 连接器通过 I/O 电缆引出 I/O 端子 b）MIL 连接器的引脚排列

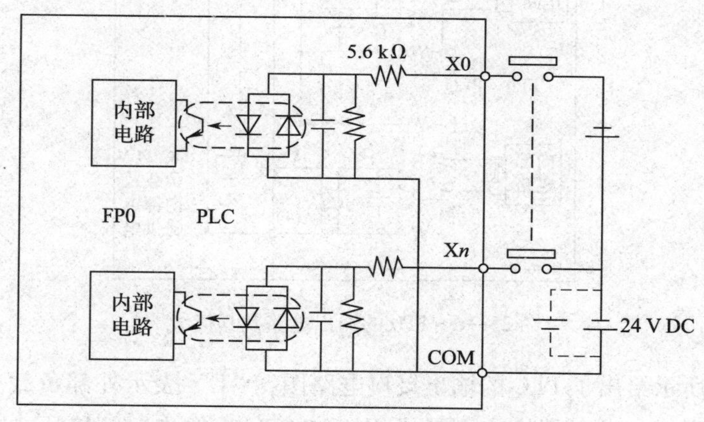

图 25—5 FP0 的输入电路及其接线

如图 25—5 所示给出了松下 FP0 系列 PLC 的输入接口电路。外部输入开关是通过输入端（例如 X0、X1……Xn）与 PLC 连接。输入接口电路的一次电路与二次电路间用光电耦合器隔离，在电路中设有 RC 滤波器，以消除输入触点的抖动和沿输入线引入的外部噪声的干扰。外部输入由 ON→OFF 或由 OFF→ON 变化时，PLC 内部有约 10 ms 的响应滞后。当输入开关闭合时，一次电路中流过电流，输入指示灯亮，光电耦合器的发光二极管发光，而光敏三极管从截止状态变为饱和导通状态，PLC 的输入数据产生了 0 和 1 的状态改变。与三菱 FX_{2N}系列 PLC 不同，松下 FP0 系列 PLC 的输入接口需由外部电源进行供电，外部电源的极性可根据需要确定，无论是正接或是反接光电耦合器都能正常工作。

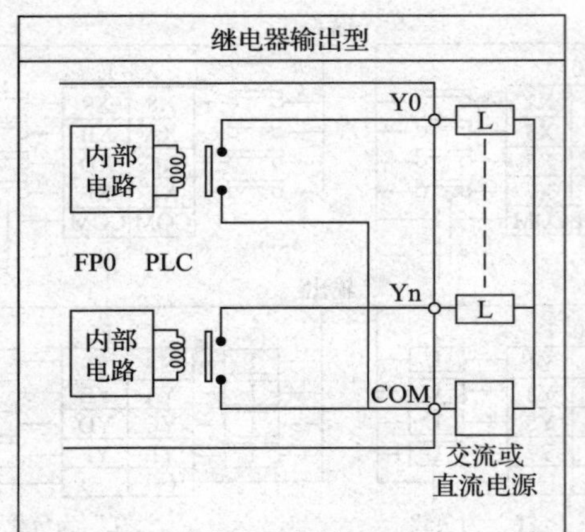

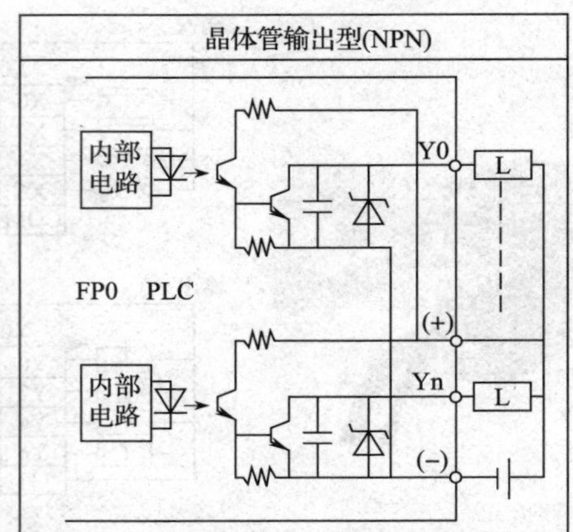

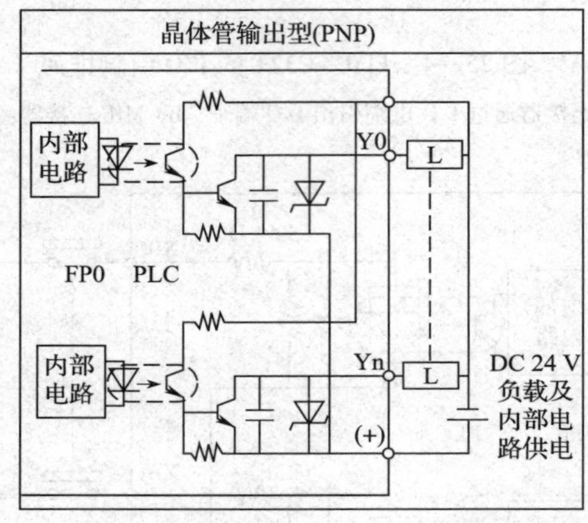

图 25—6　FP0 的输出电路及其接线

如图 25—6 所示给出了 PLC 的输出接口电路图，“L” 表示外部负载。输出电路的负载电源需由外部提供。继电器输出型最常用。当 CPU 有输出时，接通或断开输出电路中继电器的线圈，继电器的接点闭合或断开，通过该接点控制外部负载电路的通断。很显然，继电器输出是利用了继电器的接点和线圈将 PLC 的内部电路与外部负载电路进行电气隔离。继电器触点上允许流过的电流为 2 A。晶体管输出型是通过光电耦合使晶体管截止或饱和，以控制外部负载电路，并同时对 PLC 内部电路和输出晶体管电路进行电气隔离。晶体管输出最大的特点是响应速度较快，但只能带直流负载，输出负载电流一般不超过 1 A。输出晶体管电源也由外部电源提供。

从图 25—5 和图 25—6 中可以看出，输入端口和晶体管输出端口中电流的方向因为外接电源的极性及所用晶体管的类型的不同是不确定的，用户必须根据外部设备的需要确定外接电源的极性及选择 NPN 型或 PNP 型的输出电路。在 PLC 产品中，往往用源型或漏型来表示输入/输出端口中电流的方向。对于漏型的 PLC，其输入电流是从 PLC 内部流出输入端口的，输入端的公共端口（COM）应连接外部 DC 24 V 电源的正极；输出电流是从输出端口流进 PLC 的，输出端的公共端口（-）应接外部直流电源的负极。对于源型的 PLC，其输入电流是从输入端口流进 PLC 内部的，输入端的公共端口（COM）应连接外部 DC 24 V 电源的负极；输出电流是从 PLC 内部流出输出端口的，输出端的公共端口（+）应接外部直流电源的正极。松下 FP0 系列 PLC 既可作漏型的 PLC，也可作源型的 PLC。

三、FP0 可编程序控制器的编程元件

PLC 是借助于大规模集成电路和计算机技术开发的一种新型工业控制器。使用者可以不必考虑 PLC 内部元器件具体组成线路，可以将 PLC 看成由各种功能软元件组成的工业控制器，利用编程语言对这些软元件的线圈、触点等进行编程以达到控制要求，为此使用者必须熟悉和掌握这些软元件的功能、编号及其使用方法。每种软元件都用特定的字母来表示，如 X 表示输入继电器、Y 表示输出继电器、R 表示辅助继电器、T 表示定时器、C 表示计数器等，并对这些软元件给予规定的编号。使用时一般可以认为软元件和继电器元件相类似，具有线圈和常开、常闭触点。当线圈通电时，常开触点闭合，常闭触点断开，反之，当线圈断开时，常开触点断开，常闭触点接通。但软元件和继电器元件在本质上是不相同的，软元件仅仅是 PLC 中存储单元，线圈通电仅是表示该元件存储单元置“1”，反之，线圈断电表示该元件存储单元清“0”。由于软元件是存储单元，可以无限次地访问，因而软元件可以有无限个常闭触点和常开触点，这些触点在 PLC 编程时可以随意使用。下面对 FP0 系列 PLC 的主要软元件进行说明。

1. 外部输入继电器和外部输出继电器

（1）外部输入继电器（X）。外部输入继电器是 PLC 中专门用来接收外部用户输入设备，如开关、传感器等输入信号。外部输入继电器只能由外部信号所驱动，而不能用程序指令来驱动。在梯形图中只能出现输入继电器的触点，不能出现输入继电器线圈。它可提供无限个常开触点、常闭触点供编程使用。不同型号的 PLC 拥有的外部输入继电器数量是不相同的，如 FP0 C16 的输入点为 8 点，对应的外部输入继电器的编号为 X0 ~ X7；FP0 C32 的输入点为 16 点，对应的外部输入继电器的编号为 X0 ~ XF。FP0 系列 PLC 可使用的外部输入继电器最多可达 208 点（X0 ~ X12F）。

在 PLC 内部，每一个输入点的状态都以存储器中的一个位对应进行存储，成为映射的关系。习惯上就把这样的存储位直接称为输入继电器。为了编程的需要，每个输入继电器都应有一个特定的编号，称之为地址。值得注意的是，由于在 FP0 系列的 PLC 中，输入继电器 X（以及后面要介绍的输出继电器 Y、内部继电器 R 等）不仅可以单独以位元件 X

（或Y、R）的形式使用，称之为位寻址，还可将16个位连在一起，以字元件WX（或WY、WR）的形式使用（16个位称为1个字），称之为字寻址。因此它们的地址是以这个位元件所在的“字地址（以十进制表示）”加上其在这个字中的“位地址（以十六进制表示）”的组合形式表达的。其格式如图25—7所示。

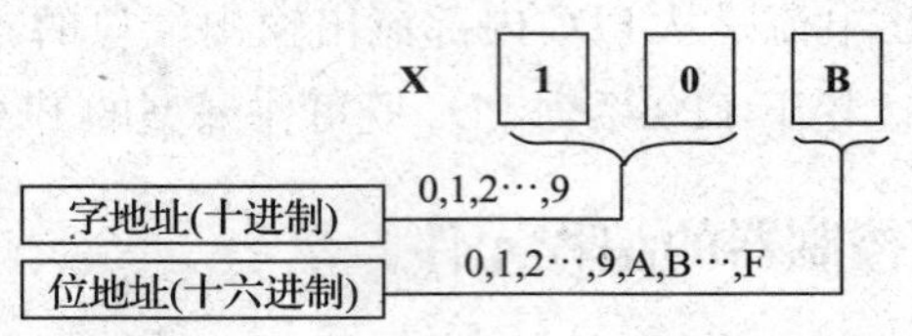

图25—7　输入继电器的地址格式

例如，X0表示为WX0中的第0位、X10表示为WX1中的第0位、X11F表示为WX11中的第F位。输入继电器地址中“位”与“字”的关系可参见图25—8。

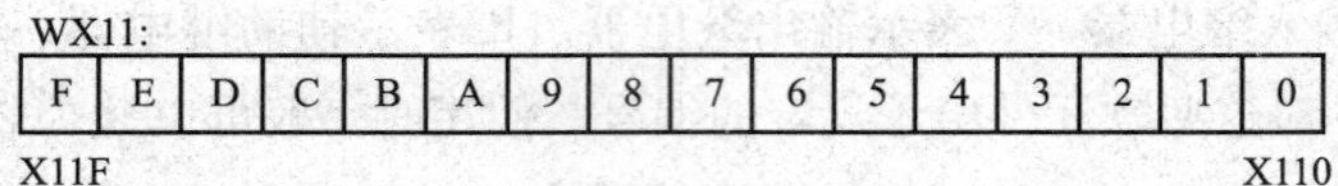

图25—8　输入继电器地址中“位”与“字”的关系

（2）外部输出继电器（Y）。外部输出继电器是PLC中唯一具有外部硬触点的软继电器，PLC只能通过输出继电器的外部硬触点来控制输出端口连接的外部负载。外部输出继电器只能用程序指令驱动，外部信号无法驱动。外部输出继电器具有一个外部硬触点和无限个常开、常闭软触点供编程使用。它的元件号与外部输入继电器一样，以十进制和十六进制组合的方法进行编号，如Y0~YF、Y10~Y1F……不同型号PLC的输出继电器数量是不相同的，如FP0 C16的输出点为8点，对应的外部输出继电器的编号为Y0~Y7；FP0 C32的输出点为16点，对应的外部输出继电器的编号为Y0~YF。FP0系列PLC可使用的输出继电器最多可达208点（Y0~Y12F）。

2. 内部继电器（R）

内部继电器的作用与继电器控制电路中的中间继电器类似，但是它的触点不能直接驱动外部负载。内部继电器与输出继电器一样，它的线圈只能用程序指令驱动，外部信号是无法驱动的。它可提供无限个常开触点、常闭触点供编程使用。内部继电器的元件号按十进制和十六进制组合编号，不同型号的PLC中内部继电器的数量是不同的，FP0 C32中内部继电器编号为R0~R62F，共有1 008点。内部继电器可分为通用继电器、断电保持继电器、特殊功能继电器三种类型。

（1）通用继电器（R0~R54F）共880点。当PLC在运行中若发生停电，通用辅助继电器将全部成为 OFF 状态。

（2）断电保持继电器（R550 ~ R62F）共 128 点，该类继电器是用锂电池供电的内部继电器，具有记忆能力。当 PLC 在运行中若发生停电，断电保持继电器仍能保持原来停电前的状态。

（3）特殊功能继电器（R9000 ~ R903F）共 64 个，这些特殊功能继电器可分为三种类型：标志继电器、信号源继电器及特殊控制继电器。

标志继电器可根据 PLC 的运行状态或执行程序的结果对特定的一些位做出标志，例如：

运行方式标志 R9020——PLC 运行时接通，可作为 PLC 运行（RUN）监控；

错误标志 R9000——当自诊断错误发生时置 ON；

进位标志 R9009——在执行运算指令时如果有进位发生则置 ON；

比较标志 R900A、R900B、R900C——在执行比较指令时，若两数比较结果大于时 R900A 就置 ON，等于时 R900B 就置 ON，小于时 R900C 就置 ON。

信号源继电器——能自动产生脉冲信号的继电器，例如：

R9018、R9019、R901A、R901B、R901C、R901E 等都是时钟脉冲继电器，分别为每隔 10 ms、20 ms、100 ms、200 ms、1 s、2 s 及 1 min 发出一个脉冲。

特殊控制继电器根据 PLC 的状态动作，可在应用程序中作为控制条件使用。例如常闭继电器 R9010 的触点始终闭合；常开继电器 R9011 的触点始终断开；初始闭合继电器 R9013 仅在 PLC 运行开始瞬间接通，产生初始脉冲；初始断开继电器 R9014 仅在 PLC 运行开始瞬间断开，此后即始终接通等。

特殊继电器每个都具有特定的功能，可根据需要在程序中加以使用。每个特殊继电器的具体功能可查看 PLC 的编程手册。每一个特殊继电器都有无数个常开、常闭触点供编程使用，但它们只能作为中间继电器使用，不能作为外部输出负载使用。FP0 的特殊继电器列表见表 25—1。

表 25—1　　FP0 特殊内部继电器列表

地址	名称	描述
R9000	自诊断错误标志	发生自诊断错误时变为 ON 自诊断的错误代码保存在 DT9000
R9001 ~ R9003	—	未使用
R9004	I/O 校验异常标志 适用 PLC 机型：FP0	检测到 I/O 校验异常时置 ON 发生校验异常的 I/O 单元的 No. 保存在 DT9010

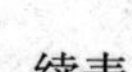

续表

地址	名称	描述
R9005 R9006	—	未使用
R9007	运算错误标志（保持型）（ER 标志）	运行开始后，如果发生错误即置 ON，并且在运行期间保持 此时发生错误的程序地址保存在 DT9017 中（显示最初发生的运算错误）
R9008	运算错误标志（最新型）（ER 标志）	发生运算错误的时刻置 ON 发生错误的地址保存在 DT9018 中 每次发生错误时更新其中的内容
R9009	进位标志（CY 标志）	当运算结果发生上溢出或下溢出时，执行移位相关指令的结果，该标志瞬间被置位
R900A	>标志	执行比较指令 F60（CMP）～F63（DWIN）后，如果比较结果大，该标志瞬间置 ON
R900B	=标志	执行比较指令 F60～F63 后，如果比较结果相符，该标志瞬间置 ON 执行运算指令后，如果运算结果为 0，该标志瞬间置 ON
R900C	<标志	执行比较指令 F60（CMP）～F63（DWIN）后，如果比较结果小，该标志瞬间置 ON
R900D	辅助定时器触点	执行辅助定时器指令（F137/F183）、到达设定的时间后，该标志置 ON 当执行条件为 OFF 时，R900D 置 OFF
R900E	编程口通信异常标志	编程口发生通信异常时置 ON
R900F	固定扫描异常标志	执行固定扫描时，扫描时间超过设定定时器（系统寄存器 No. 34）时置 ON
R9010	常闭继电器	始终置 ON
R9011	常开继电器	始终置 OFF
R9012	扫描脉冲继电器	每个扫描周期 ON/OFF 交替重复
R9013	初始脉冲继电器（ON）	运行（RUN）开始后的第一个扫描周期为 ON，从第二个扫描周期开始变为 OFF
R9014	初始脉冲继电器（OFF）	运行（RUN）开始后的第一个扫描周期为 OFF，从第二个扫描周期开始变为 ON

地址	名称	描述
R9015	步进程序初始脉冲继电器（ON）	进行步进梯形图控制时，仅在一个工程启动后的第一个扫描周期变为 ON
R9016，R9017	—	未使用
R9018	0.01 s 时钟脉冲继电器	周期为 0.01 s 的时钟脉冲 0.01s
R9019	0.02 s 时钟脉冲继电器	周期为 0.02 s 的时钟脉冲 0.02s
R901A	0.1 s 时钟脉冲继电器	周期为 0.1 s 的时钟脉冲 0.1s
R901B	0.2 s 时钟脉冲继电器	周期为 0.2 s 的时钟脉冲 0.2s
R901C	1 s 时钟脉冲继电器	周期为 1 s 的时钟脉冲 1s
R901D	2 s 时钟脉冲继电器	周期为 2 s 的时钟脉冲 2s
R901E	1 min 时钟脉冲继电器	周期为 1 min 的时钟脉冲 1min
R901F	—	未使用
R9020	RUN 模式标志	当前为 PROG 模式时置 OFF 当前为 RUN 模式时置 ON
R9021 ~ R9025	—	未使用
R9026（＊注）	信息标志	执行 MSG 指令（F149）后置 ON
R9027	遥控（Remote）标志	可以通过远程操作切换 RUN←→PROG 模式时置 ON
R9028	—	未使用
R9029（＊注）	强制中标志	正在对输入输出继电器、定时器/计数器触点等进行强制 ON/OFF 时置 ON
R902A（＊注）	外部中断允许标志	由 ICTL 指令允许外部中断时置 ON
R902B（＊注）	中断异常标志	当中断发生异常时置 ON

续表

地址	名称	描述
R902C ~ R902F		
R9030，R9031	—	未使用
R9032	COM 口选择标志	使用串行通信功能时置 ON 使用计算机连接功能时置 OFF
R9033	打印指令执行标志	OFF：没有执行 F147（PR）指令 ON：当前正在执行 F147（PR）指令
R9034	RUN 中程序编辑标志	在 RUN 模式下、向程序中写入、插入、删除时仅第一个扫描周期置 ON
R9035	S－LINK I/O 通信异常标志 适用 PLC 机型：FP0－SL1	在 S－LINK 系统中发生了某种错误（ERR 1，3，4）时置 ON
R9036	S－LINK I/O 通信状态标志 适用 PLC 机型：FP0－SL1	在 S－LINK 系统的输入/输出单元中正在进行通信时置 ON
R9037	COM 口通信错误标志	在串行通信过程中发生传输错误时置 ON
R9038	COM 口接收完成标志	在串行数据通信时，接收到结束符后置 ON
R9039	COM 口发送完成标志	在串行数据通信时，发送结束后置 ON 在串行数据通信时，正在进行发送时置 OFF
R903A	ch0 高速计数器控制中标志	正在执行高速计数器指令（F162 ~ F165）时置 ON
R903B	ch1 高速计数器控制中标志	正在执行高速计数器指令（F162 ~ F165）时置 ON
R903C	ch2 高速计数器控制中标志	正在执行高速计数器指令（F162 ~ F165）时置 ON
R903D	ch3 高速计数器控制中标志	正在执行高速计数器指令（F162 ~ F165）时置 ON
R903E，R903F	—	未使用

* 注：由系统使用。

** 注：高速计数器控制标志的编号（R903A ~ R903D）随指令中使用的通道而不同。

3. 定时器（T）

PLC 中定时器 T 相当于继电器控制电路中的时间继电器，它可提供无限个常开触点、常闭触点供编程使用。定时器元件号按十进制编号，对 FP0 C32，从 T0 ~ T99 共有 100 个定时器。定时器的最小时间单位可分为 0.01 s、0.1 s、1 s 三种，可通过定时器指令来设定。PLC 中定时器 Tn 为字、位复合软元件，由预置值寄存器 SVn、经过值（当前值）寄存器 EVn 和定时器的触点组成。预置值寄存器存储计时时间设定值，经过值寄存器则记录计时的当前值。定时器 T 是根据时钟脉冲累积计时的，实质上是对时钟脉冲计数。当定时器 T 满足控制条件开始计时，经过值寄存器则从预置值开始对时钟脉冲进行减法计数，当经过值减到零时定时器触点动作，其常开触点接通，常闭触点断开。定时器可以使用立即数 *K* 作为预置值，也可用数据寄存器的内容作为预置值。

4. 计数器（C）

计数器在程序中用作计数控制。在 FP0 系列 PLC 中，计数器与定时器使用同一个存储区域，因此计数器与定时器是统一编号的。定时器编号为 T0 ~ T99，计数器编号为 C100 ~ C143，共 44 个（通过改变系统寄存器 No. 5 中的设定值可改变定时器与计数器数量的分配，但两者总数不能改变）。与定时器相类似，计数器也是字、位复合软元件，由预置值寄存器 SV、经过值寄存器 EV 和计数器的触点组成。计数器可以使用立即数 *K* 作为预置值，也可用数据寄存器的内容作为预置值。它可提供无限个常开触点、常闭触点供编程使用。FP0 系列 PLC 中计数器都是减法计数器，当 PLC 进入 RUN 状态时，预置值被送入预置值寄存器 SV 和经过值寄存器 EV 中。当计数器 C 满足控制条件开始计数时，每检测到外部脉冲信号的上升沿，经过值寄存器 EV 的数值就进行减 1 计数。当经过值减到"0"时，计数器触点动作并保持，其常开触点接通，常闭触点断开。

当计数器被复位时，其复位触发信号的上升沿使计数器的经过值被复位到"0"，计数器的触点被复位；而复位触发信号的下降沿将预置值寄存器 SV 中的数值又送入经过值寄存器 EV 中，可重新开始新的计数。

5. 数据寄存器（DT）

数据寄存器是存储数据的软元件，用"DT"表示，每一个数据寄存器可以存放一个 16 位二进制的数据或 1 个字，数值范围为 -32768 ~ +32767。用两个连续的数据寄存器合并起来可以存放一个 32 位数据（双字），例如 DT1 和 DT2 组成的双字中，DT1 存放低 16 位，DT2 存放高 16 位。字或双字的最高位为符号位，该位为 0 时数据为正数，为 1 时数据为负。数据寄存器为十进制编号，在 FP0 - C32T PLC 中为 DT0 ~ DT6143，总共有 6 144 个。

将数据写入通用数据寄存器后，其值将保持不变，直到下一次被改写。在松下 FP0 系列 PLC 中，数据寄存器分为保持型及非保持型两类。C32T 的 DT0 ~ DT6111 是保持型，即不论电源接通与否，PLC 运行与否，其内容也不变化。而 DT6112 ~ DT6143 为非保持型，当关闭电源或 PLC 从 RUN 变为 STOP 时，其内容被复位。在 FP0 - C32T 中，还有 112 个专用数据寄存器（DT9000 ~ DT9111），这些数据寄存器供监控 PLC 中各种元件的运行方式之用。例如，DT9000 存放自诊断错误码，在对 PLC 进行自诊断中若发现有问题，会把相应错误的代码写在 DT9000 中。专用数据寄存器的具体用途可查找 FP0 的编程手册。

6. 索引寄存器（IX、IY）

在 FP0 系列的 PLC 内部有两个 16 位的索引寄存器 IX 和 IY。其作用有以下两类。

（1）作数据寄存器使用。作为数据寄存器使用时，可作为16位寄存器单独使用；当用作32位寄存器时，IX作低16位，IY作高16位；作为32位操作数编程时，如果指定IX为低16位，则高16位自动指定为IY。

（2）对编程元件的地址或常数进行“变址”操作

1）改变编程元件的地址（适用于WX、WY、WR、SV、EV和DT）。例如有指令为［F0 MV，DT1，IXDT100］，执行后的结果为：

当IX = K30时，DT1中的数据被传送至DT130；

当IX = K50时，DT1中的数据被传送至DT150。

2）改变常数的数值（对K和H）。例如有指令为［F0 MV，IXK30，DT100］，执行后的结果为：

当IX = K20时，传送至DT100的内容为K50；

当IX = K50时，传送至DT100的内容为K80。

注意：索引寄存器本身不能用索引寄存器来修正，类似于“IXIX”、“IYIX”的用法是错误的；当索引寄存器用作地址修正值时，要确保变址后的地址不要超出有效范围；当索引寄存器用作改变常数的数值时，修正后的值要确保不能溢出。

第2节　FP0的指令及其编程

FP0系列PLC的指令分为基本指令和高级指令两大类。而基本指令中又可分为时序控制基本指令、基本功能指令、控制指令和数据比较指令等四类。时序控制基本指令是按位进行逻辑运算的指令，是继电器顺序控制回路的基本构成，是由继电器线圈和触点组合成的表达式。基本功能指令包括定时器、计数器和寄存器移位指令。控制指令用于确定程序的处理顺序和执行流程，可以根据条件执行某些处理或只执行需要的部分。数据比较指令用于比较两个数据，根据比较的结果将触点变为ON或OFF。

一、时序控制基本指令

FP0常用的时序控制基本指令有ST、ST/、OT、AN、AN/、OR、OR/、ANS、ORS、PSHS、RDS、POPS、MC、MCE、SET、RST、DF、DF/、NOP、ED等。指令由操作码和操作数两部分组成：操作码用助记符表示，常用2~4个英文字母组成（简称指令），表示该指令的作用；操作数即指令的操作对象，是执行该指令所选用的元件、设定值等。在基本顺序指令中 ANS、ORS、PSHS、RDS、POPS、DF、DF/、NOP、ED 等指令无操作数，而其他指令需要 1 ~2 个操作数。下面对这些指令逐条加以说明。

1．逻辑运算开始及输出线圈指令（ST、ST/、OT）

ST、ST/指令使用元件 X、Y、R、T、C 的触点，表示梯形图中取一个常开（或常闭）触点开始逻辑运算。

OT 指令是对输出继电器（Y）和辅助继电器（R）的线圈驱动指令，对于输入继电器（X）不能使用。

ST、ST/、OT 指令用法如图 25—9 所示。由图 25—9 程序图中可看出：

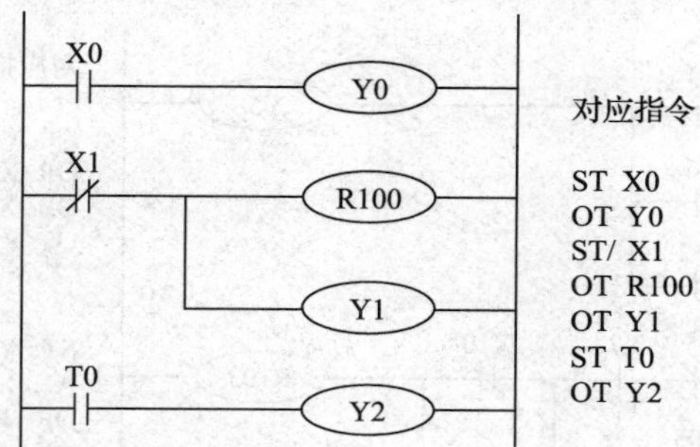

图 25—9　ST、ST/、OT 指令用法

（1）ST 将常开触点接到左母线上，ST/将常闭触点接到左母线上。另外 ST、ST/指令还可以与后述的 ANS、ORS 指令配合用于电路块的开头；

（2）输出线圈指令 OT（即 OUT）可多次并行使用，形成并行输出线圈支路；

（3）输出线圈指令 OT 不能直接接到左母线上，OT 指令与左母线之间至少应有一个以上的触点存在。

2．触点串联指令（AN、AN/）

AN（与）功能为常开触点串联连接，AN/（与非）功能为常闭触点串联连接。

这两类指令的操作元件为 X、Y、R、T、C。指令应用举例如图 25—10 所示。

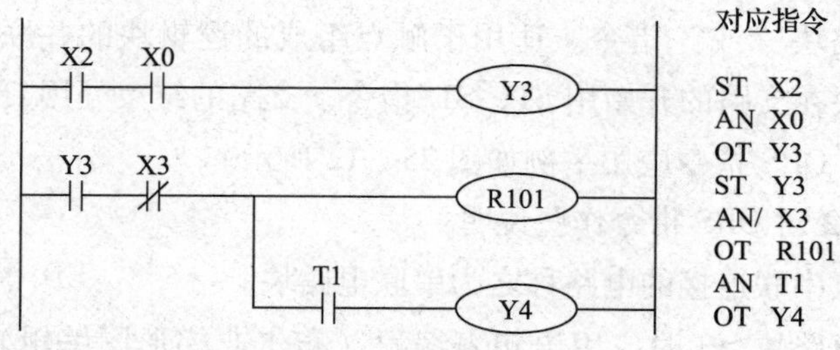

图 25—10　AN、AN/指令的用法

现结合图25—10对AN、AN/、OT指令应用作几点说明。

AN指令用于单个常开触点的串联，AN/指令用于单个常闭触点的串联，AN、AN/指令可以多次重复使用。并联电路块之间的串联连接要用后述的ANS指令。

OT指令后，再通过触点对其他线圈使用OT指令称之为纵接输出或连续输出，如图中的OT Y4。在图中驱动R101之后，可再通过触点T1驱动Y4。

3. 触点的并联指令（OR、OR/）

OR（或）功能为常开触点并联连接，OR/（或非）功能为常闭触点并联连接。这两类指令的操作元件为X、Y、R、T、C。指令应用举例如图25—11所示。

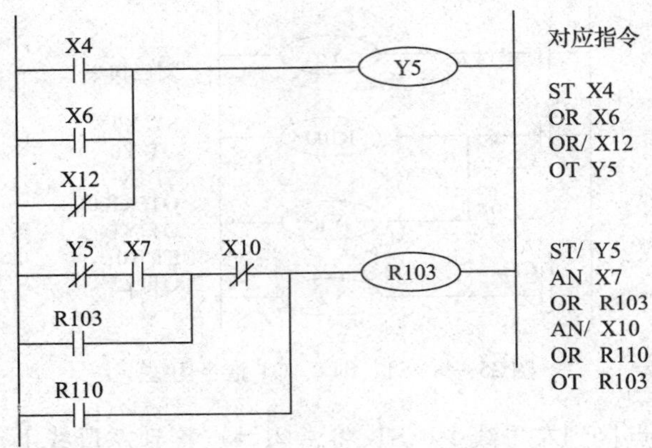

图25—11　OR、OR/指令的用法

说明：

(1) OR、OR/只能用作为单个触点的并联连接指令。串联电路块之间的并联连接要用后述的ORS指令；

(2) OR、OR/指令是从该指令的所在位置开始，对前面的ST、ST/指令并联连接。并联连接可多次使用。

4. 串联电路块的并联（电路块“或”指令ORS）

ORS指令是电路块“或”指令。适用于触点组成的逻辑块的并联连接。对每个由触点串联组成的电路块在支路的开始用ST、ST/指令，支路的结束处用ORS指令。ORS指令后面不需操作元件。ORS指令应用举例如图25—12所示。

现结合图25—12对ORS指令作些说明：

两个以上的触点串联连接的电路称之为串联电路块。

当并联的串联电路块≥3时，用语句表编程（布尔非梯形图编辑）有两种编程方法，即用ORS指令将逻辑块逐个并联或将逻辑块全部做好后连续用几个ORS指令将逻辑块进行

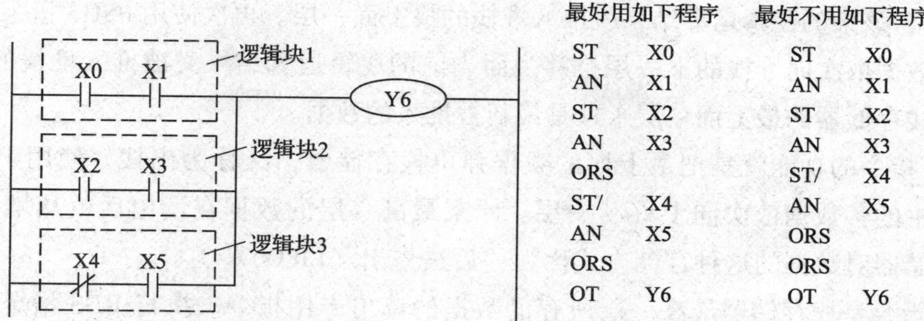
逻辑块1
X0
X1
Y6
逻辑块2
X2
X3
逻辑块3
X4
X5
最好用如下程序
ST X0
AN X1
ST X2
AN X3
ORS
ST/ X4
AN X5
ORS
OT Y6
最好不用如下程序
ST X0
AN X1
ST X2
AN X3
ST/ X4
AN X5
ORS
ORS
OT Y6

图 25—12 ORS 指令的用法

并联。建议最好采用图 25—12 中间部分表示的编程方法，对串联电路块逐步连接，对每一个电路块使用一次 ORS 指令，这样对 ORS 使用的次数无限制。如果采用图 25—12 中右边方法编程时 ORS 指令虽然也可连续使用，但重复使用的次数应限制在八次之内（少于八次）。

5. 并联电路块的串联（电路块“与”指令 ANS）

ANS 是电路块“与”指令。适用于并联电路块之间的串联连接，或称逻辑块的串联。在每个由触点并联组成的电路块中，第一个触点要用 ST 或 ST/指令开始，并联电路块结束时，要用 ANS 指令与前面电路串联。ANS 指令后面无任何操作元件。多个并联电路块可顺次用 ANS 指令与前面电路串联连接。ANS 指令应用如图 25—13 所示。

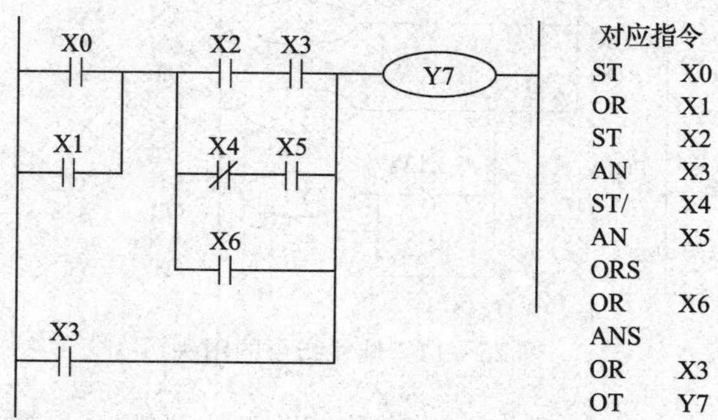
X0
X2
X3
Y7
X1
X4
X5
X6
X3
对应指令
ST X0
OR X1
ST X2
AN X3
ST/ X4
AN X5
ORS
OR X6
ANS
OR X3
OT Y7

图 25—13 ANS 指令的用法

6. 多重输出电路指令（PSHS、RDS、POPS）

这组指令又称为堆栈指令。其中 PSHS 的功能是存储该指令之前的逻辑运算结果，RDS 为读取由 PSHS 指令所存储的逻辑运算结果，POPS 是读取并清除由 PSHS 所存储的运算结果。利用这组指令可将梯形图中分支点的逻辑运算结果先存储，然后在需要的时候再取出。在 FP0 系列 PLC 中，设计有八个存储中间运算结果的存储器，称之为栈存储器。PSHS 指令的功能就是将指令之前的逻辑运算结果送入栈存储器，又称为进栈，使用一次

PSHS 指令，该处的逻辑运算结果就推入堆栈的最上面一层。再次使用 PSHS 指令时，先前被推入的数据依次向堆栈的下一层推移，而当前的逻辑运算结果又被推入堆栈的最上面，因此，堆栈存储器的最上面一层永远是最新被推入的数据。

POPS 指令的功能就是把最上面的数据弹出栈存储器，又称为出栈。使用 POPS 指令后，堆栈中的各数据依次向上移动一层。原来最高一层的数据在读出后就从堆栈内被消除。栈存储器对数据的这种存储方式称为“后进先出（LIFO）”方式。

RDS 指令是栈存储器最高一层所存的数据的读出专用指令。执行 RDS 指令时，栈存储器内的数据不发生上、下移动的变化。

这组堆栈指令都是没有操作元件的指令。如图 25—14 所示是应用堆栈指令编程的例子。

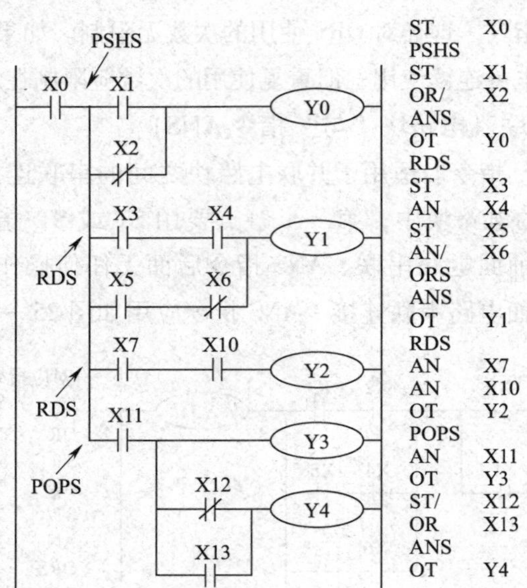

图 25—14　堆栈指令的用法

现结合图 25—14 对 PSHS、RDS、POPS 指令作几点说明：

（1）PSHS、RDS、POPS 指令用于多重输出电路，PSHS 指令应先于 RDS、POPS 指令使用。

（2）RDS 用于多重输出电路的中间，RDS 指令可多次使用。

（3）POPS 指令用于多重输出电路的最后，每一个 PSHS 指令必须配用一个 POPS 指令。

7. 主控继电器、主控继电器结束指令（MC、MCE）

MC 是主控继电器指令，相当于一个条件分支。若符合 MC 的执行条件，则执行 MC 和 MCE 之间的程序，否则程序跳过 MC 和 MCE 之间的程序段去执行后续其他程序。

MCE 是主控继电器结束指令。它与 MC 必须成对使用，即 MC 指令后必定要用 MCE 指令来返回母线。如图 25—15 所示为应用主控继电器指令编程的例子。

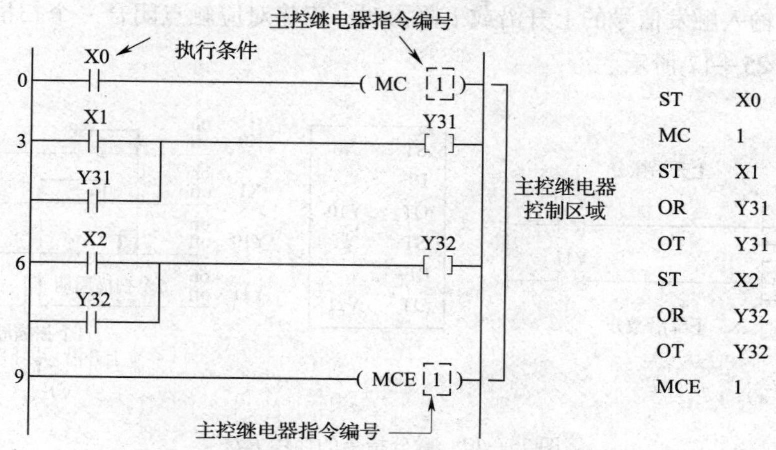

图 25—15　应用主控指令编程

在图 25—15 中，当 MC 的执行条件 X0 接通时，执行 MC 与 MCE 之间的指令。MC 与 MCE 之间的母线成为主控母线，主控母线上必须用 ST、ST/指令开始编程。MC 与 MCE 指令所用的主控继电器编号必须一致，FP0 可用的主控继电器编号为 0～31。在程序中可多次使用 MC 指令。在 MC 内部还可以嵌套使用 MC 指令，但各层 MC 指令所用的主控继电器编号必须不同。嵌套使用 MC 指令的程序举例如图 25—16 所示。

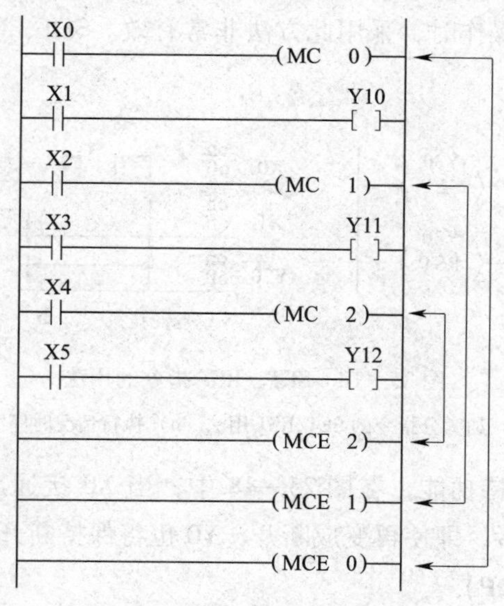

图 25—16　MC 指令的嵌套使用

8. 微分指令（DF、DF/）

DF 是上升沿微分指令，DF/是下降沿微分指令，可以认为微分指令对应是一个常开触点。当检测到输入触发信号的上升沿或下降沿时，仅将对应触点闭合一个扫描周期。指令使用方法如图 25—17 所示。

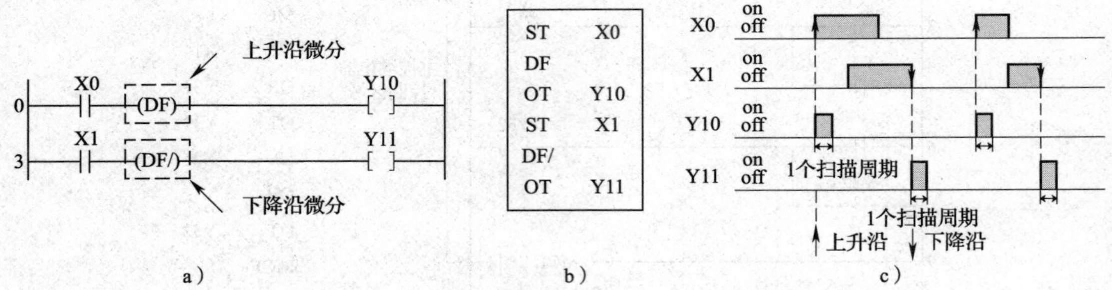

图 25—17 微分指令的使用方法

a）DF、DF/指令的使用 b）对应指令 c）输入输出时序图

注意：DF、DF/指令通常是插入在执行条件后使用，其本身并不带操作元件。

9. 置位、复位指令（SET、RST）

SET 是置位指令，置某元件状态为 ON 并保持；RST 是复位指令，复位某元件状态为 OFF 并保持。SET、RST 指令使用的操作元件是位元件 Y、R。为了便于调试、优化程序，防止元件状态被锁定，一般要在 SET 和 RST 指令之前加入微分指令。当在程序中有若干处对同一个输出目标进行操作时，采用此方法非常有效。SET、RST 指令的用法如图 25—18 所示。

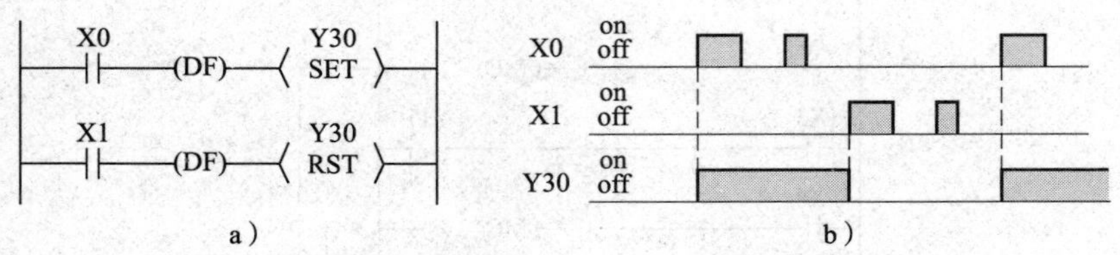

图 25—18 SET、RST 指令的用法

a）加微分指令的 SET/RST 用法 b）执行情况时序图

SET/RST 指令具有保持功能，在图 25—18 中，当 X0 接通后，即使再变成断开，Y0 也保持接通。而 X1 接通后，即使再变成断开，Y0 也将保持断开。

10. 空操作指令（NOP）

执行这条指令不作任何逻辑操作，该指令只占一个步序号位置。实际上，当执行程序全部清零操作后，程序存储器中所有指令都变成 NOP。

11. 常规程序结束指令（ED）

在主程序（常规程序）结束时，必须加上一条结束指令 ED（即 END）。如果在该控制程序中还包含有子程序或中断处理子程序，则这些子程序都应在 ED 指令之后再输入。

二、基本功能指令

FP0 的基本功能指令包括定时器、计数器和寄存器移位指令。

1. 定时器指令（TMR、TMX、TMY）

FP 系列 PLC 的定时器有 100 个，从 T0 到 T99，分为三种类型，分别用不同的指令加以区分，而与定时器的编号无关。

TMR——设置以 0.01 s 为定时单位的延时定时器。

TMX——设置以 0.1 s 为定时单位的延时定时器。

TMY——设置以 1 s 为定时单位的延时定时器。

定时器设定时间的计算公式为［定时单位］×［设定值］。定时器的设定值必须为 K1 至 K32767 之间的十进制常数。对上述三种定时器，其设定时间的范围分别是：

TMR——0.01 s 至 327.67 s，以 0.01 s 递增；

TMX——0.1 s 至 3 276.7 s，以 0.1 s 递增；

TMY——1 s 至 32 767 s，以 1 s 递增。

例如当 TMX 设置为 K43 时，设定时间为 0.1 s×43 = 4.3 s。

当 TMR 设置为 K500 时，设定时间为 0.01 s×500 = 5 s。

在 FP0 系列 PLC 中，还有一条 TML 定时器指令，可以以 0.001 s 为计时单位来使用。

定时器指令的格式如图 25—19 所示，TMR、TMY 指令格式及用法与 TMX 指令相同。在进行程序输入时，指令中的经过值并不要输入，它只是在对程序进行监控时才会显示。图中右侧为对应的语句表。

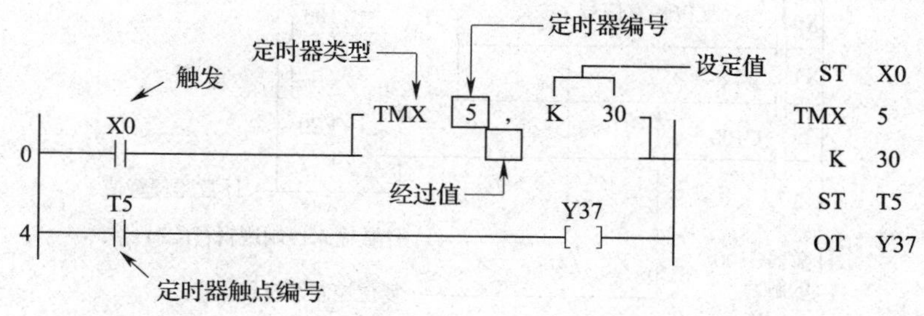

图 25—19　定时器指令的使用

定时器为非保持型，因此若断开 X0、切断电源或 PLC 模式方式由运行（RUN）变为编程（PROG）时，定时器会复位清零。

在 PLC 开始 RUN 时，定时器指令中的设定值被送入相同编号的预置值寄存器 SV5 中。在定时器的触发信号（X0）接通的上升沿，SV5 中的预置值被送到经过值 EV5 中，并开始以 0. 1 s 为计时单位做递减计时。当经过值达到零时，定时器触点 T5 闭合。若在运行过程中触发信号断开，则运行停止且经过值复位（清零）。若触发信号断开时定时器触点已经动作的，则触点同时也被复位。

定时器的设定值可以用常数 *K* 直接设置，如图 25—19 中的“K30”；也可以用与定时器相同编号的预置值寄存器 SV 进行间接设置，如图 25—20 所示。

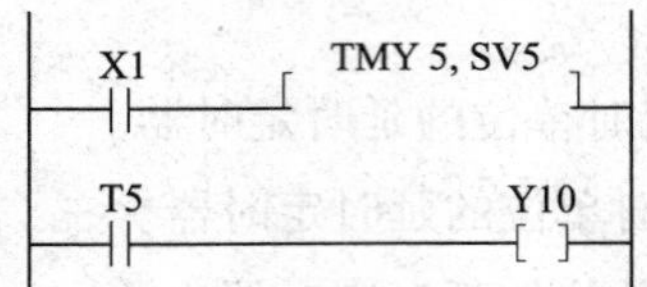

图 25—20　用 SV 间接设置设定值

SV5 中的数值在程序的其他地方被设置，假设（SV5）=15，则当定时器的触发信号（X1）接通的上升沿，SV5 中的预置值被送到经过值寄存器 EV5 中，并开始以 1 s 为计时单位做递减计时。当 15 s 后经过值寄存器 EV5 达到零时，定时器触点 T5 闭合。由于 SV5 中的数值可在程序运行过程中被改变，因此就能很方便地在运行过程中实现对定时时间的调整。但应注意，当 SV5 中的数值变化时，当前已经在工作的定时器设定时间不会改变，只有在定时器的触发信号 X1 断开后重新接通，新的设定值才有效。

2. 计数器指令

FP0 系列 PLC 中计数器有 44 个，其编号从 C100 到 C143。这些计数器需要通过计数器指令才能使用。计数器指令的格式如图 25—21 所示。

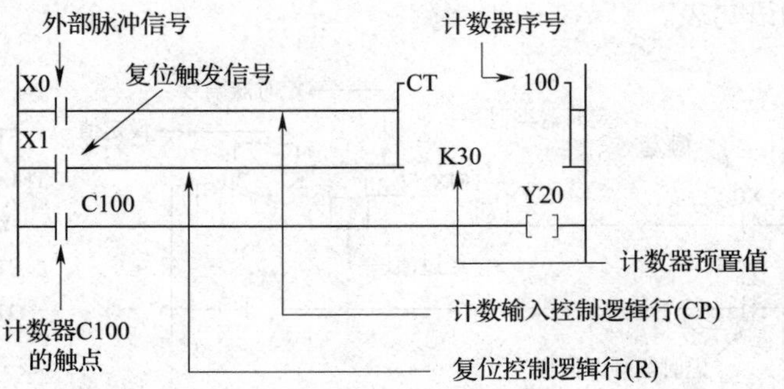

图 25—21　计数器指令的格式

与定时器相同，每一个计数器对应地都有相同编号的一个预置值寄存器 SV 和一个经过值寄存器 EV。如图 25—21 所示的计数器指令中，在 PLC 开始运行时，计数器的设定值“K30”被装入预置值寄存器 SV100 中。当复位信号 X1 闭合时，经过值寄存器 EV100 被复位清零；在复位信号 X1 由闭合变为断开时，预置值寄存器 SV100 中的数值“30”被预置到经过值寄存器 EV100 中，为计数工作做好了准备。然后，在每次计数输入信号由 OFF 变为 ON 的上升沿，经过值 SV100 从设定的预置值开始进行递减计数。当经过值寄存器 EV100 中的数值递减为 0 后，计数器的触点 C100 闭合，Y20 变为 ON。计数过程的时序图如图 25—22 所示。

在计数器的工作中，如果复位输入与计数输入信号在某一时刻同时变为 ON，则复位信号优先有效。

如果在某一时刻计数输入信号上升而复位信号同时下降，则计数信号无效，而执行把预置值送到经过值寄存器的操作。

计数器预置值的设置可以采用常数直接设置，也可以通过预置值寄存器间接设置。

由常数直接设置时，指令中的设定值可以是由 K0 至 K32767 的十进制常数（K 常数）。

通过预置值寄存器间接设置设定值时，可以在程序的其他地方将某个 K0 至 K32767 的十进制常数传送到某个计数器的预置值寄存器中，例如将常数送到 SV100 中。然后在计数器指令中，以 SV 来代替常数设定值，如图 25—23 所示。

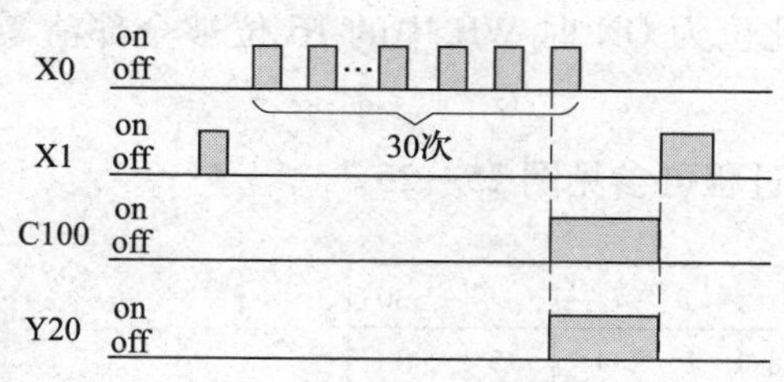

图 25—22　计数过程的时序图

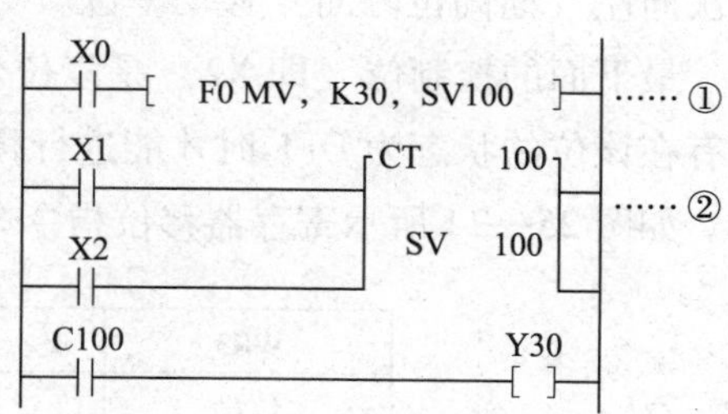

图 25—23　计数器设定值的间接设置

如图 25—23 所示程序的工作方式如下：

（1）当 X0 的常开触点闭合时，执行数据传送指令［F0 MV，K30，SV100］，即把常数 K30 传送到计数器 C100 的预置值寄存器 SV100 中；

（2）在计数输入信号 X1 每次接通时，计数器 C100 从设定值 30 开始进行递减运算，当 X1 接通 30 次后，计数器 C100 的经过值被递减为 0，此时 C100 的触点动作。

在计数器的设定值由 SV 间接设置的情况下，程序运行过程中 SV 的数值可能会被改变。但即使 SV 中的数值在进行递减操作的过程中被修改，递减操作也仍然按照原有的数值继续进行。只有等到递减操作结束或被复位中断后，计数器的动作才能重新设定的数值开始。

3. 寄存器移位指令（SR）

寄存器移位指令 SR 的功能是使内部继电器字（WR）中的数据左移一位。

SR 指令的格式如图 25—24 所示。

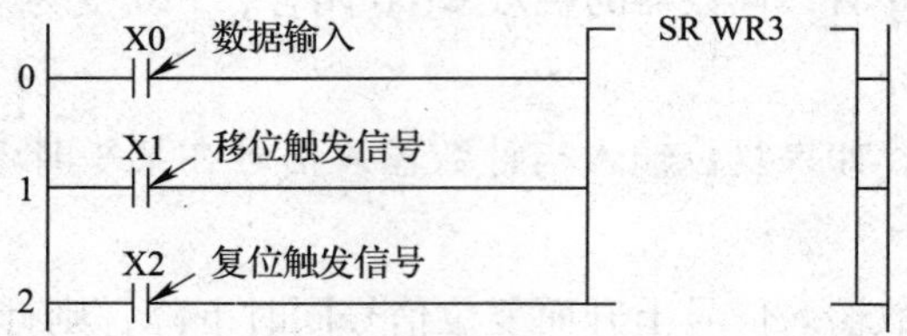

图 25—24　寄存器移位指令 SR 的格式

SR 指令的操作对象只能是内部继电器字（WR）。在开始执行移位操作之前，在 WR 中是一个 16 位的数据。

SR 指令有三个控制位，从上到下第一个（即图 25—24 中的 X0）是数据输入控制，根据此位的状态是“1”还是“0”来确定移入 WR 最低位的数是“1”还是“0”。

中间一个控制位（即 X1）是移位触发信号，每当此位的上升沿发生，WR 中的 16 位依次向左（向高位方向）移动一位。

最下面的控制位（即 X2）是复位信号，当此位为 ON 时 WR 中的 16 位被全部清零。只有在该位的状态为 OFF 时才能进行移位操作。

如图 25—24 所示寄存器移位指令 SR 的执行过程可参见图 25—25。

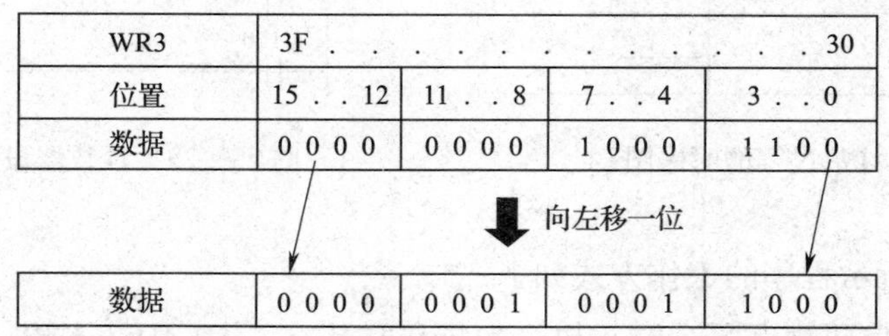

WR3	3F . . .	. . .	. . .	. . . 30
位置	15 . . 12	11 . . 8	7 . . 4	3 . . 0
数据	0 0 0 0	0 0 0 0	1 0 0 0	1 1 0 0

数据	0 0 0 0	0 0 0 1	0 0 0 1	1 0 0 0

图 25—25　寄存器移位指令 SR 的执行过程

WR3 是一个字元件，它是内部继电器 R30 ~ R3F 共 16 位的组合形式。在移位操作执行之前，（WR3）＝0000，0000，1000，1100。

若在 X2 为 OFF 状态时 X1 闭合，则 WR3 的内容左移一位。移位过程中，原来的最高位（R3F）中的数被溢出，其后的 15 位依次向高位移动一位，而 R30 中的内容根据数据输入控制位 X0 的状态来确定：若 X0 为 ON，则将“1”移入 R30；若 X0 为 OFF，则将“0”移入 R30。在图 25—25 中是以 X0 = OFF 的状态将“0”移入 R30 的。因此，在执行了一次 RS 指令后，（WR3）= 0000，0001，0001，1000。

若 X2 接通，则 WR3 的内容复位为 0。

使用 SR 指令编程时应注意：

（1）当同时检测到复位输入和移位输入时，复位输入信号优先，即总是执行复位操作。

（2）对于 SR 指令，仅在检测到移位输入信号（OFF→ON）的上升沿时，进行移位操作。若移位输入信号继续保持 ON，则只能在上升沿的时刻进行移位，不会进一步移位。

三、数据比较指令

数据比较指令又称为比较触点指令，该指令实质上是一个常开触点，它的功能是将两个 16 位的数据字按照指令中规定的关系符进行比较，根据比较的结果确定触点闭合或断开。

两个数字进行比较的关系有“ = （等于）”、“ <> （不等于）”、“ > （大于）”、“ >= （大于等于）”、“ < （小于）”、“ <= （小于等于）”六种；根据触点在梯形图中所处的位置不同又有不同的操作码，因此数据比较指令有 16 位的字比较指令 18 条及 32 位的双字比较指令 18 条。

1. 初始加载字比较指令

初始加载字比较指令有“ST = ”、“ST <> ”、“ST > ”、“ST >= ”、“ST < ”、“ST <= ”共六条。指令格式如图 25—26 所示。

```
        S1   S2
0 |—[ =, DT 0, K 50 ]————( Y30 )—|
6 |—[ > =, DT 0, K 60 ]——( Y31 )—|
        S1   S2
```

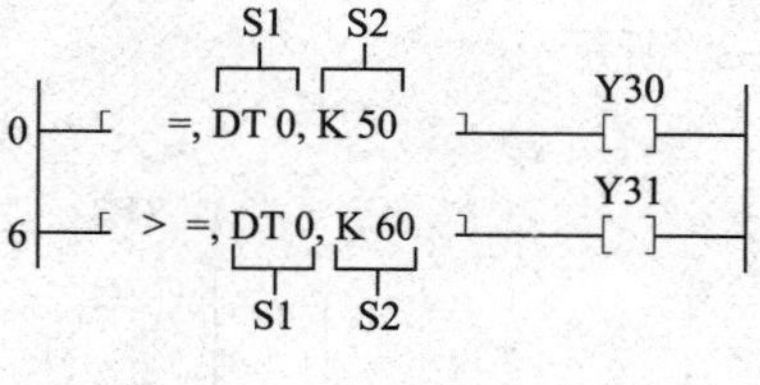

a）

```
ST=
DT        0
K         50
OT    Y   30
ST>=
DT        0
K         60
OT    Y   31
```

b）

图 25—26　初始加载字比较指令格式

a）梯形图格式　b）指令语句表格式

如图 25—26 所示为“ST = ” 与 “ST >= ” 在程序中的表达形式，图 a 为梯形图中的格式，图 b 是指令语句表的形式。其他“ST <> ”、“ST > ”、“ST < ”、“ST <= ” 四条指令的格式都与图 25—26 所示相同，只需改变“ST”后面的关系符即可。

如图25—26所示，标注为［S1］、［S2］的两个源操作数是参与比较的数据，可以选择为WX、WY、WR、SV、EV、DT、K、H等元件，也可使用IX、IY进行变址操作。

在编制梯形图程序时，从左母线开始使用数据比较指令时应使用初始加载比较指令。如图25—26所示比较指令的功能是：如果（DT0）=50则Y30为ON，而如果（DT0）≠50则Y30为OFF；如果（DT0）≥60则Y31为ON，而如果（DT0）<60则Y31为OFF。

从对如图25—26所示指令功能的描述中可以看出，数据比较指令实际上就相当于一个触点，根据比较条件，将由［S1］指定的字数据与由［S2］指定的字数据进行比较，当比较结果符合某一指定关系（=、<、>等）时，ST指令即启动连接此比较触点的逻辑运算。

数据比较指令运算的结果（比较触点状态）见表25—2。

表25—2　数据比较指令运算的结果

比较指令	条件		
	S1 < S2	S1 = S2	S1 > S2
ST =	OFF	ON	OFF
ST <>	ON	OFF	ON
ST >	OFF	OFF	ON
ST >=	OFF	ON	ON
ST <	ON	OFF	OFF
ST <=	ON	ON	OFF

<> 表示≠
>= 表示≥
<= 表示≤

2. 逻辑“与”字比较指令

逻辑“与”字比较指令有“AN =”、“AN <>”、“AN >”、“AN >=”、“AN <”、“AN <=”共六条。指令格式如图25—27所示。

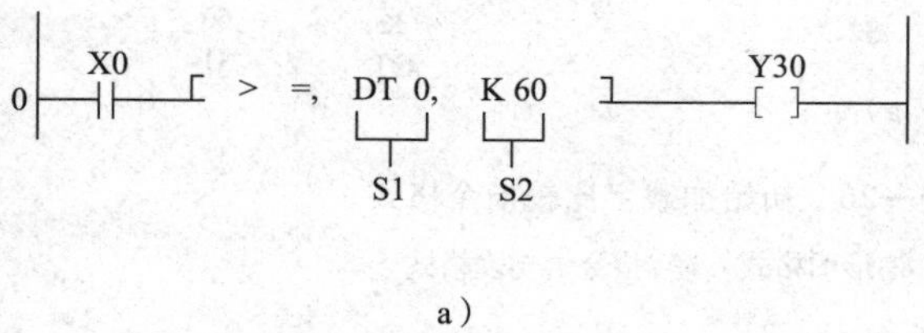

0　X0　［ > =, DT 0, K 60 ］　Y30
S1　S2

a）

ST	X	0
AN>=		
DT		0
K		60
OT	Y	30

b）

图25—27　逻辑“与”字比较指令格式

a）梯形图格式　b）指令语句表格式

如图 25—27 所示为“AN >=”指令在程序中的表达形式，图 a 为梯形图中的格式，图 b 是指令语句表的形式。其他“AN =”、“AN <>”、“AN >”、“AN <”、“AN <=”这五条指令的格式都与图 25—27 所示相同，只需改变“AN”后面的关系符即可。

如图 25—27 所示，源操作数［S1］、［S2］可以选择为 WX、WY、WR、SV、EV、DT、K、H 等元件，也可使用 IX、IY 进行变址操作。

在编制梯形图程序时，与其他触点串联使用数据比较指令时应使用逻辑“与”比较指令。如图 25—27 所示比较指令的功能是：在 X0 = ON 的情况下，如果（DT0）≥60 则 Y30 为 ON，而如果（DT0）<60 则 Y30 为 OFF。如图 25—27 所示，数据比较指令［>=，DT0，K60］相当于一个与 X0 触点串联的常开触点。

逻辑“与”字比较指令的功能与初始加载字比较指令相同，都是根据指令中规定的比较关系符来对由［S1］指定的字数据和由［S2］指定的字数据进行比较，当比较结果为某一指定状态（=、<、>等）时，比较触点接通。这两类指令的区别仅在于初始加载字比较指令 ST 用于从母线开始的情况，而逻辑“与”字比较指令 AN 用于与其他触点串联的情况。

3. 逻辑“或”字比较指令

逻辑“或”字比较指令有“OR =”、“OR <>”、“OR >”、“OR >=”、“OR <”、“OR <=”共六条。指令格式如图 25—28 所示。

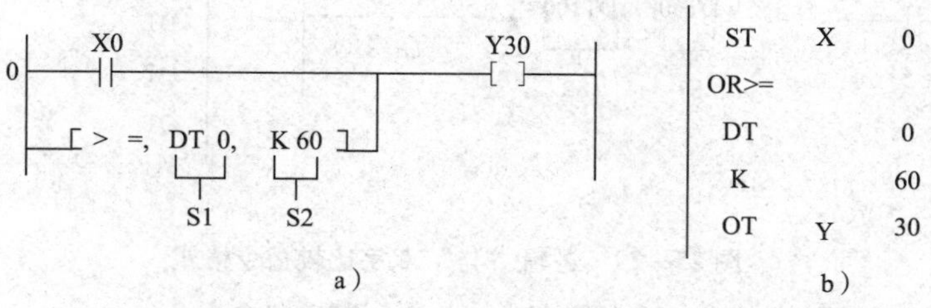

图 25—28 逻辑“或”字比较指令格式

a）梯形图格式 b）指令语句表格式

如图 25—28 所示为“OR >=”指令在程序中的表达形式，图 a 为梯形图中的格式，图 b 是指令语句表的形式。其他“OR =”、“OR <>”、“OR >”、“OR <”、“OR <=”这五条指令的格式都与图 25—28 所示相同，只需改变“OR”后面的关系符即可。

在编制梯形图程序时，与其他触点并联使用数据比较指令时应使用逻辑“或”比较指令。如图 25—28 所示比较指令的功能是：当 X0 = ON 或者（DT0）≥60 时 Y30 为 ON；在 X0 = OFF 而且（DT0）<60 的情况下 Y30 为 OFF。如图 25—28 所示，数据比较指令［>=，DT0，K60］相当于一个与 X0 触点并联的常开触点。

逻辑“或”字比较指令的用法与逻辑“与”字比较指令相同，都是根据指令中规定的比较关系符来对由［S1］指定的字数据和由［S2］指定的字数据进行比较，当比较结果为某一指定状态（=、<、>等）时，比较触点接通。这两类指令的区别仅在于逻辑“与”字比较指令 AN 用于与其他触点串联的情况，而逻辑“或”字比较指令 OR 用于与其他触点并联的情况。

4．双字数据比较指令

以上三类 18 条指令都是对 16 位的字数据进行比较，如果要对 32 位的数据（双字数据）进行比较，则可以使用双字数据比较指令。双字数据比较指令的格式以及用法与字数据比较指令相同，也有初始加载、逻辑“与”、逻辑“或”等三类 18 条指令：

“STD =”、“STD <>”、“STD >”、“STD >=”、“STD <”、“STD <=”；

“AND =”、“AND <>”、“AND >”、“AND >=”、“AND <”、“AND <=”；

“ORD =”、“ORD <>”、“ORD >”、“ORD >=”、“ORD <”、“ORD <=”。

双字数据比较指令与字数据比较指令之间的区别仅仅在于把字数据比较指令的操作码“ST”、“AN”、“OR”改为“STD”、“AND”、“ORD”。例如使用32 位逻辑“与”双字数据比较指令的格式如图 25—29 所示。

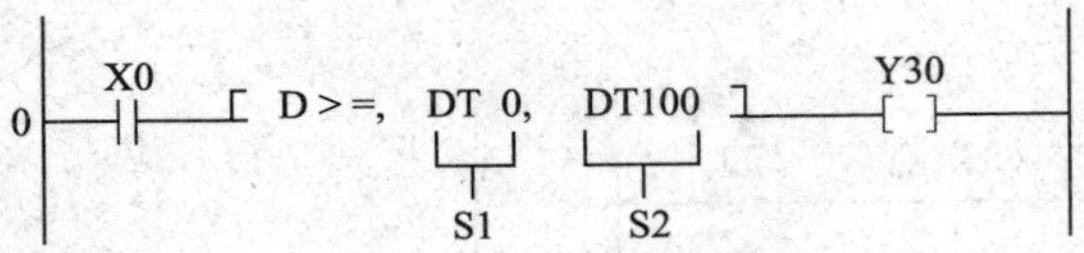

0 X0 [D>=, DT 0, DT100] Y30

S1 S2

a）

ST	X	0
AND>=		
DT		0
DT		100
OT	Y	30

b）

图 25—29 逻辑“与”双字比较指令格式

a）梯形图格式 b）指令语句表格式

但在使用双字比较指令时必须注意，指令中的两个源操作数都是 32 位的数据，例如在图 25—29 所示指令中，源操作数［S1］选用的是 DT0，［S2］选用的是 DT100，但实际使用的元件是数据寄存器（DT1，DT0）与数据寄存器（DT101，DT100）。

四、控制指令

控制指令的作用是根据条件判断来决定程序的执行顺序和流程，可以根据条件去执行某些处理或只执行需要的部分。

FP0 系列 PLC 中能对程序流程进行控制的指令有主控继电器、跳转、步进梯形图、子程序及中断等。

主控继电器是当条件成立时，执行某一指定部分的程序（由 MC 和 MCE 指定）；

跳转是当条件成立时，离开原来的执行顺序转而跳到其他位置去执行程序（由 JP 和 LBL 指定）；

步进梯形图控制根据要求实现程序的顺序控制或分支处理（由 SSTP 和 STPE 指定）；

子程序是可以多次被重复执行的常用程序，可以在需要时进行调用（由 CALL、SUB 和 RET 指定）；

中断处理是当接收到中断请求后，在条件满足时可以立即停止执行原来的常规程序，转去执行位于常规程序之外的中断程序；在中断程序完成后再回到原来被中断处继续执行常规程序（由 ICTL、INT 和 IRET 指定）。

控制类指令中，主控继电器指令 MC 和 MCE 已在前面“时序控制基本指令”中作了介绍；跳转、子程序、中断处理等指令的格式与具体用法在本书中不作介绍；步进梯形图控制指令在下面作详细介绍。

五、FP0 的步进梯形图指令及其编程

在实际 PLC 控制系统中，PLC 的应用程序主要可分为逻辑控制及顺序控制两大类。在编制顺序控制程序时，首先要把整个工艺流程按照各道工序的先后顺序以及执行元件的动作过程分成不同的阶段，每个阶段就作为一步。在每一步中，所驱动的元件不变，而在不同的步中驱动不同的元件。当某一步的动作执行到一定程度时，则根据相应的外部检测器件的信号及 PLC 内部状态的变化，转换到后续步工作。使用 PLC 中的步进梯形图指令，可以实现步之间的转换，完成整个顺序控制流程。FP0 系列 PLC 有 SSTP、NSTP、NSTL、CSTP、STPE 五条步进梯形图指令可用于编制顺序控制程序。

1. SSTP、NSTP、NSTL、CSTP、STPE 指令

松下 FP0 系列 PLC 专供编制顺序控制程序使用的这五条步进梯形图指令的功能分别如下所述。

（1）激活下一个步进过程（扫描执行型）指令 NSTL。用于启动指定步进过程。当 NSTL 前的触发信号接通时，此指令被执行。这时开始执行一个新的步进过程，并将包括该指令本身在内的前一个步进过程复位。此指令也称为电平触发指令，只要此指令前的触发器信号接通，则每个扫描周期中都要执行一次此 NSTL 指令。

（2）激活下一个步进过程（微分执行型）指令 NSTP。用于启动指定的步进过程。当检测到该指令触发信号的上升沿时，此指令被执行。这时开始执行一个新的步进过程（即一个步），并将包括该指令本身在内的前一个步进过程复位。此指令也称为边沿触发指令，

它仅在触发信号的上升沿被执行。

（3）步进过程开始指令 SSTP。用于指定某个步进过程的开始。表示某个步进过程的入口。在步进梯形图程序中，某个步进过程是由一个 SSTP 指令到下一个 SSTP 指令（或 STPE 指令）之间的程序指定的。当执行到 NSTL 指令或 NSTP 指令时，将开始执行由 SSTP 指令所指定的与 NSTL 指令或 NSTP 指令具有相同编号的步进过程。

（4）步进过程结束指令 CSTP。用于复位指定的步进过程，即结束与此指令编号相同的步进过程。

（5）步进程序区结束指令 STPE。关闭步进程序区并返回一般梯形图程序，即步进流程结束。

PLC 识别一个过程是从一个 SSTP 指令开始，到下一个 SSTP 或 CSTP 指令，表示该过程结束。当程序进入一个过程时，前一个过程自动复位。当程序已经进入某一步进过程执行时，虽然包括激活此过程的 NSTP（或 NSTL）指令在内的前一个过程已被复位，但不会影响这个步进过程的继续执行。

2. 步进指令的语法说明

（1）SSTP（步进过程开始）指令。本指令指定过程 n 的起始地址。SSTP 指令应始终位于过程 n 的程序的起始地址处。

在步进梯形图程序中，由一个 SSTP n 指令至下一个 SSTP 或 STPE 指令之间的部分被认为是过程 n。如图 25—30 所示。

注意：两个过程不能使用相同的过程编号；在子程序（或中断程序区）中不能编写 SSTP 指令。

由第一个 SSTP 指令开始到 STPE 指令为止的区域，被视为步进梯形图程序区。在这个区域中的所有程序均作为过程进行控制。其他区域的程序作为通常的梯形图程序进行处理。如图 25—31 所示。

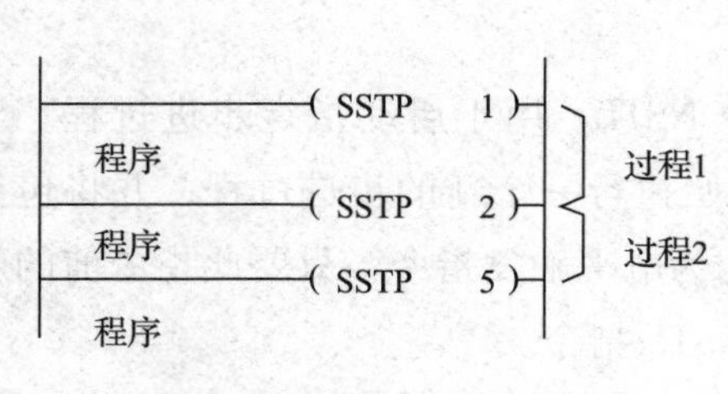

图 25—30 两个 SSTP 指令之间为一个过程

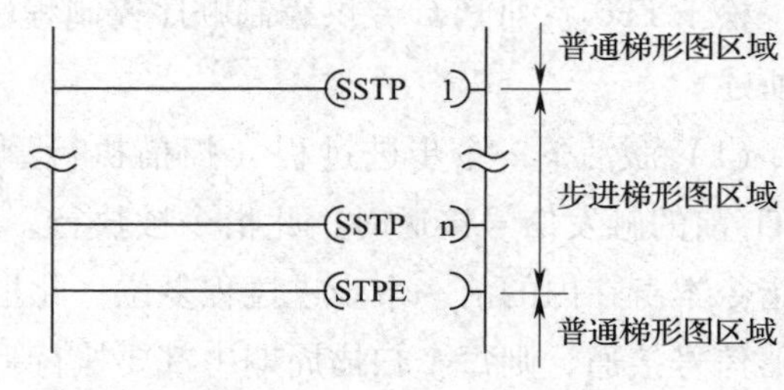

图 25—31 步进梯形图区域与普通梯形图区域

（2）NSTL（激活下一个步进过程，扫描执行型）指令与 NSTP（激活下一个步进过程，微分执行型）指令。当执行到 NSTL *n* 指令或 NSTP *n* 指令时，会进入与 NSTL 或 NSTP 指令具有相同编号“*n*”的步进过程。如图 25—32 所示。

如图 25—32 所示，当 X0 从 OFF→ON 时，执行 NSTP 1 指令，进入步进过程 1。当 R0 从 OFF→ON 时，执行 NSTL 2 指令，进入 SSTP 2，开始过程 2，同时将过程 1 清除。

在步进程序中，一般用边沿触发指令 NSTP 启动第一个步进过程，而其后的各个工作过程用电平触发指令 NSTL 启动。

NSTP 和 NSTL 指令用于在普通梯形图程序区中或已经开始执行的步进过程中指定下一个过程开始执行。当在某一个步进过程中执行到 NSTP 或 NSTL 指令时，当前正在处理的过程将被自动清除，开始执行指定的过程。

NSTP 指令是一个微分（脉冲）执行型指令，因此只有在检测到执行条件（触发信号）从 OFF 变为 ON 的上升沿时执行一次。因此当 PLC 切换到 RUN 模式或在 RUN 模式下接通电源时，如果执行条件（触发信号）已经处于 ON 的状态，本指令就不会被执行。这一点在对实际系统编程时应考虑到。

（3）CSTP（清除步进过程）指令。执行 CSTP 指令时，带有相同过程编号“*n*”的过程被清除。本指令可用于清除最终过程或在执行并行分支控制时清除过程。如图 25—33 所示。

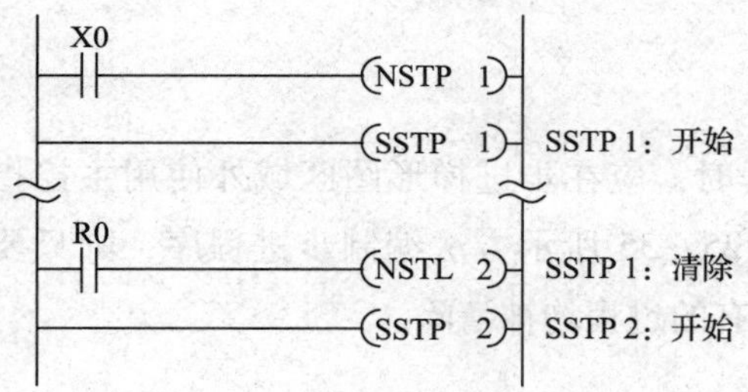

图 25—32　执行 NSTL *n* 或 NSTP *n* 指令进入过程 *n*

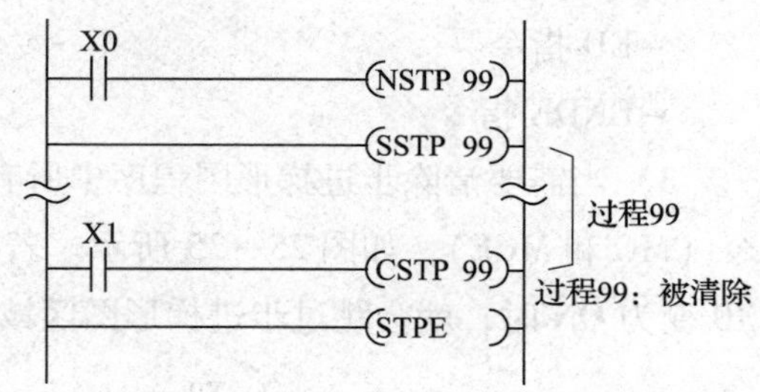

图 25—33　最终过程的清除

一个过程可以在普通梯形图程序区中进行清除，也可以从正在执行的另一个过程中被清除。

（4）STPE（步进梯形图区结束）指令。STPE 表示步进梯形图区域的结束。步进流程的最后一个过程的结束处必须编写本指令。因此步进梯形图程序中最后的过程是最后一个 SSTP 至 STPE 的部分。如图 25—34 所示。

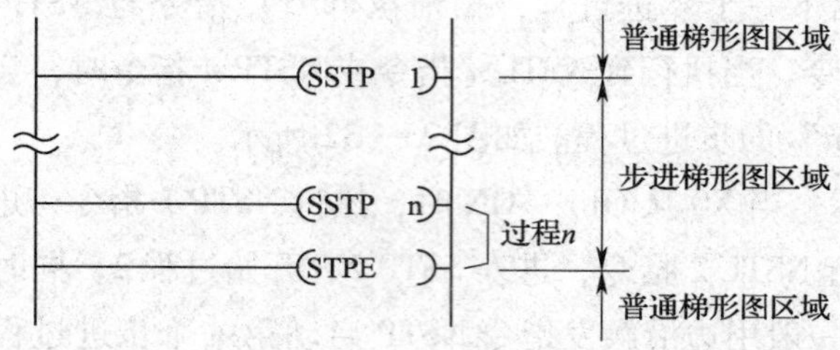

图 25—34　最终过程的结束处必须编写 STPE 指令

如图 25—34 所示流程中，过程 n 为最后的一个过程。

STPE 指令在主程序中只可使用一次。

（5）用步进指令编程时的注意事项

1）无需按照过程编号的顺序对过程进行编程。

2）在步进梯形图程序中，不能使用下列指令：

– 转移指令（JP 和 LBL）

– 循环指令（LOOP 和 LBL）

– 主控指令（MC 和 MCE）

– 子程序指令（SUB 和 RET）

– 中断指令（INT 和 IRET）

– ED 指令

– CNDE 指令

3）当需要清除步进梯形图程序中所有的过程时，应在步进梯形图区域外使用主控指令（MC 和 MCE），如图 25—35 所示。若按如图 25—35 所示方法编制步进程序，则只要 X0 变为 ON 时，就会跳过步进梯形图区域，即所有的过程均被清除。

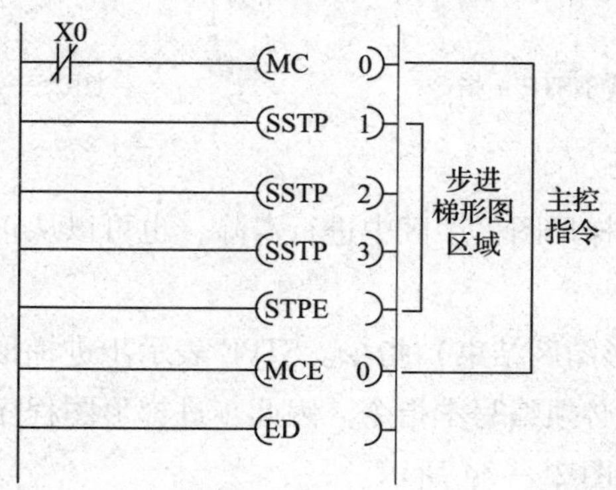

图 25—35　利用主控指令清除步进梯形图区域中所有的过程

4）不必按照过程编号的顺序来执行各个过程。可以同时执行两个或两个以上的过程。

5）当对已在一过程中编程但尚未执行的输出进行强制 ON/OFF 操作时，即使强制 ON/OFF 状态被取消，输出状态也将维持不变，直至该过程开始。

（6）步进梯形图动作

1）编制了步进梯形图程序后，在 PLC 进行循环扫描执行程序的过程中，普通梯形图程序区中的程序和步进梯形图区域中由 NSTL 或 NSTP 指令触发的过程将被扫描执行，而未被触发的过程将被忽略。如图 25—36 所示。

2）关于过程清除的说明。如果在一个正在执行的过程中执行 NSTL 或 NSTP 指令，那么该过程会被自动清除，进入下一个过程。但是，只有到下一次扫描时才会产生实际的清除动作。从而在这一个扫描周期中，将会产生两个过程的重叠，相邻的两个过程会在这个扫描周期中被同时执行。因此，如果不允许在同一时刻有两个过程同时被执行，就应该编写内部互锁回路，如图 25—37 所示对 Y10 与 Y11 的互锁。

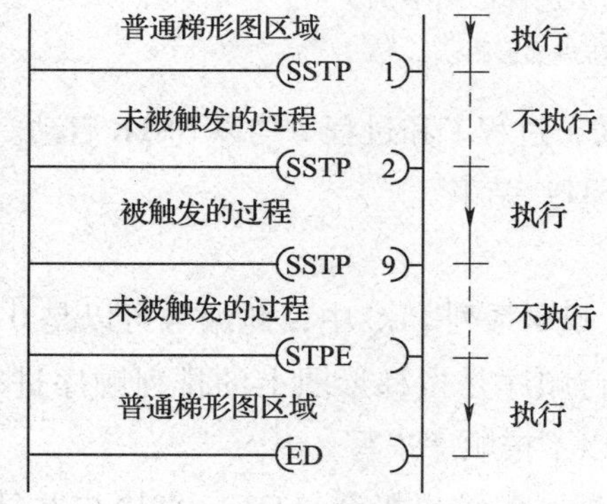

图 25—36　步进程序区中只有已被触发的过程会被扫描执行

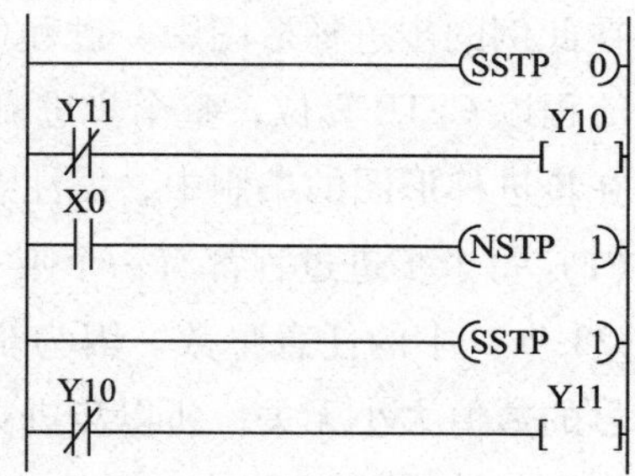

图 25—37　防止两个过程重叠的内部互锁回路

3. 步进梯形图

用步进指令来编制顺序控制程序所形成的梯形图为步进梯形图。下面以一个例子来说明步进梯形图编制的特点。

设有一个机械手向下、握紧、向上的动作分别用输出端口 Y1、Y2、Y3 加以驱动；下限位、握紧检测、上限位等信号分别用 X1、X2、X3 输入。启动按钮接在输入端口 X0 上。

机械手的工作过程为：启动→向下移动到下限位→抓手夹紧到握紧检测信号有效→向上移动到上限位停止。按此顺序动作的控制流程图及步进梯形图程序如图 25—38 所示。

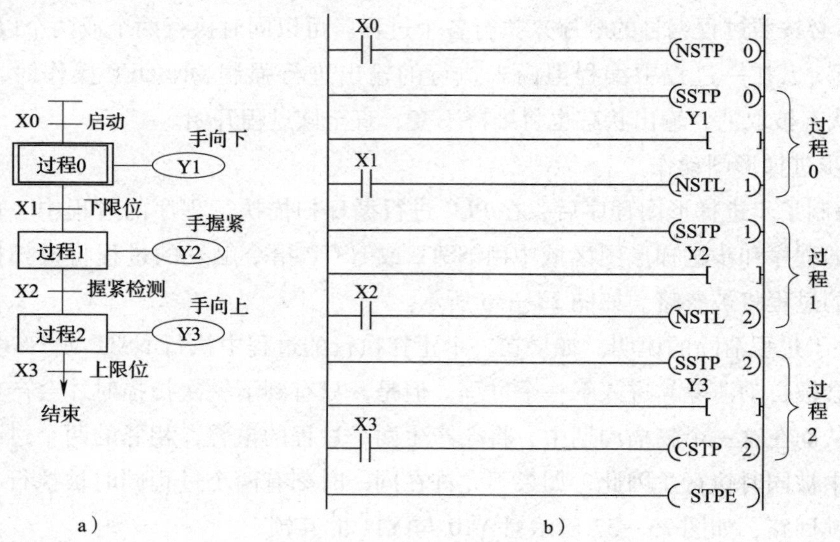

图 25—38　机械手动作的步进梯形图举例

a）控制流程图　b）步进梯形图

在此例的步进梯形图中，过程 0 以 NSTP 启动，过程 1 和过程 2 均以 NSTL 启动。最后一个流程以 CSTP 复位，整个步进流程的最后用 STPE 结束。

在步进梯形图的编制中，需注意以下几点：

（1）每个步进过程都有一个唯一的编号，在 FP0 系列 PLC 中，此编号可以是 0～127（共 128 步）中的任意整数。因为步进过程的执行顺序是按梯形图上的排列顺序进行的，与编号的数值大小无关，所以步进指令的编号可以不按顺序来写。

（2）一个步进过程的入口处，即 SSTP 后的第一条输出指令（OT）直接与左母线相连，但不允许并联输出。同一个步进过程中的其余输出指令与左母线之间必须要有触发控制信号，如图 25—39 所示。

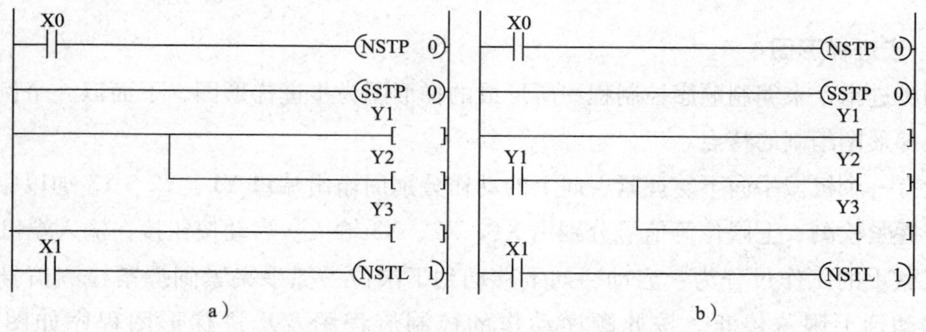

图 25—39　步进梯形图的正确画法

a）错误的画法　b）正确的画法

(3) 尽管每个步进过程都是相互独立的，但在各段程序中使用的输出继电器（Y）、内部继电器（R）、定时器（TM）、计数器（CT）的编号不允许重复。否则会产生双线圈输出错误。

4. 步进梯形图的流程

在步进流程中能方便地实现跳转、循环、选择分支及并行分支等功能。

(1) 跳转和循环流程。向上游转移的流程称为重复或循环，向下游或别的过程直接转移的流程称为跳转，如图25—40所示。对循环或跳转流程，在编程时只要在转出之处根据转移条件指出转移目标，而在转入处不必另行编程。如图25—40a所示的循环流程，其对应的梯形图如图a中右边所示，只需在转出处（过程2）指出转移到过程0即可。而在图25—40b所示的跳转流程，在过程0中，分别用X0的常开及常闭触点作为触发控制信号，去分别驱动指令NSTL 1和NSTL 2即可。

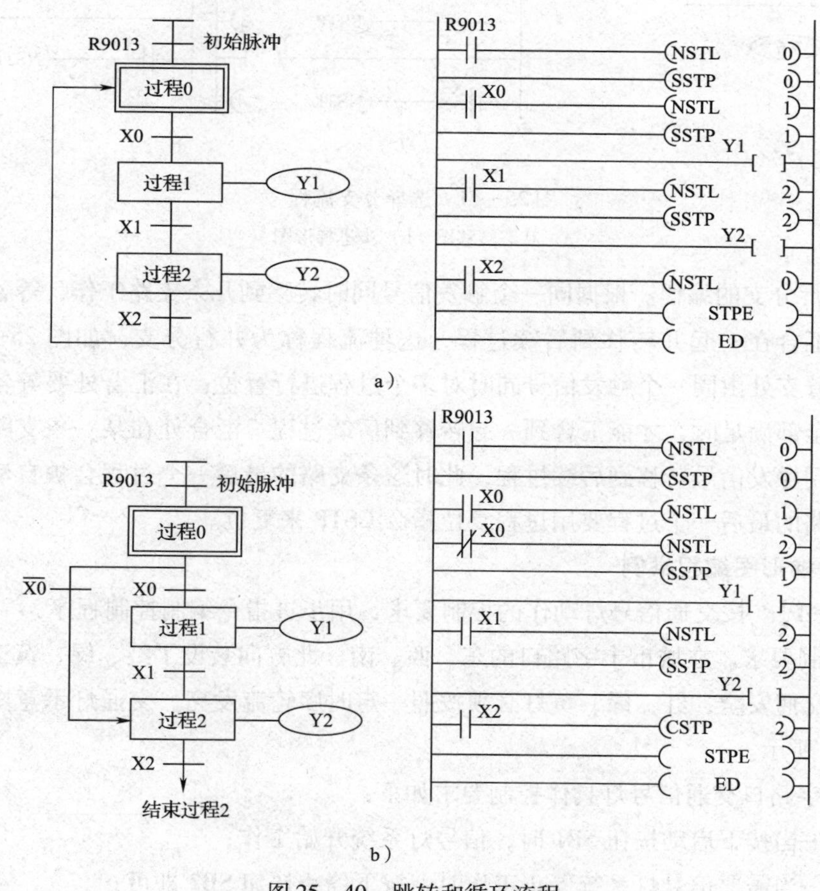

图25—40　跳转和循环流程

a）循环流程及梯形图　b）跳转流程及梯形图

（2）选择分支的编程。根据不同的条件，转移到不同的状态工作，最后仍汇合到同一条支路的流程称为选择性分支。如图25—41所示为选择分支的例子。在图25—41中，分支选择条件X1和X4不能同时接通，即选择分支在分支处的转移条件是互斥的，在几条分支中只能选择一条支路。在汇合处，过程4由过程3或过程13分别置位。

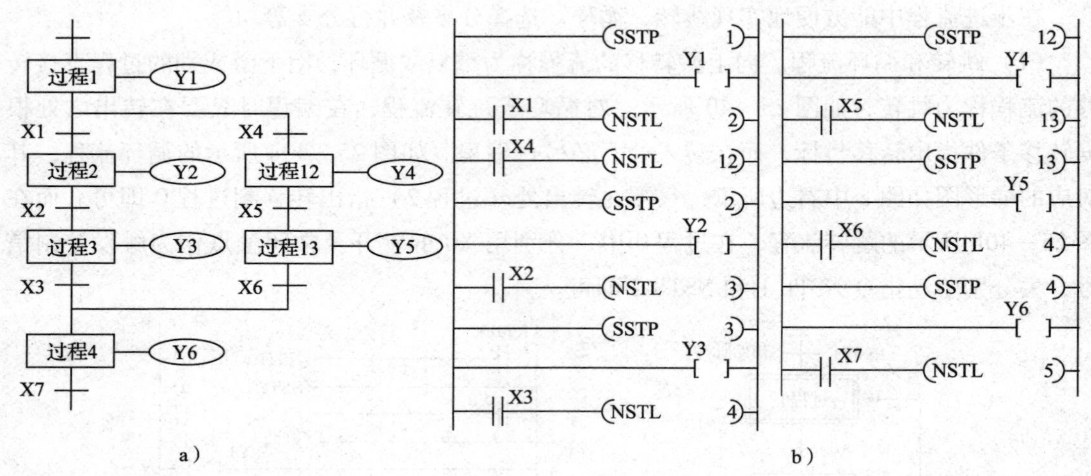

图25—41　选择分支流程

a）状态转移图　b）步进梯形图

（3）并行分支的编程。根据同一个触发信号同时转移到几条支路工作，等各条支路全部完成后，汇合在一起并转移到后续过程，这种流程称为并行分支，如图25—42所示。并行分支在分支处由同一个触发信号同时对多个过程进行置位；在汇合处要等各支路末尾的转移条件全部满足时，才能汇合到一起转移到后续过程。汇合处在某一条支路的最后一个过程中，用触发信号转移到后续过程，此时这条支路的最后一个过程会被自动复位，而其他几条支路的最后一个过程要用过程复位指令CSTP来复位。

5. 步进梯形图编程举例

【例25—1】 按交通信号灯动作的控制要求，用步进指令编制控制程序

（1）控制要求。在城市十字路口的东、西、南、北方向装设了红、绿、黄三色交通信号灯；为了交通安全，红、绿、黄灯必须按照一定时序轮流发亮。交通灯示意图和时序图如图25—43所示。

（2）十字路口交通信号灯具体控制要求如下：

启动——当按下启动按钮SB1时，信号灯系统开始工作；

停止——当需要信号灯系统停止工作时，按下停止按钮SB2即可；

信号灯正常显示时序如下。

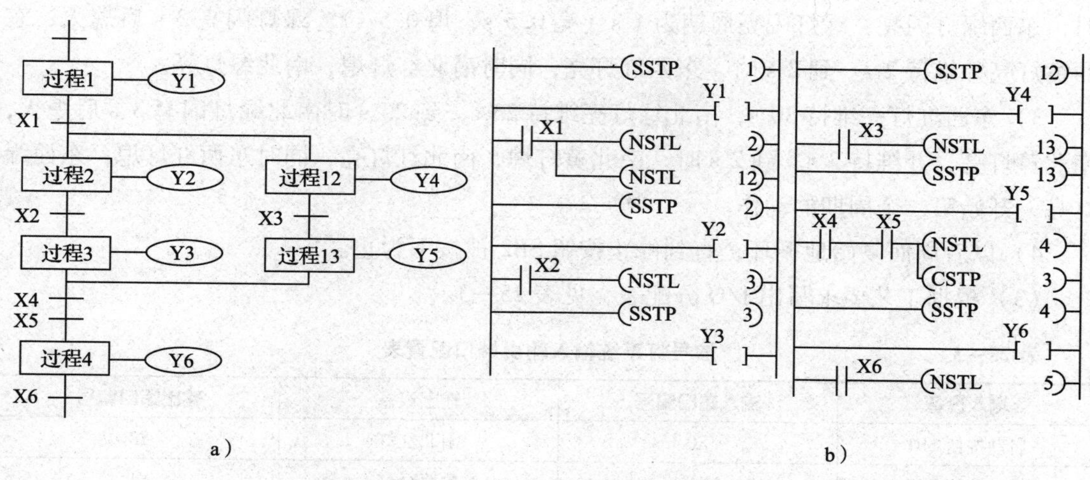

图 25—42　并行分支流程

a）状态转移图　b）步进梯形图

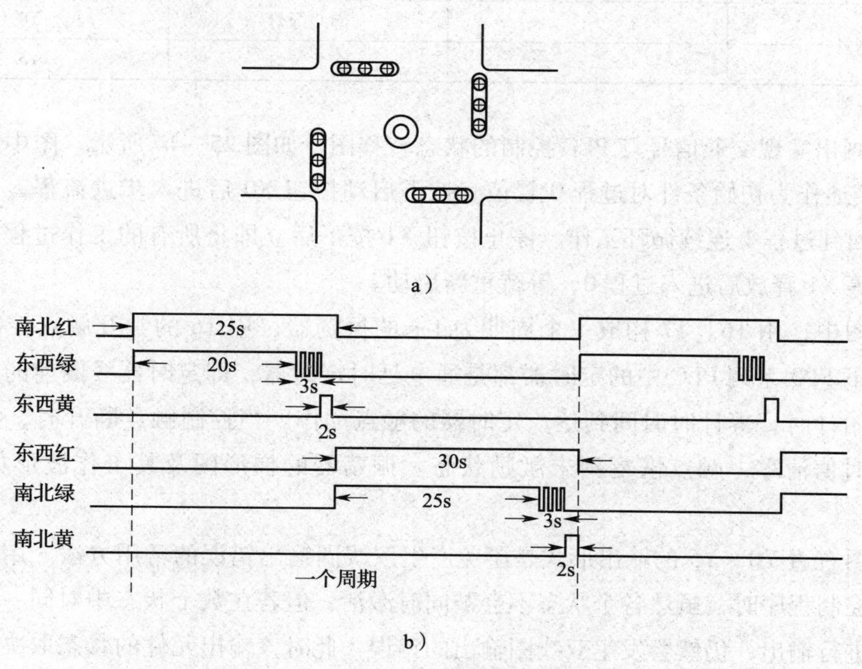

图 25—43　交通信号灯的仿真模拟图

a）交通灯示意图　b）交通灯时序图

1）信号灯系统开始工作时，先南北红灯亮，再东西绿灯亮。

2）南北红灯亮维持 25 s，在南北红灯亮的同时东西绿灯也变亮并维持 20 s。到 20 s

时，东西绿灯闪亮，绿灯闪亮周期为1 s（亮0.5 s，熄0.5 s），绿灯闪亮3 s后熄灭，东西黄灯亮并维持2 s。到2 s时，东西红灯亮，同时南北红灯熄，南北绿灯亮。

3）东西红灯亮维持30 s，南北绿灯亮维持25 s。到25 s时南北绿灯闪亮3 s后熄灭，南北黄灯亮，并维持2 s。到2 s时，南北黄灯熄，南北红灯亮，同时东西红灯熄，东西绿灯亮，开始第二个周期的动作。

4）以后周而复始地循环，直到停止按钮SB2被按下为止。

（3）根据工艺要求写出I/O分配表，见表25—3。

表25—3　　信号灯系统输入输出端口配置表

输入设备	输入端口编号	输出设备	输出端口编号
启动按钮SB1	X0	南北红灯	Y0
停止按钮SB2	X1	东西绿灯	Y1
		东西黄灯	Y2
		东西红灯	Y3
		南北绿灯	Y4
		南北黄灯	Y5

（4）画出实现交通信号灯PLC控制的状态转移图，如图25—44所示。图中用定时器T10延时接通作为初始条件对过程0置位，按下启动按钮X0后进入步进流程，一次循环结束后返回到过程1连续循环工作。停止按钮X1按下后立即将所有的工作过程复位，停止工作，等X1释放后进入过程0，等待重新启动。

流程图中，用T6、T7构成一个周期为1 s的振荡器，用T6的常开触点控制绿灯的闪烁。松下FP0系列PLC中的定时器都是通电延时定时器，即定时器线圈前的控制触点接通时开始计时，等计时时间到达，定时器的触点动作。当控制触点断开时，定时器被复位，计时值清零，触点恢复到未激励状态。振荡器的梯形图及其工作波形如图25—45所示。

流程图右边Y0～Y5的输出形式是避免产生双线圈输出错误的常用方法。用步进指令编制顺序控制程序时，虽然各个状态不会被同时激活，但若在数个状态中对同一个编程元件的线圈进行输出，仍然会发生双线圈输出的错误，此时该输出元件的状态取决于程序中最后一次对该元件的输出状态。因此，在碰到此种情况时，往往在步进流程的各个过程中，不直接对输出继电器进行输出，而是分别输出至一个内部继电器，然后在步进流程之外将各个内部继电器的触点进行组合后再对输出继电器进行输出，这样可避免步进流程中的动作受到双线圈输出的影响。

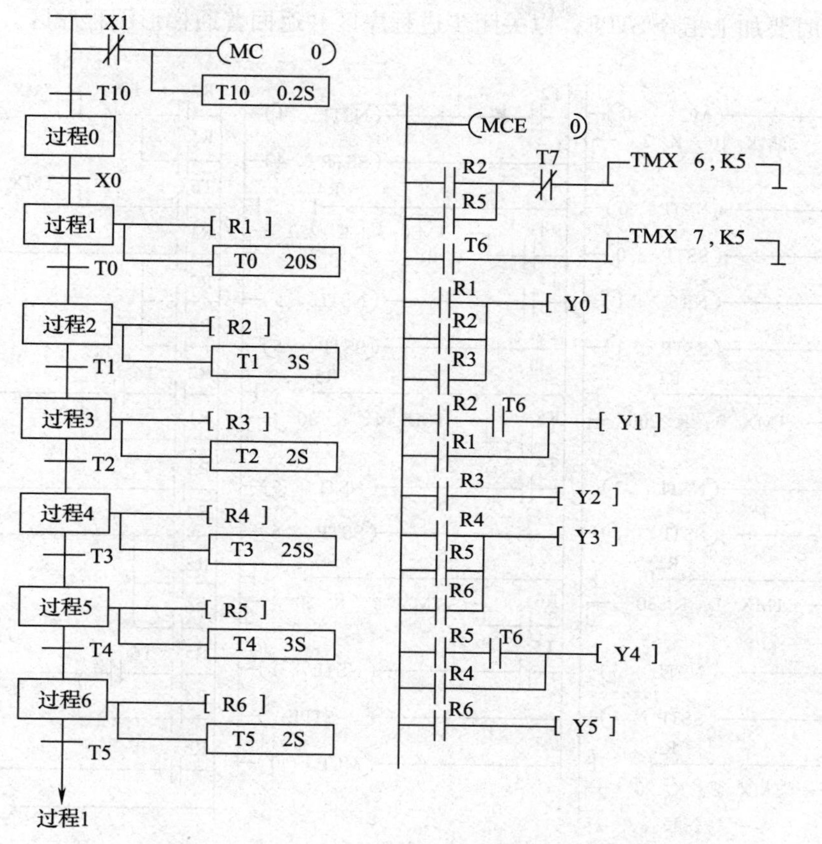

图 25—44 交通信号灯的控制流程图

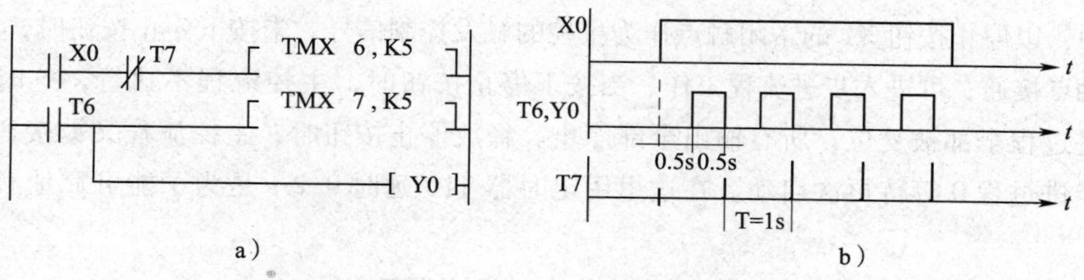

图 25—45 振荡器的实现

a）梯形图 b）工作波形

（5）用步进指令编写步进梯形图。如图 25—46 所示，用步进指令编写步进梯形图时，梯形图与控制流程图有对应的关系，可按控制流程图直接写出步进梯形图。注意步进流程开始的第一个过程采用 NSTP 指令触发，过程中间对下一过程的触发采用 NSTL 指令；步进流程结束时要加上指令 STPE，以关闭步进程序区并返回普通梯形图程序区。

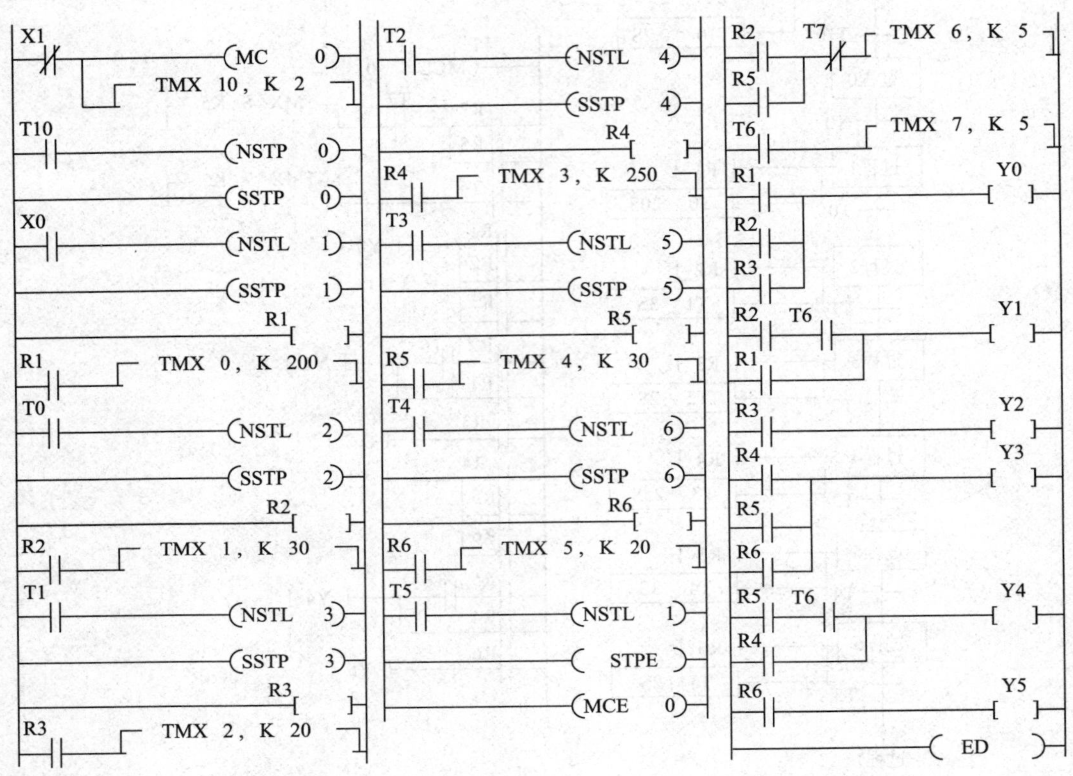

图 25—46　交通信号灯的步进梯形图

如图 25—46 所示梯形图中，主控指令 MC 0 和 MCE 0 把整个步进流程都包围在主控流程之中，以停止按钮 X1 的常闭触点作为主控的触发控制信号。未按下停止按钮时，X1 的常闭触点接通，可进入步进流程工作。当按下停止按钮时，主控流程不执行，这时所有的步进过程全部被复位，所有输出全部停止。释放停止按钮时，主控流程又被接通，又进入步进过程 0 等待再次启动。在这里用定时器 T10 延时 0. 2 s 是为了能可靠地触发过程 0。

【例 25—2】 用步进指令编制机床工作台进给控制程序

（1）按工艺要求画出控制流程图。机床工作台上带有主轴动力头，在操作面板上装有启动按钮 SB1、停止按钮 SB2。机床工作台模拟仿真画面如图 25—47 所示，其控制工艺流程如下。

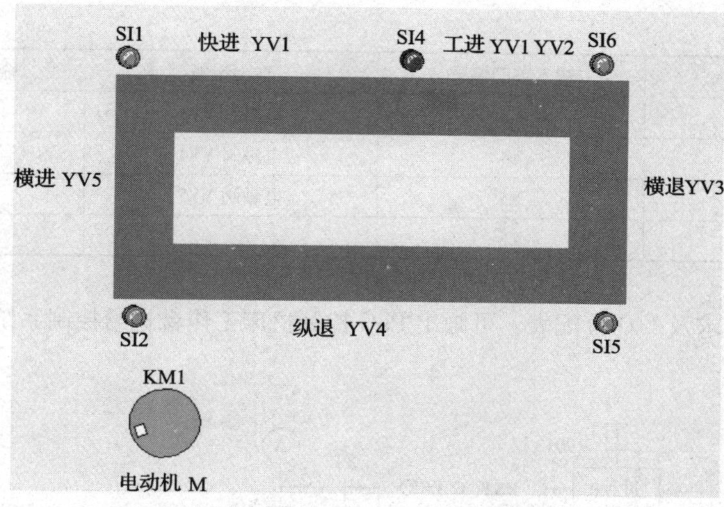

图 25—47　机床工作台模拟仿真画面

1）当工作台在原始位置时，按下循环启动按钮 SB1，电磁阀 YV1 得电，工作台纵向快进，同时由接触器 KM1 驱动的动力头电动机 M 启动。

2）当工作台快进到达 A 点时，行程开关 SI4 压合，YV1、YV2 得电，工作台由快进切换成工进，进行切削加工。

3）当工作台工进到达 B 点时，行程开关 SI6 动作，工进结束。YV1、YV2 失电，同时工作台停留 3 s，当时间到时，YV3 得电，工作台做横向退刀，同时主轴电动机 M 停转。

4）当工作台到达 C 点时，行程开关 SI5 压合，此时 YV3 失电，横退结束，YV4 得电，工作台作纵向退刀。

5）工作台退到 D 点碰到行程开关 SI2，YV4 失电，纵向退刀结束，YV5 得电，工作台横向进给直到原点，压合行程开关 SI1 为止，此时 YV5 失电，完成一次循环。

控制要求：按了启动按钮以后工作台连续做三次循环后自动停止，中途按停止按钮 SB2 机床工作台立即停止运行，并按原路径返回，直到压合开关 SI1 才能停止；当再按启动按钮 SB1，机床工作台重新计数运行。

机床工作台进给 PLC 控制的输入输出端口配置见表 25—4。

表 25—4　　**机床工作台进给输入输出端口配置表**

输入设备	输入端口编号	输出设备	输出端口编号
启动按钮 SB1	X0	主轴接触器 KM1	Y0
停止按钮 SB2	X1	电磁阀 YV1	Y1
行程开关 SI1	X2	电磁阀 YV2	Y2

续表

输入设备	输入端口编号	输出设备	输出端口编号
行程开关 SI4	X3	电磁阀 YV3	Y3
行程开关 SI6	X4	电磁阀 YV4	Y4
行程开关 SI5	X5	电磁阀 YV5	Y5
行程开关 SI2	X6		

按此工艺要求及 I/O 分配表，可画出 PLC 控制机床工作台进给控制系统控制流程图如图 25—48 所示。

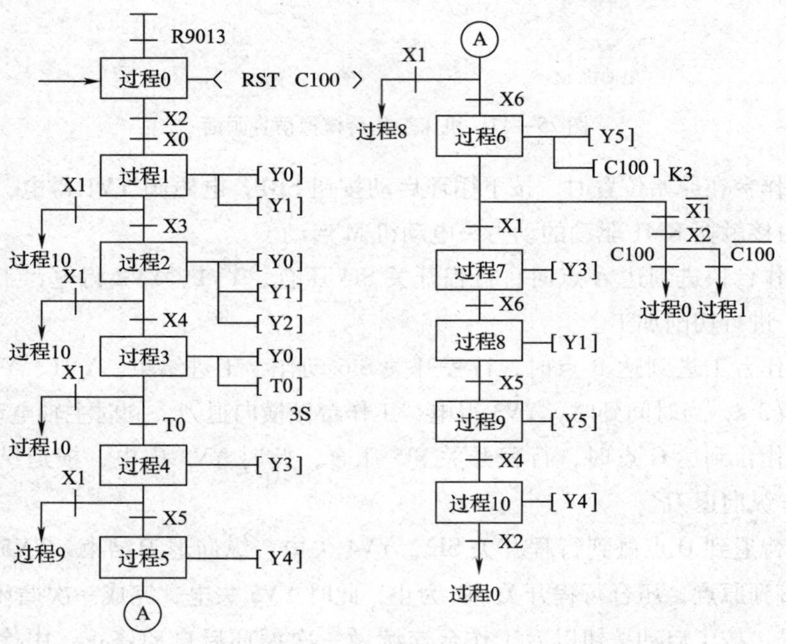

图 25—48　机床工作台进给控制流程图

（2）编写梯形图程序。根据控制流程图，用步进指令可编写出步进梯形图程序，如图 25—49 所示。

如图 25—49 所示的步进梯形图中有两处注意事项：

1）用初始脉冲 R9013 来激活初始过程时，要用 NSTL 指令，若用 NSTP 指令可能会接收不到脉冲上升沿。

2）梯形图中计数器要编写在步进程序区外面使用，如在步进过程中使用会使程序不能正常运行。

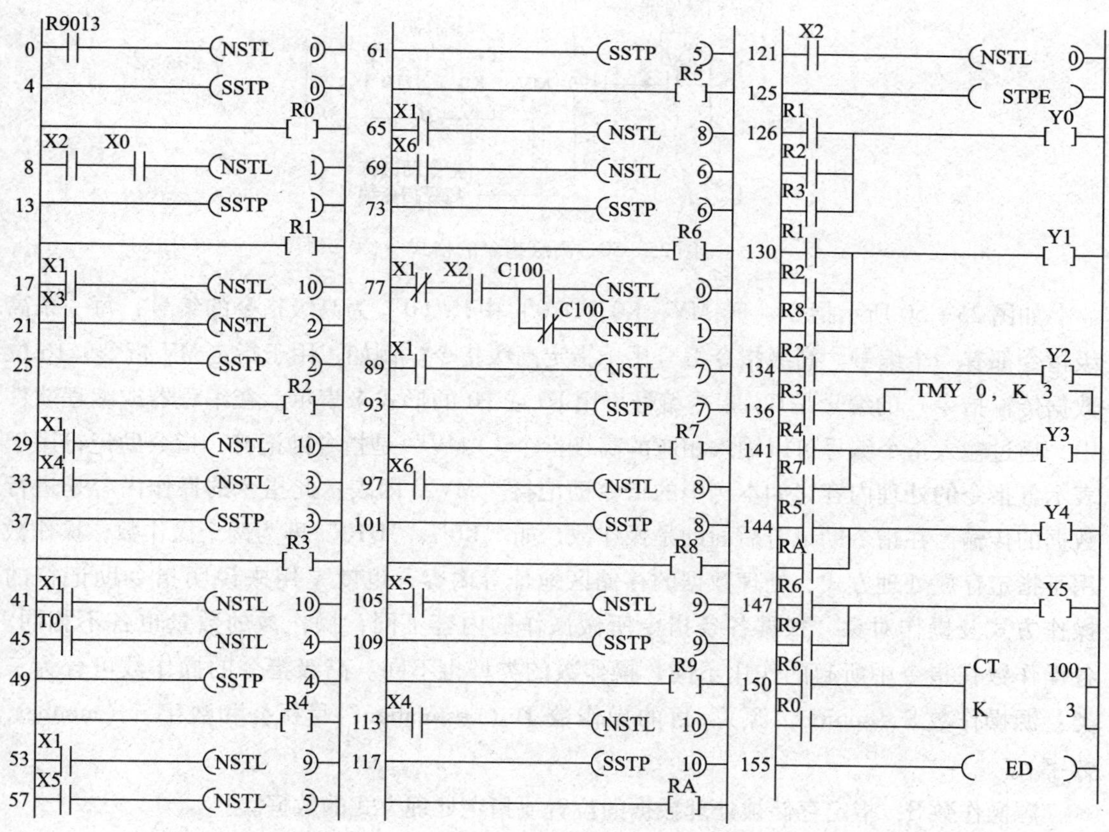

图 25—49　机床工作台进给控制步进梯形图

六、FP0 的高级指令及其编程

高级指令就是用于传输、运算、转换、比较、移位等数据处理及一些特殊操作的功能指令，或称应用指令。利用高级指令可以很方便地实现用基本指令编程很烦琐甚至不能实现的功能。

1. 高级指令的表达形式

（1）高级指令的构成

每一条高级指令由高级指令编号、指令助记符和操作数组成。

指令举例如图 25—50 所示。

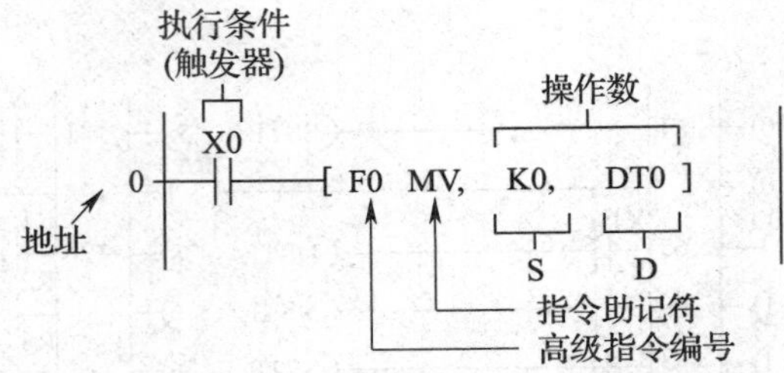

图 25—50　高级指令的格式

如图 25—50 所示指令［F0 MV，K0，DT0］中，“F0”为高级指令的编号，每一条高级指令都有一个编号。高级指令编号用于指定高级指令。例如，用于指定 MV 指令（16 位数据传输指令）的编号是 0。指令编号可用 F0 或 P0 的形式来表示。在编程器或编程软件中，通过输入指令编号可以输入相应的高级指令。“MV”是指令助记符，指令助记符用于表示各指令的处理内容，如本例中的指令助记符“MV”即表示此指令的操作内容是进行数据的传输。在指令助记符后面的是操作数，如“K0”、“DT0”即为两个操作数，操作数用于指定存放处理方式、处理数据的存储区地址等内容，也就是用来说明指令助记符的操作方式及操作对象，根据各条指令所做操作的内容不同，操作数的数量也各不相同。各操作数在指令中所起的作用不同，操作数的类型也不同。高级指令的操作数可分为三类：源操作数 S（source，源）、目的操作数 D（destination，目标）和数字 n（number，数字）。

源操作数 S：指定存储被处理数据的位置或指定处理方式的数据。

目的操作数 D：指定存储处理结果的位置。

数字 n：指定被处理的数值数据或设置处理方式。

在编程手册或教材中，往往会在高级指令格式中各操作数的下面标注“S”“D”“n”等符号来说明操作数的性质及帮助说明各操作数的选择范围。

具体编制程序时，需根据编程的需要选择某种编程元件来作为指令的操作数。但哪些元件能被允许作为某操作数来使用，也就是操作数的可选择范围，对不同的指令是有不同要求的。在编程手册或教材中，往往用表 25—5 的形式来表示操作数的选择范围。

表 25—5　　操作数选择范围的表示形式

操作数	继电器				定时器/计数器		数据寄存器			索引寄存器		常数		索引变址
	WX	WY	WR	WL	SV	EV	DT	LD	FL	IX	IY	K	H	
S	A	A	A	N/A	A	A	A	N/A	N/A	N/A	N/A	A	A	A
D	N/A	A	A	N/A	A	A	A	N/A	N/A	N/A	N/A	N/A	N/A	A

在表 25—5 中，第一行为各种编程元件，下面两行的最左端是操作数类型，其右面是此操作数对应的各种编程元件是否可被选用的说明：在某种元件下的符号是“A”表示此元件可以被选用；如果是“N/A”则表示这种元件不能被该操作数所选用。

（2）“F”型高级指令和“P”型高级指令

高级指令编号带有前缀“F”的为“F”型高级指令；高级指令编号带有前缀“P”的为“P”型高级指令。例如“F0 MV”指令为“F”型高级指令；而“P0 MV”指令为“P”型高级指令。

多数高级指令都可以使用“F”型或“P”型。“F”型高级指令是指当其执行条件（触发信号）为 ON 时，每个扫描周期都会重复执行该指令，因此“F”型高级指令是连续执行型指令。而“P”型高级指令是只有当检测到该指令执行条件（触发信号）的上升沿时，才会在当前扫描周期内执行该指令，而到了下一扫描周期，即使该指令前的执行条件（触发信号）为 ON，此条指令也不会再执行，因此“P”型高级指令是脉冲执行型指令。

（3）高级指令的执行条件

梯形图中每一条高级指令与左母线之间都需有触点作为其能否执行的条件，称之为高级指令的执行条件，也可称为高级指令的触发信号。当执行条件（或触发信号）的状态为 ON 时，即执行此条高级指令。

在向编程软件中输入梯形图程序时，如果发生连续多个高级指令具有相同的执行条件（触发信号）的情况，不需要对同一个执行条件（触发信号）多次编程。情况举例如图 25—51 所示的。

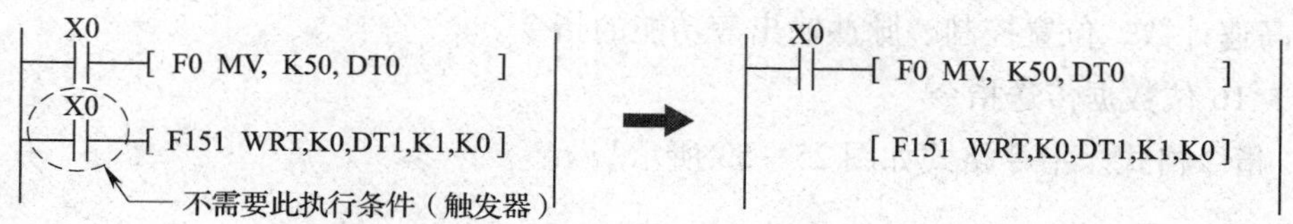

图 25—51 连续多个高级指令具有相同执行条件的处理

在图 25—51 的左图中，连续两个高级指令都具有相同的执行条件（X0），则只需按右图所示的格式书写或输入即可。

如果需要在程序中使用同一个控制条件来控制“F”和“P”型两种高级指令，可参照如图 25—52 所示方法将左图的程序改为右图的形式，利用堆栈指令进行编程（在梯形图窗口中输入程序时 PSHS、RDS、POPS 等指令并不需要输入，只要将指令前面的竖线画出即可）。

2. 常用高级指令简介

FP0 系列 PLC 的高级指令分为数据传输、算术运算、数据比较、逻辑运算、数据转换、数据移位、位操作及特殊指令八大类。

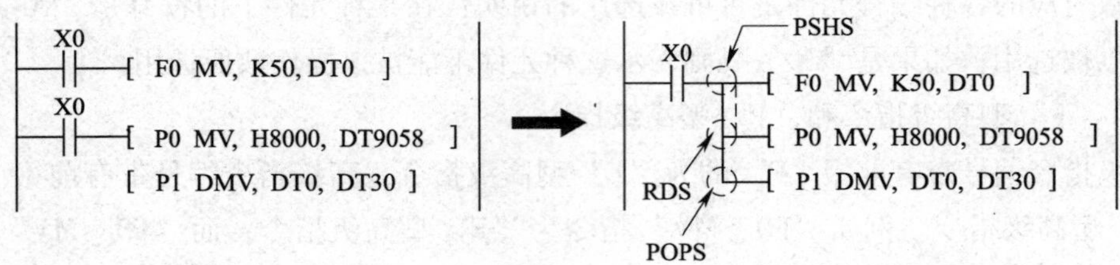

图 25—52 使用同一个控制条件来控制“F”和“P”型两种高级指令

数据传输类指令能完成16位或32位数据的传输、复制、交换等功能。

算术运算类指令可实现对16位或32位二进制（BIN）数据或BCD码数据进行加、减、乘、除等运算。

数据比较类指令可实现16位或32位数据的比较功能。

逻辑运算类指令能完成16位或32位数据的与、或、异或、同或等逻辑运算功能。

数据转换类指令可对16位或32位数据按指定的格式进行转换。

数据移位类指令可实现16位或32位数据或数据块进行左移、右移、循环移位等操作。

位操作类指令可对16位或32位数据以位为单位进行置位、复位、求反、测试等操作。

特殊指令则是指一些能实现类似于时间数据处理、内部标志位处理、串口通信、打印输出、高速计数、位置控制、脉冲输出等功能的指令。

（1）16位数据传送指令

1）指令格式。指令格式如图25—53所示。

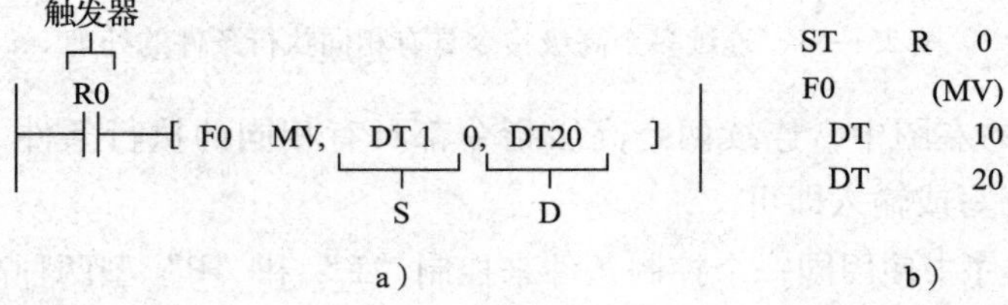

图 25—53 16位数据传送指令 MV 格式

a）梯形图格式 b）语句表

操作数［S］、［D］的选择范围见表25—6。

表 25—6　　**F0（MV）指令的操作数选择范围**

操作数	继电器			定时器/计数器		寄存器	索引寄存器		常数		索引修正值
	WX	WY	WR	SV	EV	DT	IX	IY	K	H	
S	A	A	A	A	A	A	A	A	A	A	A
D	N/A	A	A	A	A	A	A	A	N/A	N/A	A

2）指令功能。16 位数据传输指令 F0（MV）将由［S］指定的一个 16 位存储区中的数据传输到由［D］指定的另一个 16 位存储区。

如图 25—53 所示指令的功能为：当触发器 R0 为 ON 时，数据寄存器 DT10 的内容复制到数据寄存器 DT20。

3）应用举例

①当 R1 为 ON 时，将 K30 传输至定时器设定值区 SV0。

```
  R1
──┤├──[ F0  MV,  K 30,  SV 0 ]
```

②当 R2 为 ON 时，将定时器经过值 EV0 传输至数据寄存器 DT0。

```
  R2
──┤├──[ F0  MV,  EV 0,  DT 0 ]
```

（2）区块传输指令

1）指令格式。指令格式如图 25—54 所示。

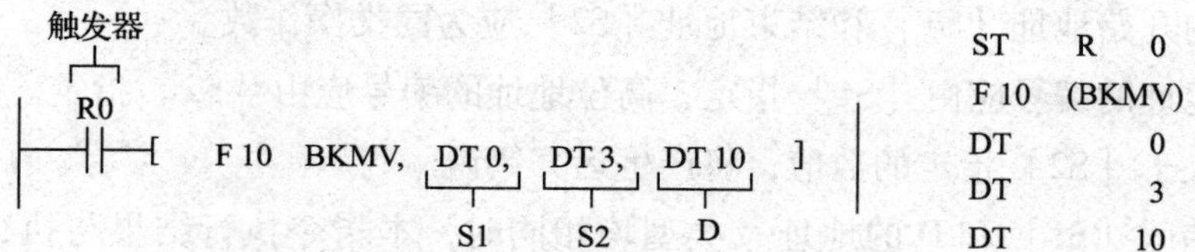

图 25—54　区块传输指令格式

操作数［S1］、［S2］、［D］的选择范围见表 25—7。

表 25—7　　**F10（BKMV）指令的操作数选择范围**

操作数	继电器			定时器/计数器		寄存器	索引寄存器		常数		索引修正值
	WX	WY	WR	SV	EV	DT	IX	IY	K	H	
S1	A	A	A	A	A	A	N/A	N/A	N/A	N/A	A
S2	A	A	A	A	A	A	N/A	N/A	N/A	N/A	A
D	N/A	A	A	A	A	A	N/A	N/A	N/A	N/A	A

2）指令功能。［S1］为源区的首地址，［S2］为源区的末地址，［D］为目的区的起始地址。F10（BKMV）指令的功能为将从［S1］开始到［S2］为止的数据块复制到由［D］作为开始地址所指定的存储区。如图25—55所示指令所实现的功能为：当触发器R0为ON时，数据寄存器中从DT0至DT3的数据块被复制到数据寄存器DT10至DT13中去。

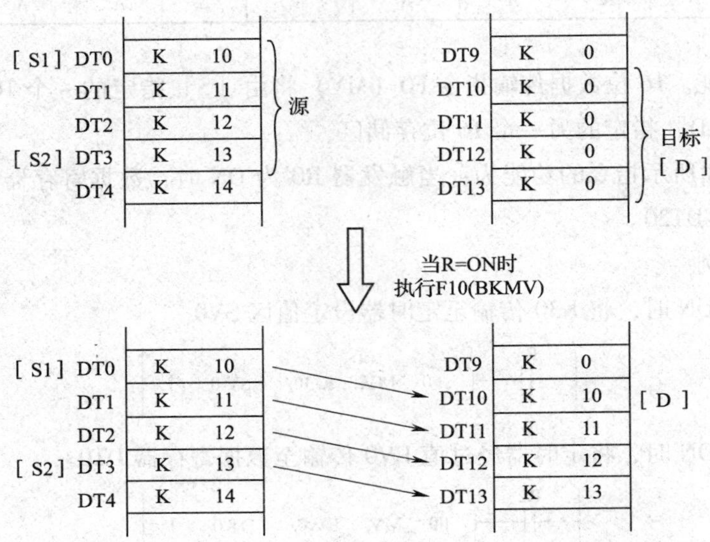

图25—55　F10（BKMV）指令执行过程示意图

3）应用时注意以下几点。

①源区的开始地址［S1］和结束地址［S2］应为同类操作数。

②低位地址的编号应由［S1］指定，高位地址的编号应由［S2］指定。如果由［S1］指定的数值大于［S2］指定的数值，将产生运算错误。

③当存储区［S1］和D的地址及类型均相同时，本指令执行结果与执行前相同，相当于未执行。

④如果数据块的源区与传输目的区有重叠的情况，则必须考虑传输结果是否会被覆盖，源数据是否会被破坏。例如执行指令［F10 BKMV，DT0，DT3，DT1］，则源数据区为DT0～DT3，而目的数据区是DT1～DT4，二者发生重叠，执行此指令时源数据会被破坏。

（3）BIN（二进制）算术运算指令

1）指令格式。二进制算术运算指令是指对二进制格式的数据进行加、减、乘、除以及加1、减1等运算的指令。其中16位数据的二进制数据加法/减法指令格式如图25—56所示；乘法/除法指令格式如图25—57所示；加1/减1指令格式如图25—58所示。

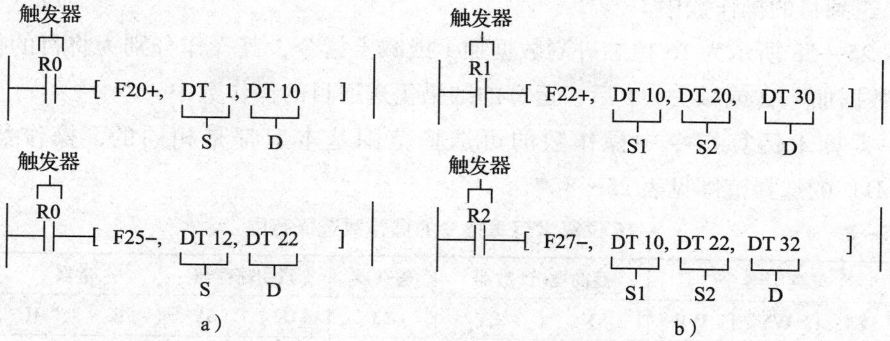

触发器
R0
F20+, DT 1, DT 10
S
D
触发器
R0
F25−, DT 12, DT 22
S
D
a)
触发器
R1
F22+, DT 10, DT 20, DT 30
S1
S2
D
触发器
R2
F27−, DT 10, DT 22, DT 32
S1
S2
D
b)

图 25—56 16 位二进制数据加法/减法指令

a) [D] +/- [S] → [D] 的指令格式 b) [S1] +/- [S2] → [D] 的指令格式

触发器
R0
F30*, DT 10, DT 20, DT 30
S1
S2
D
a)
触发器
R0
F32%, DT 10, DT 20, DT 30
S1
S2
D
b)

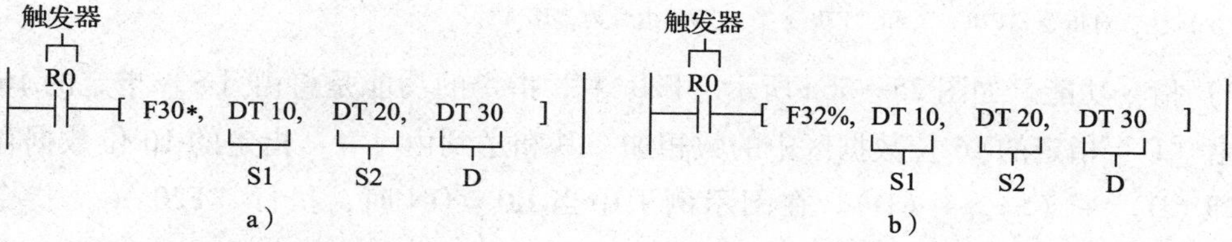

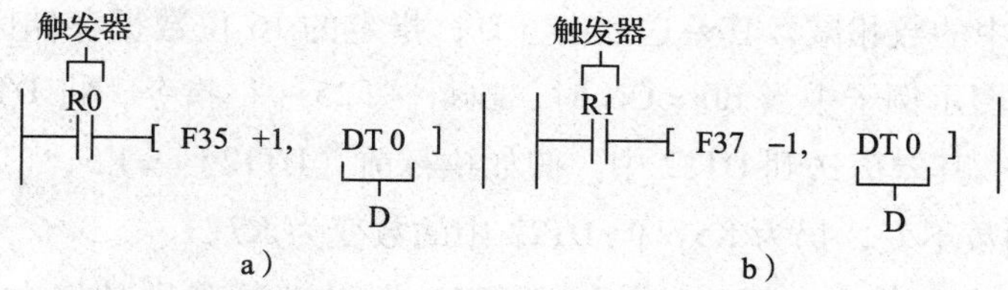

图 25—57 16 位二进制数据乘法/除法指令

a) 乘法指令 b) 除法指令

触发器
R0
F35 +1, DT 0
D
a)
触发器
R1
F37 −1, DT 0
D
b)

图 25—58 16 位二进制数据加 1/减 1 指令

a) 加 1 指令 b) 减 1 指令

如图 25—56 所示为 16 位二进制数据加法或减法指令。加法及减法指令各有两种不同的形式：一种形式是目的操作数 [D] 同时又作为源操作数，如图 a 所示，其操作为 [D] +/-[S] → [D]，即目的操作数中的 16 位数据加上（或减去）源操作数中的 16 位数据后，运算的结果仍送回目的操作数中；另一种形式是源操作数 [S1] 与另一个源操作数 [S2] 相加（或相减）后，将运算结果送到目的操作数中，如图 b 所示。

如图 25—57 所示为 16 位二进制数据乘法或除法指令。图 a 为乘法指令，图 b 为除法指令，其操作分别为将源操作数 [S1] 与另一个源操作数 [S2] 相乘（或相除）后，将运算结果送到目的操作数中。

如图25—58所示为16位二进制数据加1或减1指令，其操作分别为将目的操作数中的16位数据加上（或减去）1后，运算的结果仍送回目的操作数中。

这一类算术运算指令中操作数的可选择范围基本上都是相同的，操作数［S1］、［S2］、［D］的选择范围见表25—8。

表25—8　　16位算术运算指令的操作数选择范围

操作数	继电器			定时器/计数器		寄存器	索引寄存器		常数		索引修正值
	WX	WY	WR	SV	EV	DT	IX	IY	K	H	
S/S1	A	A	A	A	A	A	A	A	A	A	A
S2	A	A	A	A	A	A	A	A	A	A	A
D	N/A	A	A	A	A	A	A	A（*）	N/A	N/A	A

（*）注：对指令“F20 +”和“F30 *”这两条指令为“N/A”。

2）指令功能。如图25—56a所示“F20 +”指令的功能是将由［S］指定的16位数据与由［D］指定的16位数据区中的数相加，其和送到由［D］指定的16位数据存储区中，即（D）+（S）→（D）。在图示例子中当R0 = ON时，执行“F20 +”指令，将DT10中的数据加上DT1中的数据后，其和送到DT10中。假如执行前（DT10）= K15，（DT1）= K28，则执行后DT1中的数不变，仍为K28，但DT10中的数变为K43。

如图25—56a所示“F25 -”指令的功能是将由［S］指定的16位数据与由［D］指定的16位数据区中的数相减，其差送到由［D］指定的16位数据存储区中。即（D）-（S）→（D）。在图示例子中当R0 = ON时，执行“F25 -”指令，将DT22中的数值减去DT12中的数值后，其差值送到DT22中。假如执行前（DT12）= K5，（DT22）= K12，则执行后DT12中的数不变，仍为K5，但DT22中的数变为K7。

如图25—56b所示指令“F22 +”与“F27 -”的功能分别是将由［S1］指定的16位数据与由［S2］指定的16位数据相加（或相减），和值（或差值）送到由［D］指定的16位数据存储区中。即（S1）+（S2）→（D）或（S1）-（S2）→（D）。在图示例子中当R1 = ON时，执行“F22 +”指令，将DT10中的数值加上DT20中的数值后，和值送到DT30中。假如执行前（DT10）= K25，（DT20）= K12，（DT30）= K15，则执行后DT10和DT20中的数不变，仍分别为K25和K12，但DT30中的数变为K37。当R2 = ON时，执行“F27 -”指令，将DT10中的数值减去DT22中的数值后，差值送到DT32中。假如执行前（DT10）= K25，（DT22）= K12，（DT32）= K42，则执行后DT10和DT22中的数不变，仍分别为K25和K12，但DT32中的数变为K13。

如图25—57a所示指令“F30 *”的功能是将由［S1］指定的16位数据（作为被乘

数），与由［S2］指定的16位数据区中的数（作为乘数）相乘，其乘积送到由［D］指定的32位数据存储区中。即（S1）×（S2）→（D+1，D）。在图示例子中当R0=ON时，执行“F30 ＊”指令，将DT10中的数值乘以DT20中的数值后，乘积送到（DT31，DT30）中。假如执行前（DT10）=K5，（DT20）=K12，（DT31）=K45，（DT30）=K23，则执行后DT10与DT20中的数不变，仍分别为K5与K12，但32位数据寄存器（DT31，DT30）中的数变为K60（用十六进制表示即为H0000003C），其中DT31为高位，DT30为低位，（DT31）=K0，（DT30）=K60。注意在编程时，目的操作数只需要指定低位字元件（D），其高位字元件（D+1）会被自动指定。

如图25—57b所示指令“F32 %”的功能是将由［S1］指定的16位数据作为被除数，与由［S2］指定的16位数据区中的数（作为除数）相除，其商送到由［D］指定的16位数据存储区。即（S1）÷（S2）→（D）。在图示例子中当R0=ON时，执行“F32%”指令，将DT10中的数值除以DT20中的数值后，其商送到DT30中。假如执行前（DT10）=K33，（DT20）=K6，（DT30）=K23，则执行后DT10与DT20中的数不变，仍分别为K33与K6，但DT30中的数变为K5。注意在执行除法指令时，不一定能除尽，大部分情况下会有余数存在，FP0规定余数存放在特殊数据寄存器DT9015中。则本例执行后，商（DT30）=K5，而余数（DT9015）=K3。

如图25—58a所示指令“F35 +1”的功能是将由［D］指定的16位数据区中的数加1后，仍送回到由［D］指定的16位数据存储区中。即（D）+1→（D）。在图示例子中当R0=ON时，执行“F35 +1”指令，将DT0中的数据加上1后，仍送到DT0中。假如执行前（DT0）=K15，则执行后DT0中的数变为K16。

如图25—58b所示指令“F37 -1”的功能是将由［D］指定的16位数据区中的数减1后，仍送回到由［D］指定的16位数据存储区中。即（D）-1→（D）。在图示例子中当R1=ON时，执行“F37 -1”指令，将DT0中的数值减去1后，仍送到DT0中。假如执行前（DT0）=K16，则执行后DT0中的数变为K15。

3）注意事项

①如果算术运算指令的结果超出可处理值的范围（16位数据的数值范围为-32 768~+32 767，32位数据的数值范围为-2 147 483 648~+2 147 483 647），则会出现上溢出或下溢出。此时，进位标志（特殊内部继电器R9009）会变为ON。一般情况下不允许出现上溢出或下溢出。

若估计计算结果会出现上溢出或下溢出时，建议使用32位算术运算指令。当使用32位指令时，一定要先使用F89（EXT）指令将16位的源数据转换为32位的数据，如图25—59所示。

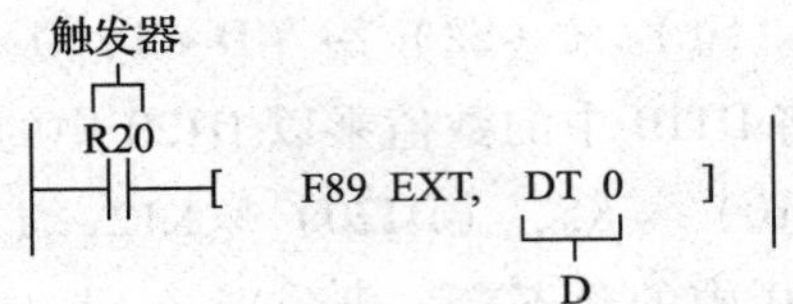

图 25—59　16 位数据扩展为 32 位数据

指令“F89 EXT”的功能是将［D］所指定的带符号 16 位数据扩展为带符号 32 位数据。如图 25—59 所示例子中，当 R20 = ON 时，执行“F89 EXT”指令，将 DT0 中的 16 位数据扩展为 32 位数据存放在（DT1，DT0）中，原数据的符号及数值均不改变。对原数据中符号的处理按下述方法进行。

由于在 PLC 中二进制的数据是以补码的格式存放的，对于 16 位数据其最高位是符号位（1 为负数，0 为正数），其余 15 位为数据位。对于 32 位数据其最高位仍是符号位，而余下的 31 位为数据位。因此，如果 16 位数据的符号位为 0，则扩展为 32 位之后的高 16 位数据区将被设置为 0；如果符号位为 1，则扩展后的高 16 位数据区全部为 1。

对如图 25—59 所示的例子，当触发器 R20 为 ON 时，将数据寄存器 DT0 的符号位复制到数据寄存器 DT1 的各个数据位中。如果 DT0 中原来存放的数据为 K－2，（－2）的补码形式为（1111，1111，1111，1110），则数据扩展如图 25—60 所示。

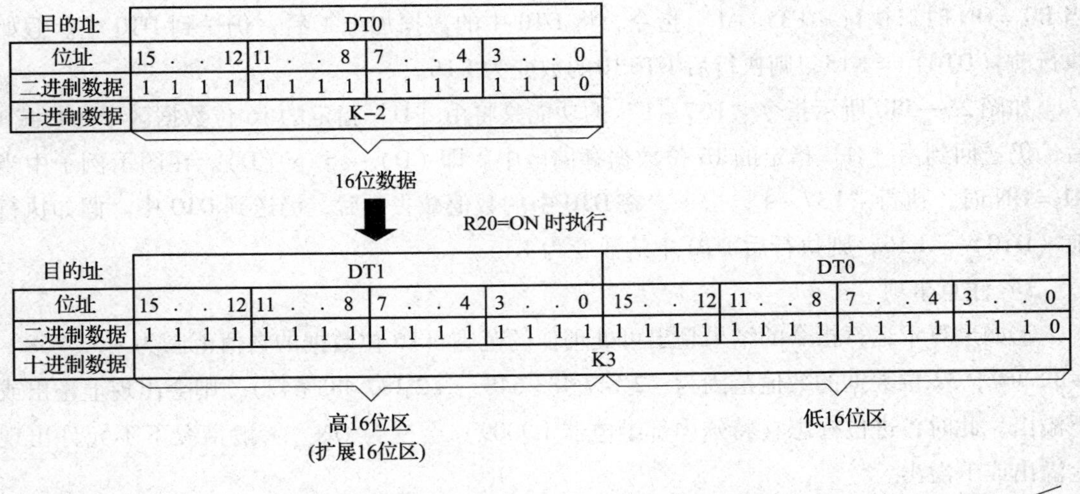

目的址	DT0			
位址	15 . . 12	11 . . 8	7 . . 4	3 . . 0
二进制数据	1 1 1 1	1 1 1 1	1 1 1 1	1 1 1 0
十进制数据	K-2			

目的址	DT1				DT0			
位址	15 . . 12	11 . . 8	7 . . 4	3 . . 0	15 . . 12	11 . . 8	7 . . 4	3 . . 0
二进制数据	1 1 1 1	1 1 1 1	1 1 1 1	1 1 1 1	1 1 1 1	1 1 1 1	1 1 1 1	1 1 1 0
十进制数据	K3							

图 25—60　16 位数据扩展为 32 位

②在 FP0 系列 PLC 中，这些算术运算指令都只能作为“F”型高级指令来使用，而不能用作“P”型高级指令即脉冲执行型指令。这样一来，当源操作数与目的操作数是同一个元件时，就会造成运算的失控。例如程序中有加法指令［F20 +，K10，DT0］，这条指令的控制条件是触点 X0。程序的原意是当 X0 = ON 时将 DT0 中的数值增加 10，但是在运行程序时，由于这条加法指令只要在 X0 = ON 的情况下，每个扫描周期中都要执行一次，而 X0 = ON 的时间不能准确地控制，就会造成 DT0 中的数值不断增大，无法知道在 X0 接通一次的时间中 DT0 中的数据究竟增大了多少，从而造成数据运算的失控。要解决这个问题，可在此类指令的控制条件中加上微分指令，对本例来说也就是在 X0 触点后再加上“DF”指令。这样一来，只有在 X0 从 OFF 变为 ON 的上升沿时，加法指令［F20 +］才能执行一次，在以后的扫描周期中，即使 X0 一直为 ON，这条加法指令也不会再执行了，从而避免了数据失控现象的产生。

（4）16 位数据比较指令

1）指令格式。16 位数据比较指令是对两个指定的 16 位数据进行比较，并将结果输出到特殊内部继电器中。其指令格式如图 25—61 所示。

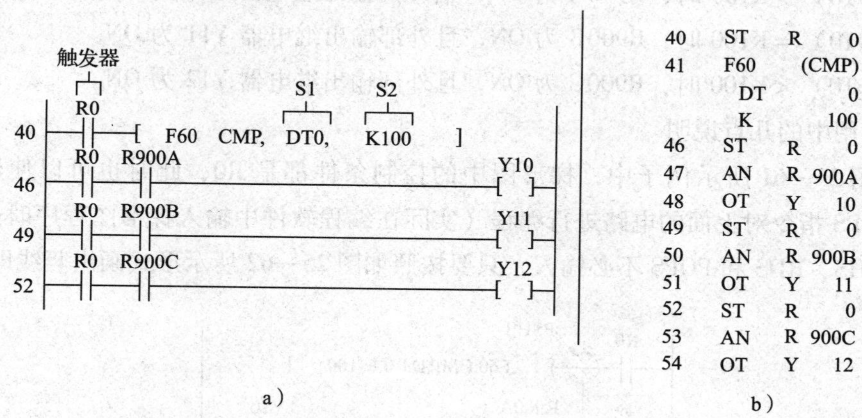
触发器
S1
S2
R0
40
F60 CMP, DT0, K100
R0 R900A
Y10
46
R0 R900B
Y11
49
R0 R900C
Y12
52
a）
40 ST R 0
41 F60 (CMP)
DT 0
K 100
46 ST R 0
47 AN R 900A
48 OT Y 10
49 ST R 0
50 AN R 900B
51 OT Y 11
52 ST R 0
53 AN R 900C
54 OT Y 12
b）

图 25—61 16 位数据比较指令

a）梯形图 b）指令语句表

此条指令中有两个源操作数［S1］和［S2］，它们的可选择范围见表 25—9。

表 25—9 F60（CMP）指令的操作数选择范围

操作数	继电器			定时器/计数器		寄存器	索引寄存器		常数		索引修正值
	WX	WY	WR	SV	EV	DT	IX	IY	K	H	
S1	A	A	A	A	A	A	A	A	A	A	A
S2	A	A	A	A	A	A	A	A	A	A	A

2）指令功能。16 位数据比较指令的功能是比较由［S1］和［S2］指定的两个 16 位数据。比较结果输出给特殊内部继电器 R9009、R900A、R900B 和 R900C。

表 25—10 表示进位标志（R9009）、>标志（R900A）、=标志（R900B）、<标志（R900C）与［S1］、［S2］之间的关系。

表 25—10　比较结果与标志位的关系

S1 和 S2 比较关系	标志位			
	R900A（>标志）	R900B（=标志）	R900C（<标志）	R9009（进位标志）
S1 > S2	ON	OFF	OFF	↕
S1 = S2	OFF	ON	OFF	OFF
S1 < S2	OFF	OFF	ON	↕

↕：表示根据情况 ON 或 OFF。

如图 25—61 所示例子中，当触发信号 R0 为 ON 时，将数据寄存器 DT0 中的 16 位数据与常数 K100 进行比较。

当（DT0）>K100 时，R900A 为 ON，且外部输出继电器 Y10 为 ON。

当（DT0）=K100 时，R900B 为 ON，且外部输出继电器 Y11 为 ON。

当（DT0）<K100 时，R900C 为 ON，且外部输出继电器 Y12 为 ON。

3）应用中的几点说明

①如图 25—61 所示例子中，梯形图中的控制条件都是 R0，此时也可以使用 PSHS，RDS 和 POPS 指令对上面的电路进行编程（实际在编程软件中输入梯形图程序时这几条堆栈指令 PSHS、RDS 和 POPS 不必输入，只要按照如图 25—62 所示形式画出竖线即可）。

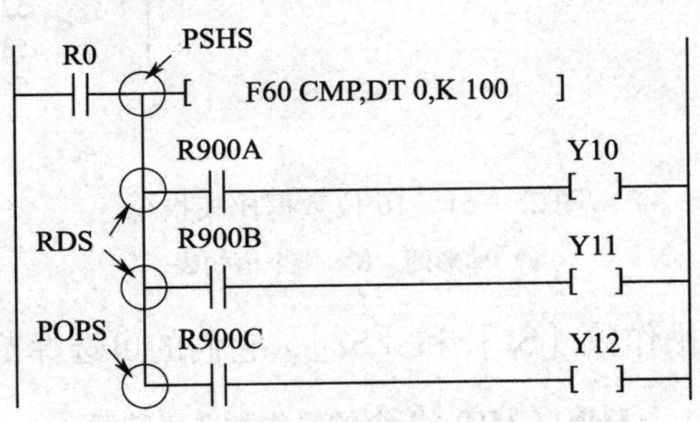

图 25—62　使用堆栈指令简化编程

②如图 25—61 所示例子中，只有当 R0 为 ON 时，才执行比较指令。在实际使用数据比较指令时，如果需要始终进行比较，则应使用常闭继电器 R9010 作为执行条件（触发器），如图 25—63 所示。

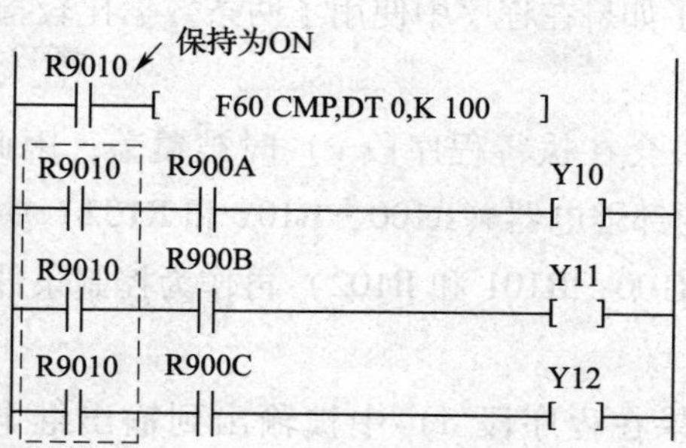

图 25—63　始终需要比较的情况

在此种情况下，虚线框中的 R9010 触点可以不写出，直接从 R900A ~ R900C 的触点开始输入即可。

③如图 25—61 所示例子中是把代表比较结果的标志 R900A、R900B、R900C 放在比较指令后立即使用的，在实际应用程序中，只要在这条数据比较指令之后没有再使用数据比较指令，那么这些标志不一定立即使用，可放在数据比较指令之后的任何地方来使用，也不一定用到三个标志，可根据实际需要来进行选用。

④使用两个或两个以上的比较指令时的注意事项：比较指令标志 R900A 至 R900C，随着各比较指令的执行而更新。若在程序中使用两个或两个以上比较指令，则一定要在每个比较指令之后立即使用输出继电器或内部继电器来记忆比较结果。

示例：将 DT0 中的数据与 K100、DT1 中的数据与 K200 进行比较，程序如图 25—64 所示。

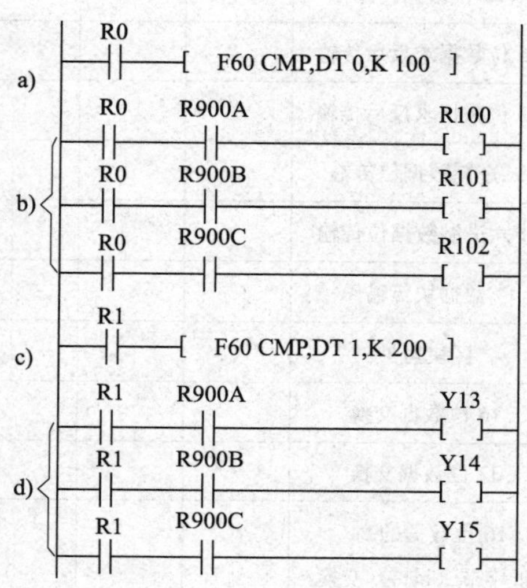

图 25—64　使用两条数据比较指令的处理

如图 25—64 所示表示了如果在程序中使用了两条数据比较指令时对比较标志 R900A ~ R900C 的处理办法。

程序段 a）的比较结果会在执行程序段 c）时被覆盖，因此在执行程序段 c）之前，在程序 b）中先被输出到内部继电器（R100，R101 和 R102）中进行保存记忆，在后面的程序中可将内部继电器（R100，R101 和 R102）再作为控制条件使用而不怕比较标志被其他数据比较指令所破坏。

程序段 c）的比较结果在程序段 d）中被输出到输出继电器（Y13，Y14 和 Y15）中。

本节中仅介绍一些常用的高级指令供读者学习，通过这些指令的学习可举一反三地了解高级指令的使用方法。对更多高级指令的了解可参阅有关编程手册或其他参考书籍。

FP0 系列 PLC 的高级指令分类列表见表 25—11 至表 25—21，特殊指令未列入其内，可参见 FP 系列编程手册。

表 25—11　　数据传输类指令

功能号	助记符	操作数	说明	标志的状态					步数
				>R900A	=R900B	<R900C	进位 CY R9009	ER R9007 R9008	
F0	MV	S，D	16 位数据传输					可变	5
F1	DMV	S，D	32 位数据传输					可变	7
F2	MV/	S. D	16 位数据求反后传输					可变	5
F3	DMV/	S，D	32 位数据求反后传输					可变	7
F5	BTM	S，n，D	二进制数据位传输					可变	7
F6	DGT	S，n，D	十六进制数据位传输					可变	7
F10	BKMV	S1，S2，D	数据块传输					可变	7
F11	COPY	S，D1，D2	区块拷贝					可变	7
F15	XCH	D1，D2	16 位数据交换					可变	5
F16	DXCH	D1，D2	32 位数据交换					可变	5
F17	SWAP	D	16 位数据的高/低字节（byte）交换					可变	3

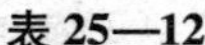

表 25—12　　BIN（二进制）算术运算指令

功能号	助记符	操作数	说　明	标志的状态					步数
				>R900A	=R900B	<R900C	CY R9009	ER R9007 R9008	
F20	+	S，D	16 位数据加法 [D+S→D]		可变		可变	可变	5
F21	D+	S，D	32 位数据加法 [(D+1,D)+(S+1,S) →(D+1,D)]		可变		可变	可变	7
F22	+	S1，S2，D	16 位数据加法 [S1+S2→D]		可变		可变	可变	7
F23	D+	S1，S2，D	32 位数据加法 [(S1+1,S1)+(S2+1,S2) →(D+1,D)]		可变		可变	可变	11
F25		S，D	16 位数据减法 [D-S→D]		可变		可变	可变	5
F26	D-	S，D	32 位数据减法 [(D+1,D)-(S+1,S) →(D+1,D)]		可变		可变	可变	7
F27		S1，S2，D	16 位数据减法 [S1-S2→D]		可变		可变	可变	7
F28	D-	S1，S2，D	32 位数据减法 [(S1+1,S1)-(S2+1,S2) →(D+1,D)]		可变		可变	可变	11
F30	*	S1，S2，D	16 位数据乘法 [(S1×S2)→(D+1,D)]		可变			可变	7
F31	D*	S1，S2，D	32 位数据乘法 [(S1+1,S1)×(S2+1,S2) →(D+3,D+2,D+1,D)]		可变			可变	11
F32	%	S1,S2,D	16 位数据除法 [S1/S2→D…DT9015]		可变		可变	可变	7
F33	D%	S1,S2,D	32 位数据除法 [(S1+1,S1)/(S2+1,S2)→ (D+1,D)…(DT9016, DT9015)]		可变		可变	可变	11

续表

功能号	助记符	操作数	说明	标志的状态					步数
				>R900A	=R900B	<R900C	CY R9009	ER R9007 R9008	
F35	+1	D	16位数据加1 [D+1→D]		可变		可变	可变	3
F36	D+1	D	32位数据加1 [(D+1,D)+1→(D+1,D)]		可变		可变	可变	3
F37	-1	D	16位数据减1 [D-1→D]		可变		可变	可变	3
F38	D-1	D	32位数据减1 [(D+1,D)-1→(D+1,D)]		可变		可变	可变	3

表25—13　　BCD码算术运算指令

功能号	助记符	操作数	说明	标志的状态					步数
				>R900A	=R900B	<R900C	CY R9019	ER R9007 R9008	
F40	B+	S，D	4digit BCD码数据加法 [D+S→D]		可变		可变	可变	5
F41	DB+	S，D	8digit BCD码数据加法 [(D+1,D)+(S+1,S) →(D+1,D)]		可变		可变	可变	7
F42	B+	S1，S2，D	4digit BCD码数据加法 [S1+S2→D]		可变		可变	可变	7
F43	DB+	S1，S2，D	8digit BCD码数据加法 [(S1+1,S1)+(S2+1,S2) →(D+1,D)]		可变		可变	可变	11
F45	B-	S，D	4 digit BCD码数据减法 [D-S→D]		可变		可变	可变	5
F46	DB-	S，D	8digit BCD码数据减法 [(D+1,D)-(S+1,S) →(D+1,D)]		可变		可变	可变	7
F47	B-	S1，S2，D	4digit BCD码数据减法 [S1-S2→D]		可变		可变	可变	7
F48	DB-	S1，S2，D	8digit BCD码数据减法 [(S1+1,S1)-(S2+1,S2) →(D+1,D)]		可变		可变	可变	11

续表

功能号	助记符	操作数	说　明	标志的状态					步数
				>R900A	=R900B	<R900C	CY R9019	ER R9007 R9008	
F50	B＊	S1，S2，D	4digit BCD 码数据乘法 [S1 × S2→（D+1，D）]		可变			可变	7
F51	DB＊	S1，S2，D	8digit BCD 码数据乘法 [(S1+1,S1)×(S2+1,S2)→(D+3,D+2,D+1,D)]		可变			可变	11
F52	B%	S1，S2，D	4digit BCD 码除法 [S1/S2→D…（DT9015）]		可变			可变	7
F53	DB%	S1，S2，D	8digit BCD 码除法 [(S1+1,S1)/(S2+1,S2)→(D+1,D)…(DT9016, DT9015)]		可变			可变	11
F55	B+1	D	4digit BCD 码加 1 [D+1→D]		可变		可变	可变	3
F56	DB+1	D	8digit BCD 码加 1 [(D+1,D)+1→(D+1,D)]		可变		可变	可变	3
F57	B－1	D	4digit BCD 码减 1 [(D－1→D)]		可变		可变	可变	3
F58	DB－1	D	8digit BCD 码减 1 [(D+1,D)－1→(D+1,D)]		可变		可变	可变	3

表 25—14　　　　数据比较指令

功能号	助记符	操作数	说　明	标志的状态					步数
				>R900A	=R900B	<R900C	CY R9009	ER R9007 R9008	
F60	CMP	S1，S2	16 位数据比较	可变	可变	可变	可变	可变	5
F61	DCMP	S1，S2	32 位数据比较	可变	可变	可变	可变	可变	9
F62	WIN	S1，S2，S3	16 位数据比较	可变	可变	可变	可变	可变	7
F63	DWIN	S1，S2，S3	32 位数据比较	可变	可变	可变		可变	13
F64	BCMP	S1，S2，S3	数据块比较	可变	可变	可变	可变	可变	7

表 25—15 逻辑运算指令

功能号	助记符	操作数	说　明	标志的状态					步数
				>R900A	=R900B	<R900C	CY R9009	ER R9007 R9008	
F65	WAN	S1，S2，D	16 位数据“与”运算		可变			可变	7
F66	WOR	S1，S2，D	16 位数据“或”运算		可变			可变	7
F67	XOR	S1，S2，D	16 位数据“异或”		可变			可变	7
F68	XNR	S1，S2，D	16 位数据“异或非”		可变			可变	7

表 25—16 数据转换指令

功能号	助记符	操作数	说　明	标志的状态					步数
				>R900A	=R900B	<R900C	CY R9009	ER R9007 R9008	
F70	BCC	S1，S2，S3，D	区域块校验码计算					可变	9
F71	HEXA	S1，S2，D	十六进制数→十六进制 ASCII 码					可变	7
F72	AHEX	S1，S2，D	十六进制 ASCII 码→十六进制数					可变	7
F73	BCDA	S1，S2，D	BCD 码→十进制 ASCII 码					可变	7
F74	ABCD	S1，S2，D	十进制 ASCII 码→BCD 码					可变	9
F75	BINA	S1，S2，D	16 位二进制数→十进制 ASCII 码					可变	7
F76	ABIN	S1，S2，D	十进制 ASCII 码→16 位二进制数					可变	7
F77	DBIA	S1，S2，D	32 位二进制数→十六进制 ASCII 码					可变	11
F78	DABI	S1，S2，D	十六进制 ASCII 码→32 位二进制数					可变	11
F80	BCD	S，D	16 位二进制数→4digit BCD 码					可变	5
F81	BIN	S，D	4digit BCD 码→16 位二进制数					可变	5
F82	DBCD	S，D	32 位二进制数→8digit BCD 码					可变	7
F83	DBIN	S，D	8digit BCD 码→32 位二进制数					可变	7
F84	INV	D	16 位二进制数求反					可变	3
F85	NEG	D	16 位二进制数求补					可变	3
F86	DNEG	D	32 位二进制数求补					可变	3

续表

功能号	助记符	操作数	说明	标志的状态					步数
				>R900A	=R900B	<R900C	CY R9009	ER R9007 R9008	
F87	ABS	D	16位二进制数取绝对值				可变	可变	3
F88	DABS	D	32位二进制数取绝对值				可变	可变	3
F89	EXT	D	16位数据位数扩展					可变	3
F90	DECO	S，n，D	解码					可变	7
F91	SEGT	S，D	16位数据七段显示解码					可变	5
F92	ENCO	S，n，D	编码					可变	7
F93	UNIT	S，n，D	16位数据组合					可变	7
F94	DIST	S，n，D	16位数据分离					可变	7
F95	ASC	S，D	字符→ASCII码					可变	15
F96	SRC	S1，S2，S3	表数据查找					可变	7

表25—17　　数据移位指令

功能号	助记符	操作数	说明	标志的状态					步数
				>R900A	=R900B	<R900C	CY R9009	ER R9007 R9008	
F100	SHR	D，n	16位数据右移n				可变	可变	5
F101	SHL	D，n	16位数据左移n				可变	可变	5
F105	BSR	D	16位数据右移四位					可变	3
F106	BSL	D	16位数据左移四位					可变	3
F110	WSHR	D1，D2	16位数据区右移一个字					可变	5
F111	WSHL	D1，D2	16位数据区左移一个字					可变	5
F112	WBSR	D1，D2	16位数据区右移四位					可变	5
F113	WBSL	D1，D2	16位数据区左移四位					可变	5

表25—18　　可逆计数器和左、右移位寄存器指令

功能号	助记符	操作数	说明	标志的状态					步数
				>R900A	=R900B	<R900C	CY R9009	ER R9007 R9008	
F118	UDC	S，D	加/减（可逆）计数器		可变		可变		5
F119	LRSR	D1，D2	左/右移位寄存器				可变	可变	5

表 25—19　　数据循环移位指令

功能号	助记符	操作数	说　明	标志的状态					步数
				>R900A	=R900B	<R900C	CY R9009	ER R9007 R9008	
F120	ROR	D，n	16 位数据右移				可变	可变	5
F121	ROL	D，n	16 位数据左移				可变	可变	5
F122	RCR	D，n	16 位数据带进位标志位右移				可变	可变	5
F123	RCL	D，n	16 位数据带进位标志位左移				可变	可变	5

表 25—20　　位操作指令

功能号	助记符	操作数	说　明	标志的状态					步数
				>R900A	=R900B	<R900C	CY R9009	ER R9007 R9008	
F130	BTS	D，n	16 位数据置位（位）					可变	5
F131	BTR	D，n	16 位数据复位（位）					可变	5
F132	BTI	D，n	16 位数据求反（位）					可变	5
F133	BTT	D，n	16 位数据测试（位）		可变			可变	5
F135	BCU	S，D	16 位数据中“1”位统计					可变	5
F136	DBCU	S，D	32 位数据中“1”位统计					可变	7

表 25—21　　辅助定时器指令

功能号	助记符	操作数	说　明	标志的状态					步数
				>R900A	=R900B	<R900C	CY R9009	ER R9007 R9008	
F137	STMR	S，D	辅助定时器						5

七、编程软件 FPWIN－GR 的应用

1. 编程软件 FPWIN－GR 的主要功能

松下电工的 FPWIN－GR 是专为 FP 系列 PLC 设计的编程软件，可在 Windows 操作系统环境下运行，其界面和帮助文件都已经汉化，安装后约占 38 MB 硬盘空间，功能较强。

编程软件 FPWIN－GR 的主要功能是：

（1）可用“符号梯形图”、“布尔梯形图”和“布尔形式非梯形图”三种编辑模式来创建 PLC 的程序，并可将程序存储为文件，可打印；在本书中，主要是以“符号梯形图”为主说明程序的生成及编辑方法。

（2）通过计算机的 USB 接口，用 USB - AFC8513 型编程电缆和（FP0/FP2）PLC 连接，可将用户程序下载到 PLC，也可将 PLC 中（未设置口令）的用户程序读入计算机。

（3）可以实现各种监控和测试功能，例如梯形图监控、数据监控、触点监控、强制输入输出等。

2. 编程软件 FPWIN - GR 的安装、启动和退出

（1）编程软件 FPWIN - GR 的安装。安装 FPWIN - GR 时，务必以 Administrators（管理员）权限的账户进行安装。启动、操作时，只能使用 Administrators（管理员）或 Power User 权限的账户。如果以 User 或 Guests 账户进行注册，则不能通信。

以松下电工 FP 系列 PLC 编程软件 FPWIN - GR V2. 8 的安装为例，在安装软件包中包括有安装程序“setup. exe”，双击安装文件“setup. exe”的图标 Setup. exe ，即会顺序出现如图 25—65a ~ 25—65f 所示的各个界面。在启动安装程序之后，将首先出现图 a 画面所示的确认信息对话框，确认其中的内容后单击“下一步（N）”按钮。如需要终止安装时，可单击“取消”按钮。接着显示图b画面中关于使用许可协议的对话框，如果同

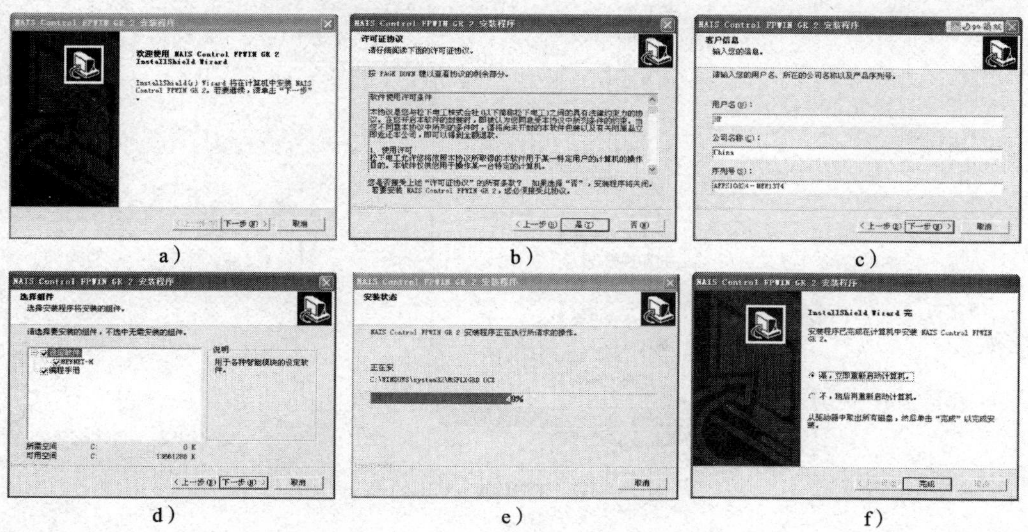

图 25—65 FPWIN - GR 的安装画面

a）显示确认信息 b）确认使用许可协议 c）登录用户信息

d）选择需要安装的程序组件 e）安装状态 f）确认重新启动计算机

意其中所显示的使用许可协议的全部条款，单击“是（Y）”按钮，安装过程开始。如果单击“否（N）”按钮，则终止 FPWIN－GR 的安装。单击“是（Y）”按钮后显示图 c 关于用户信息的对话框，在相应位置输入“姓名”、“公司名称”及“序列号”，再单击“下一步（N）”按钮。序列号写在 FPWIN－GR 软件包装中附带的用户登记卡上。要正确输入该号码。在接着出现的如图 d 所示画面中，选择需要安装的程序组件。如果安装所有显示的程序模块，单击“下一步（N）”按钮。不需要安装所列的程序组件时，将该项目之前的选中标记清除。此时出现如图 e 所示安装进度画面。当安装工作全部完成后，画面中将显示如图 f 所示的关于确认重新启动计算机的对话框，选择单选按钮“是，立即重新启动计算机”或“不，稍后再重新启动计算机”，然后再单击“完成”按钮。即完成安装过程。安装好 FPWIN－GR 后需要重新启动计算机，因此应选择重新启动计算机。

（2）FPWIN－GR 的启动和退出。安装好软件后，在桌面上会自动生成 FPWIN－GR 的图标，如图 25—66 所示，用鼠标左键双击该图标即可打开编程软件。

图 25—66　FPWIN－GR 的图标

在已打开的软件界面中执行菜单命令〔文件〕→〔退出〕，即可退出编程软件，如图 25—67 所示。

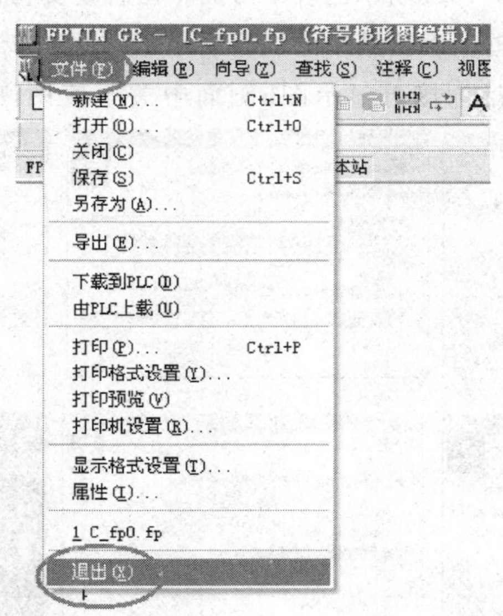

图 25—67　FPWIN－GR 的退出

3. 编程软件 FPWIN－GR 的基本界面及编辑画面的切换

在编程软件启动时出现的如图 25—68a 所示启动画面中单击“创建新文件”按钮，或在已打开的界面中执行菜单命令〔文件〕→〔新建〕，就会出现如图 25—68b 所示选择

PLC机型的窗口，在PLC机型窗口中选择PLC类型（如FP0 C32），然后单击“OK”按钮后即进入编程软件FPWIN－GR的基本界面。

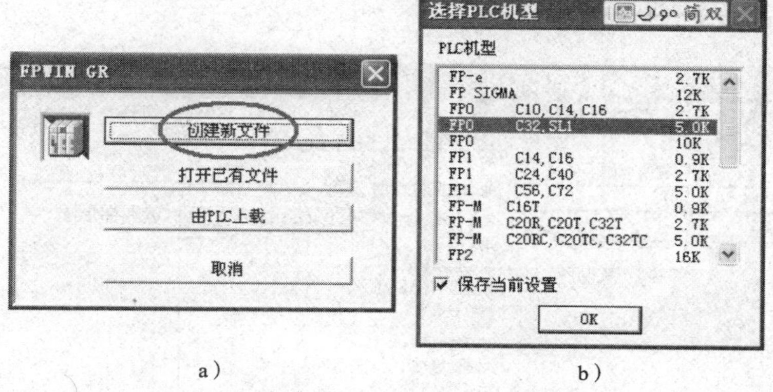

a） b）

图25—68 创建新文件及选择PLC类型

a）启动画面 b）选择PLC类型

在编程软件FPWIN－GR基本界面的上部有菜单命令行和工具栏图标行，工具栏图标行的下面有状态栏，表示程序的长度、在线或离线状态及PLC的类型等信息。中间是编辑窗口，PLC的梯形图程序或指令表程序就是在此窗口中进行录入或修改的。用户录入的梯形图程序或指令表程序在相应的编辑窗口中显示，两种形式的程序可自动进行转换。基本画面的下部可放置功能键栏，供输入编程元件用，如图25—69所示。

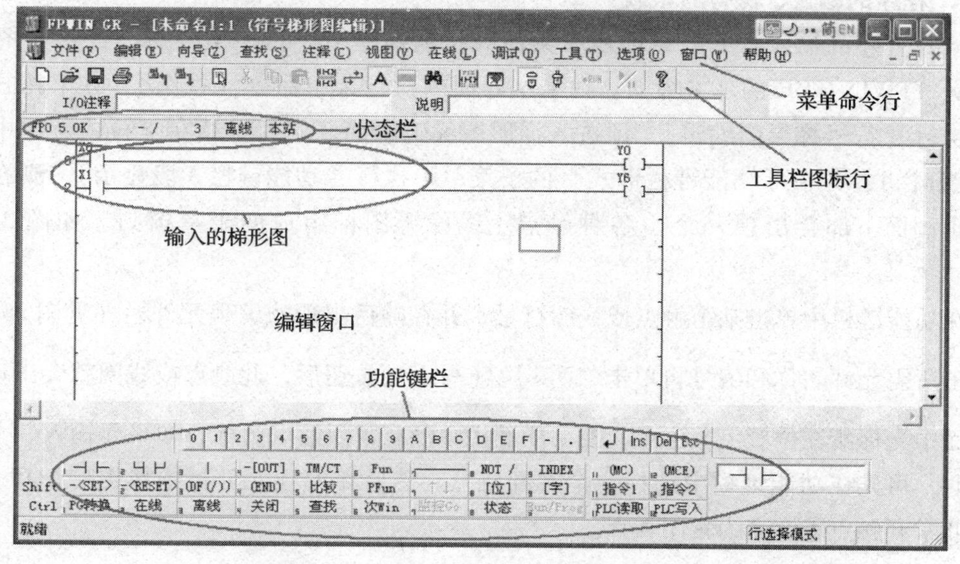

图25—69 FPWIN－GR的基本界面

在基本界面中可执行菜单命令〔视图〕→〔符号梯形图编辑〕或〔布尔非梯形图编辑〕，可显示梯形图编辑画面或指令语句表编辑画面，如图25—70所示。通过此操作也可在梯形图画面和指令表画面之间进行转换。

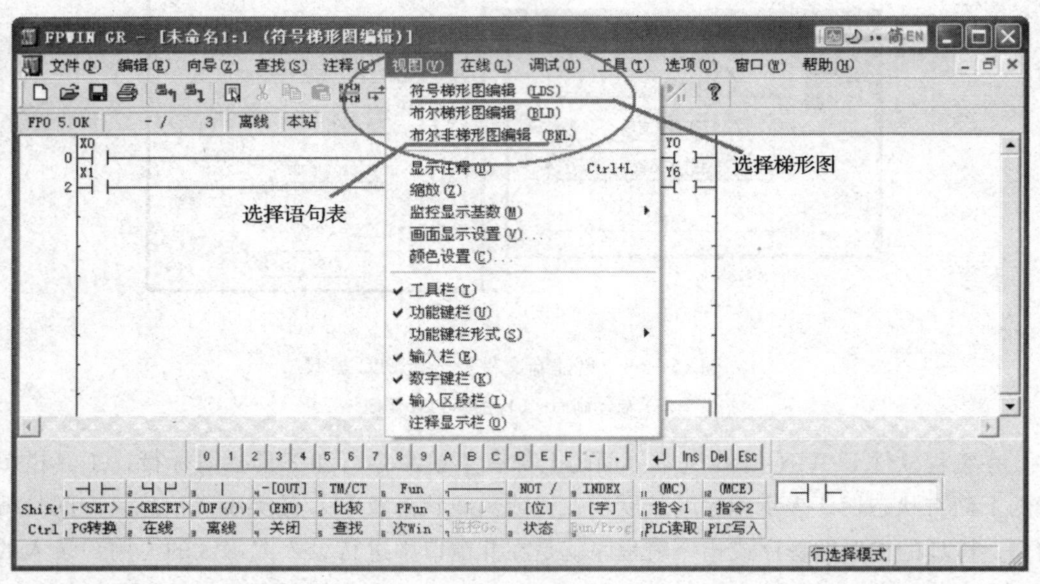

图25—70　梯形图和指令表画面转换

4. 程序的输入、保存与下载

（1）程序的输入。单击“创建新文件”按钮新建一个程序文件后，进入如图25—69所示FPWIN-GR的基本界面。在基本界面中执行菜单命令〔视图〕，在下拉式菜单中先执行〔符号梯形图编辑〕，即进入梯形图编辑画面。然后继续在下拉式菜单中执行〔功能键栏〕，并在〔功能键栏形式〕的子菜单中执行〔功能键栏3段显示〕，则在梯形图编辑画面下部会出现一个由各种触点、线段等图标组成的工具窗口。如图25—71所示。

在功能键栏中单击某个触点或线圈符号，并在随后出现的编程元件栏（见图25—72）中单击所需元件名称和编号再单击“↵”（写入）按钮后，此触点或线圈就会出现在编辑画面中光标所在位置上。注意，在功能键栏中没有常闭触点图标，如果要输入一个常闭触点时，可先在功能键栏中选择一个常开触点，然后在编程元件栏中单击“NOT /”按钮，此常开触点就会变为常闭触点。

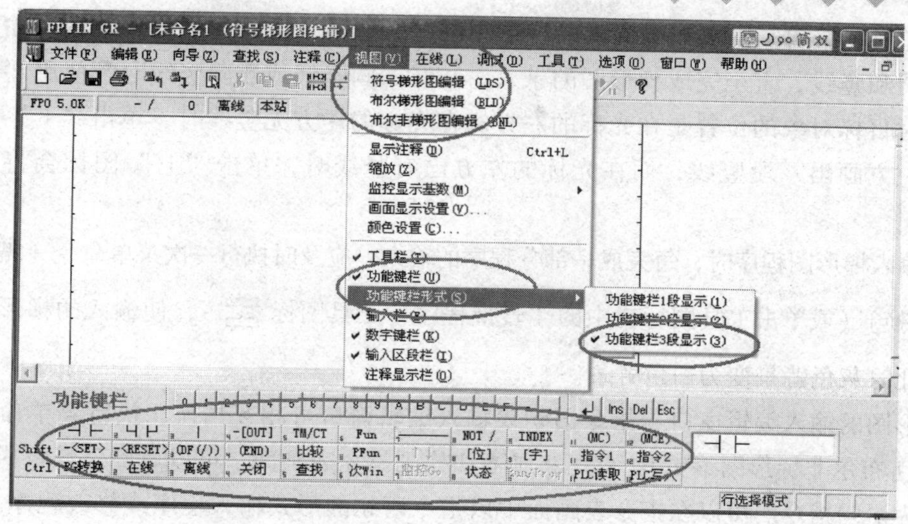

图 25—71　功能键栏的设置

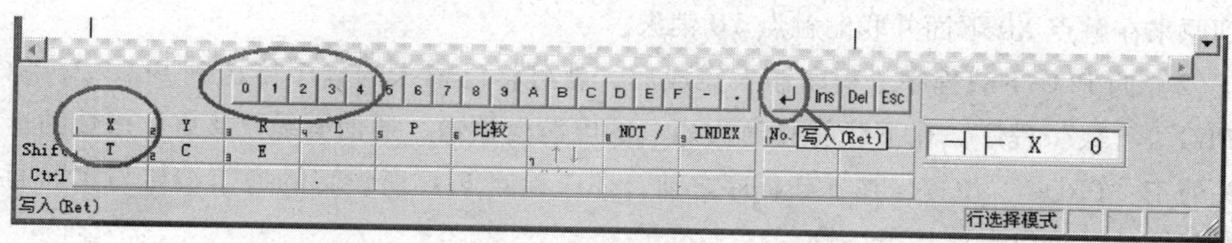

图 25—72　编程元件栏

在梯形图编辑窗口中，也可以通过直接输入指令语句的方式来画出梯形图，但在使用此种方式之前应先执行菜单命令〔编辑〕→〔文本输入模式优先〕。此后，只要直接键入所需的指令（如键入［ST　X0］），并单击如图 25—73a 所示浮动的指令输入窗口中的“OK”按钮或按回车键，此元件就直接出现在梯形图编辑画面中光标所在位置上。如果输入的元件名称、编号不正确（如将 X0 输入为 Xo），画面上就会出现提示窗口标明输入错误，如图 25—73b 所示。

a）　　b）

图 25—73　指令输入窗口及错误提示窗口

a）指令输入窗口　b）错误提示窗口

在梯形图编辑画面上按照提供的梯形图程序，选择合适的光标位置，依次输入各触点、线圈和竖线，直至完成梯形图的录入。注意，画竖线或删除竖线时都使用“｜”图标，此时目标对象的位置是在光标的左方。在光标的左方无竖线时，单击“｜”图标会在光标左方画出一段竖线；而在光标的左方已有竖线时，单击“｜”图标会将该竖线删除。

在输入梯形图程序时，每完成一部分程序的输入，应及时执行一次菜单命令〔编辑〕→〔程序转换〕（或单击工具图标栏中的“转换程序”工具图标），使输入的梯形图得到确认，此时灰色背景变为白色背景。

梯形图的输入编辑窗口与指令语句表输入编辑窗口可相互切换，执行菜单命令〔视图〕→〔布尔非梯形图编辑〕，就可将画面切换到指令表画面，可以看到已经将梯形图自动转换为语句指令。可以在指令表画面中以指令语句的形式输入程序或修改程序。例如，在指令表画面中按键盘中的〈DEL〉键删除语句［OR Y0］，再切换回梯形图画面，可以看到原来在触点 X0 下面并联的触点 Y0 消失。

（2）向 PLC 下载程序。程序输入完成后，就可将已输入的程序传送到 PLC 中，称为向 PLC“下载”程序。在下载前应确认 PLC 的电源已接通、通信电缆已接好、PLC 的运行开关处于“PROG”位置。在下载程序之前，还应检查 PLC 所设置的通信端口与实际通信电缆所接的计算机串口是否一致。

首先打开计算机中的“控制面板”，检查“系统”→“设备管理器”的端口中对应编程电缆的串口编号，如图 25—74 所示，看到对应“DGYCGK”项的串口为 COM9。

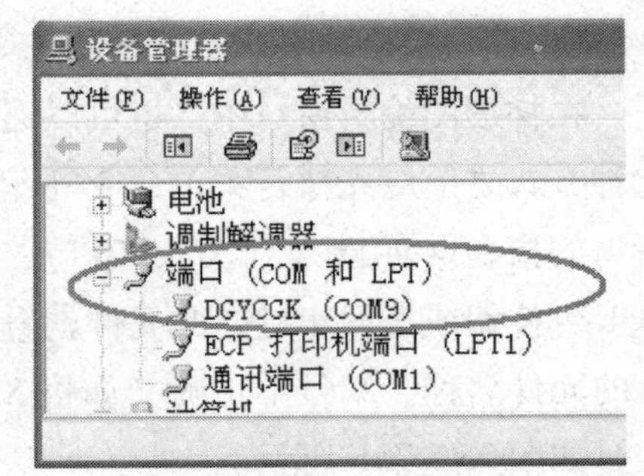

图 25—74　检查实际使用的串口号

然后在编程软件 FPWIN - GR 中执行菜单命令〔选项〕→〔通信设置〕，弹出“通信设置”对话框。“通信设置”对话框中只需在“端口 NO”后按照实际使用的串口编号进行设置（见图 25—75）即可，再用鼠标单击“OK”按钮，串口设置完成。

通信端口设置完成后，执行菜单命令〔文件〕→〔下载到 PLC〕，弹出如图 25—76 所示的下载窗口。通信参数也可在此窗口中单击“通信设置”按钮来设置。单击“是（Y）”按钮，就会自动向 PLC 写入用户程序。

提示：向 PLC 下载程序也可通过单击梯形图编辑画面下部功能键栏中的“PLC 写入”按钮进行。

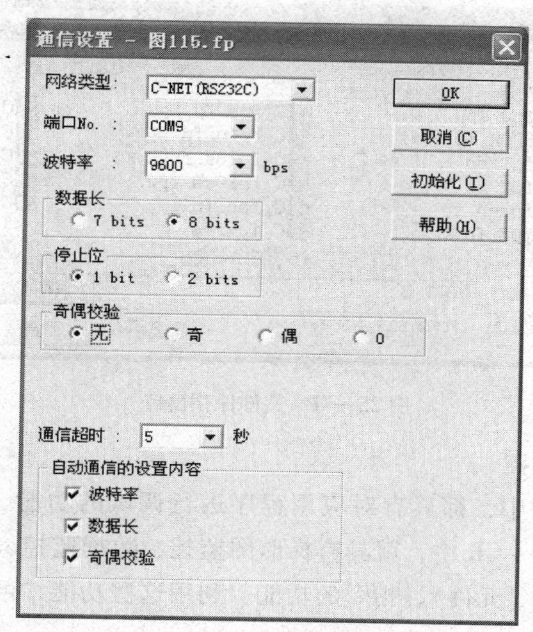

图 25—75　通信设置窗口

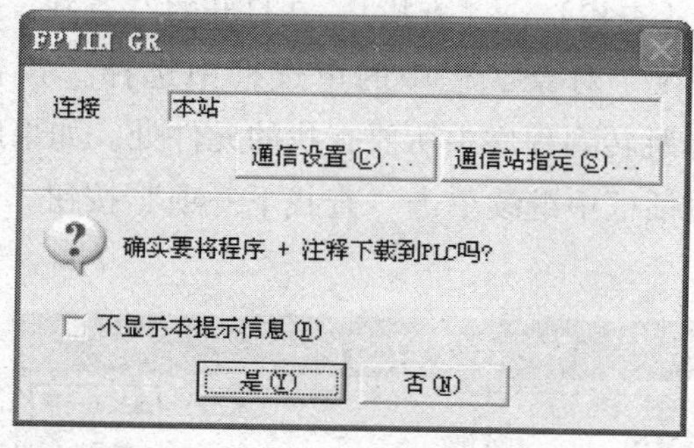

图 25—76　PLC 程序下载窗口

（3）程序文件的保存。执行菜单命令〔文件〕→〔保存〕，在如图 25—77 所示的“另存为”文件保存窗口中的“文件名”一栏中填写文件名如“TEST. fp”，其余各栏不填写，用鼠标单击“保存”按钮，此文件就以“TEST. fp”为文件名，建立在编程软件默认的文件夹“c：\ Program Files \ Panasonic – EW Control \ FPWIN GR 2 \ Documents”中了。以后可以执行〔打开〕菜单命令打开此程序文件进行修改。文件保存的路径也可按图 25—77 所示自己选择或创立。

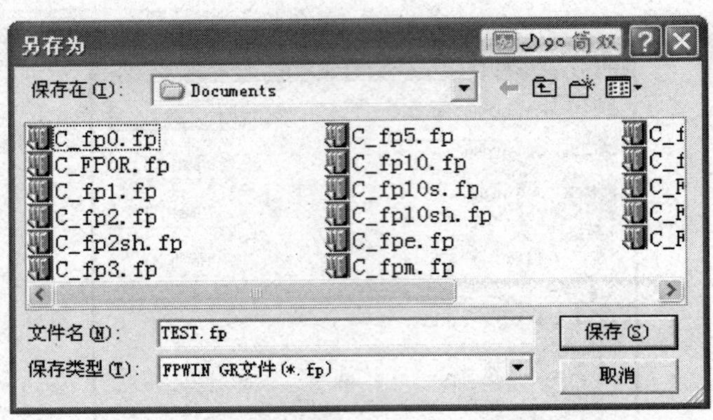

图25—77　文件保存窗口

5. 程序的运行与监控

在PLC的编程软件中，都具有对应用程序进行调试的功能。例如在松下FP系列PLC的编程软件FPWIN－GR中，就具有梯形图监控、数据监控、触点监控、时序图监控和在程序中查找设备（元件）、指令的功能。利用这些功能，可以为程序的调试带来便利。

（1）查找程序中指定元件、触点、线圈的方法。在FPWIN－GR的梯形图或语句表编辑窗口中，执行菜单命令〔查找〕→〔查找〕，在打开的“查找”对话框（见图25—78）中输入所要查找的元件，在“对象”栏中的单选框中选择“设备”，单击“查找下一项”按钮后，即可将光标跳转到程序中所要查找的元件处。如果所要查找的元件在程序中不止一处出现，可在对话框中继续单击“查找下一项”按钮，继续寻找其他出现该元件之处。

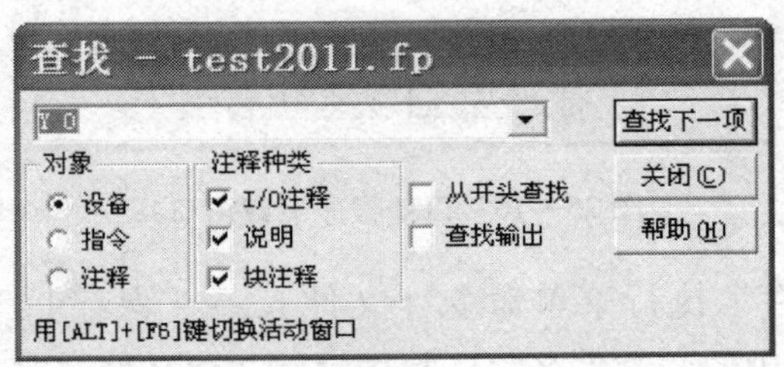

图25—78　设备查找对话框

（2）梯形图监控。将PLC的运行开关置于“RUN”位置，PLC即进入运行状态，自动执行用户程序。

在编程软件梯形图编辑画面中先后执行菜单命令〔在线〕→〔在线编辑〕和〔在线〕→

〔执行监控〕，或单击编辑画面下方的功能键栏中的“在线”和“监控”两个按钮，就进入在线监控状态，可直接在梯形图上显示各编程元件的状态：在触点处，凡是接通的触点都用蓝色表示；在线圈处，状态为“1”的元件和指令也用蓝色表示；定时器和计数器线圈及数据寄存器上方显示该元件的当前值，如图 25—79 所示。在图中，X9 的符号名用红色显示，表示该元件的状态是强制输出的。按下连接在输入端子 X0 上的按钮，可以观察到梯形图中 X0 常开触点变为蓝色，同时线圈 Y0 也变为蓝色，表示输出端口 Y0 已经接通。如果在输出端口 Y0 上连接有接触器线圈，并将电动机通过接触器连接至电源，电动机就会启动运转。松开与 X0 连接的按钮，梯形图上 X0 触点恢复为白色，但通过 Y0 的自锁触点，Y0 的线圈仍为蓝色，表示 Y0 被保持接通。按下连接在 X1 端口上的按钮或代表连锁触点的按钮 X2，Y0 的自锁解除，Y0 的线圈变为白色，表示输出端口 Y0 被切断，电动机停止运行。

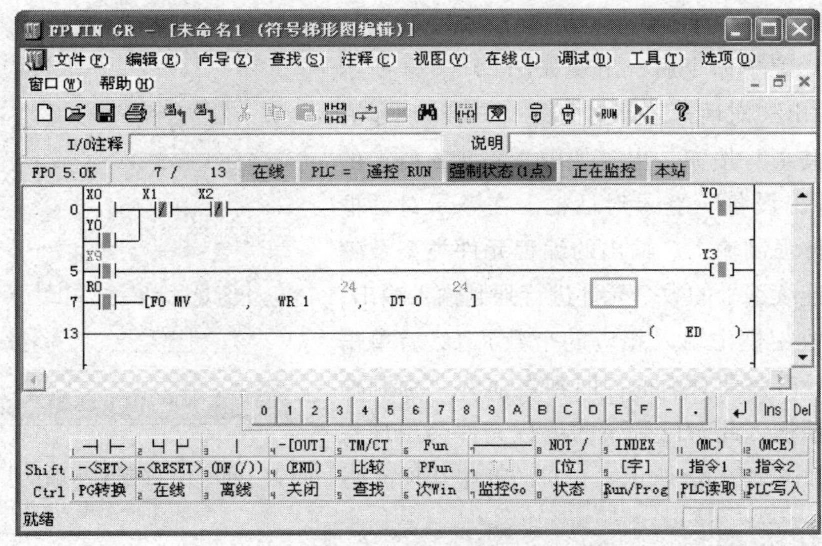

图 25—79 梯形图的监控

观察完毕，再次执行菜单命令〔在线〕→〔执行监控〕；或在功能键栏中单击“监控”按钮，即退出在线监控状态，停止对梯形图的监控。

（3）注意事项

1）PLC 只有在处于“PROG”状态时才能进行程序的下载。若下载前未将 PLC 的工作模式开关选择为“PROG”，编程软件会自动检测 PLC 的工作模式，并发出提示，经确认同意后即遥控转入 PROG 模式进行下载，下载完成后再经提示确认后遥控进入 RUN 模式，自动开始执行所下载的用户程序。

2）如果在程序下载前未设置好通信端口，编程软件会在经过一段延时后自动检测通信参数。只要通信端口选择正确，就能在自动检测通信参数后进行下载。若通信端口设置错误的话，在检测完成后会出现无法向PLC下载程序的提示。

3）在输入程序时，在“符号梯形图编辑”画面中是用触点、线圈等图形符号来画出梯形图的；在“布尔梯形图编辑”画面中是用输入指令来画出梯形图的；而“布尔非梯形图编辑”画面中是通过输入指令来生成语句表程序的。这三种编辑画面可相互转换。

6. FPWIN－GR编程软件中强制输入输出的方法

（1）强制输入输出。利用编程软件FPWIN－GR中强制输入输出的功能，能帮助用户检查外部输入输出元器件的状况及接线的正确性，或用于简单的手动运行或程序的调试。FPWIN－GR中可以对R、X、Y、T、C等位元件进行强制输出。

对输入、输出继电器强制进行ON/OFF操作是在FPWIN－GR的“符号梯形图编辑”窗口中执行菜单命令〔在线〕→〔强制输入输出〕实现的，如图25—80所示。执行〔强制输入输出〕菜单命令后，出现如图25—81a所示“强制输入输出”对话框。单击如图25—81a所示右边的“设备登录”按钮，出现如图25—81b所示的“强制输入输出设备”登录对话框。在登录对话框中输入要进行强制输入、输出的编程元件类型及编号（若需对连续编号的数个元件进行强制输入输出，可在“登录数”框中填入相应的个数），然后单击“OK”按钮退出登录对话框，回到之前的“强制输入输出”对话框。此时已登录的编程元件会出现在对话框中，如图25—82所示。在对话框中选择需要

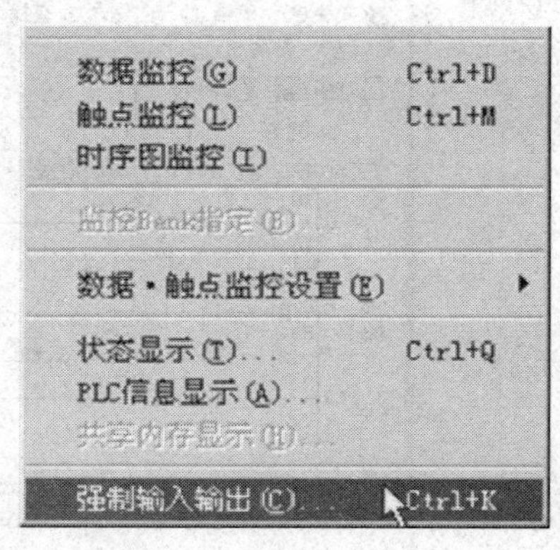

图25—80 〔强制输入输出〕菜单命令

a）

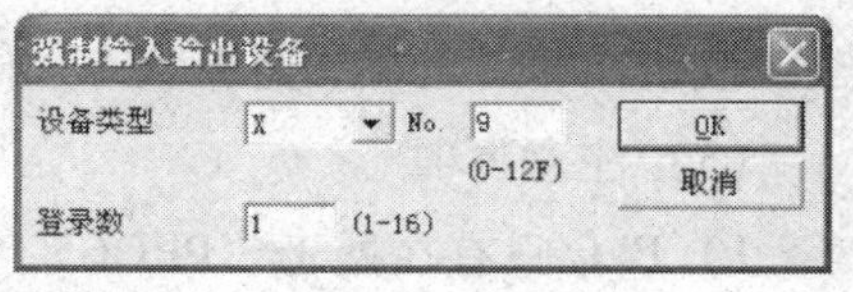

b）

图25—81 “强制输入输出”对话框

a）“强制输入输出”对话框 b）“强制输入输出设备”对话框

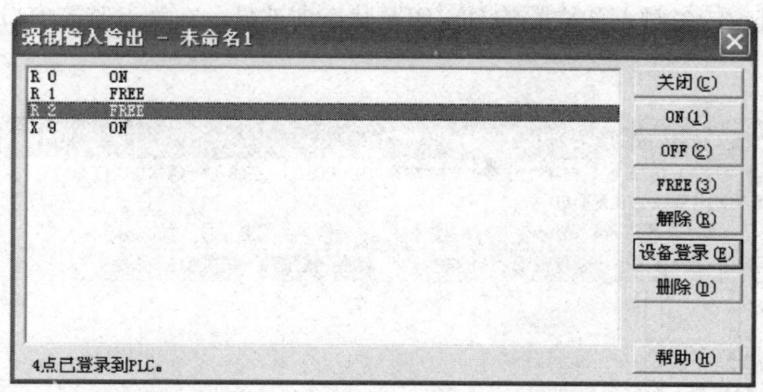

图 25—82　元件登录后的“强制输入输出”对话框

强制输入输出的元件（可按〈Ctrl + 空格〉键或单击选择多个元件同时进行 ON/OFF），单击“ON（1）”按钮后所选择的元件被强制为 ON；单击“OFF（2）”按钮则所选择的元件被强制为 OFF；单击“FREE（3）”按钮则元件的状态按照程序流程动作。若单击“解除”按钮，则所有强制点被解除，恢复到强制操作之前的状态。

（2）触点的监控及 ON/OFF 操作。执行菜单命令〔在线〕→〔触点监控〕，即会出现如图 25—83 所示触点监控窗口。在此窗口中可以对 X、Y、R、T、C、SSTP 等元件的触点进行监控或者 ON/OFF 操作。

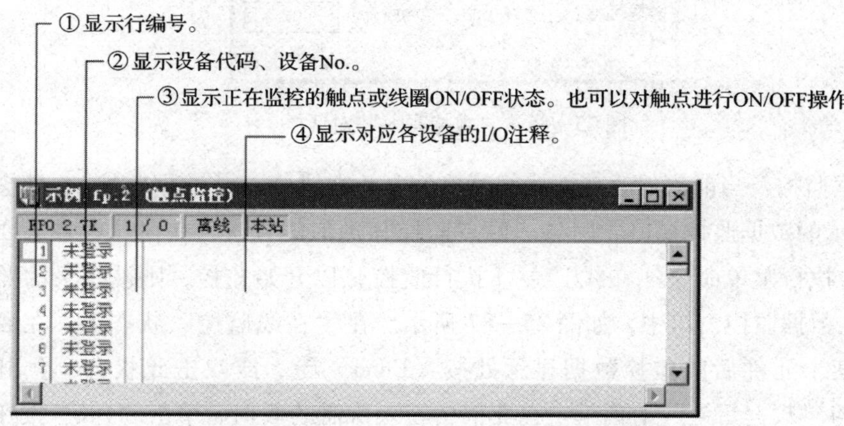

图 25—83　触点监控窗口

双击“未登录”处，就会出现与前面图 25—81b 相似的监控设备登录对话框。在对话框中输入要监控的元件后确认退出，回到触点监控窗口。已登录的元件出现在此窗口之中。若此时选择的是“在线编辑”方式，并执行菜单命令〔在线〕→〔执行监控〕以开始监控，则被登录的各触点和线圈的ON/OFF状态即被显示在触点监控窗口中，如图25—84所示。

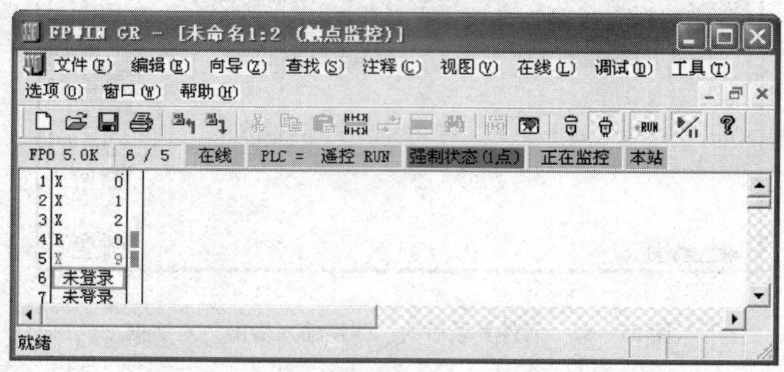

图25—84　触点的监控

在“在线监控”状态下，在触点监控窗口中选择某个元件后的监控状态处按〈Enter〉键，或双击此状态，会出现图25—85所示的“数据写入”对话框。在此框中选择“ON”或“OFF”后单击“OK”按钮，则该元件的状态即被改变（注意：输入继电器X的状态不能被改写）。

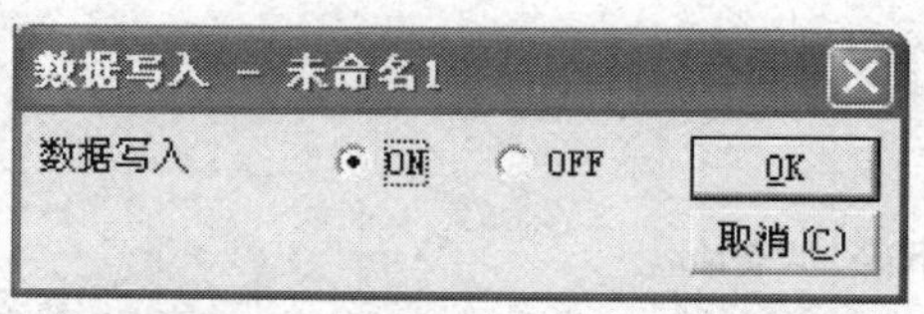

图25—85　“数据写入”对话框

（3）数据监控及当前值的改变。执行菜单命令〔在线〕→〔数据监控〕，即会出现如图25—86所示的数据监控窗口。用与“触点监控”类似的方法，在窗口中登录要监控的编程元件后，执行菜单命令〔在线〕→〔执行监控〕以开始监控，则被登录的监控对象的数值显示在数据监控窗口中，如图25—87所示。在“在线监控”状态下，在数据监控窗口中选择某个元件后的监控数据显示处按〈Enter〉键，或双击此状态，会出现如图25—88所示的“数据写入”对话框。在此框中写入所需的数据后单击“OK”按钮，则该元件的当前值即被改变。利用此功能，可改变数据寄存器DT、定时器T和计数器C的预置值寄存器SV、经过值寄存器EV及WX、WY、WR的数值。

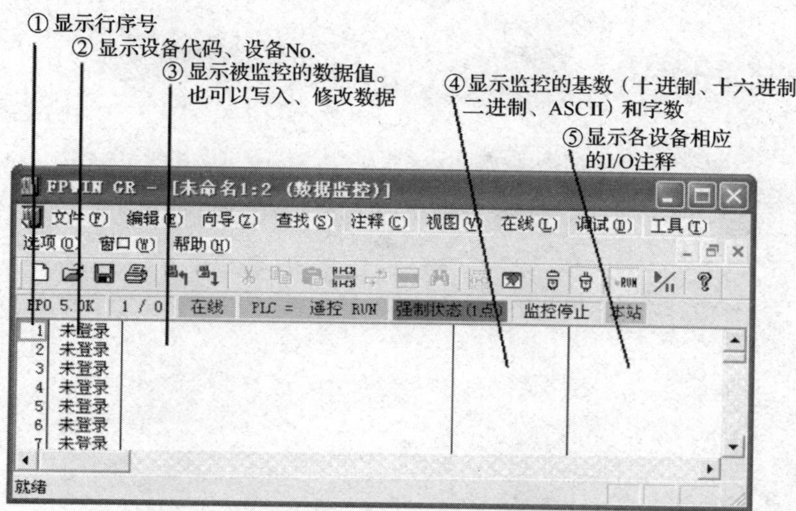

图 25—86 数据监控窗口

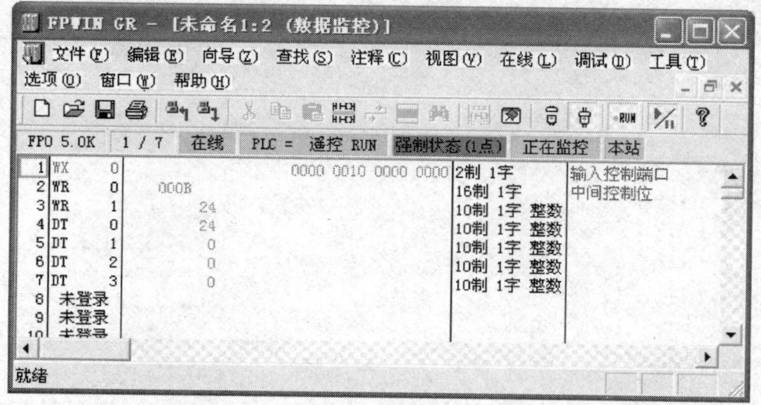

图 25—87 元件登录后的数据监控窗口

数据写入 - 未命名1

数据写入 24

（10制 / 1字 / 整数）

OK

取消(C)

图 25—88 “数据写入”对话框

第 26 章

可编程序控制器操作技能实例

第 1 节　位置类控制系统的编程　/200
第 2 节　时序类控制系统的编程　/226
第 3 节　位置和时序综合控制系统的应用　/244

在实际 PLC 控制系统中，对被控对象的控制应按照实际生产或控制过程的工艺流程或工艺要求来进行。被控对象的动作应按照一定的规律变化，而被控对象的动作要能够按照预定的规律变化，就应按照在控制过程中所产生的各种检测信号及 PLC 内部状态的变化来进行控制。对于大部分实际被控装置来说，对其的控制要求以及所依据的信号主要是满足其在空间、时间及空间与时间的结合等方面的要求。本章就通过实例从空间、时间及空间与时间的结合这三个方面并结合高级维修电工的培训，来介绍 PLC 的编程。

第 1 节　位置类控制系统的编程

被控对象的动作要满足空间位置上的要求，同时对其进行控制的条件也是依赖于对位置的检测，这类控制系统可归类为位置类控制系统。

【例 26—1】 用 PLC 实现运料小车自动控制系统

一、任务描述

1. 运料小车控制过程的模拟

运料小车在甲、乙两个料斗处按要求进行装料后，返回原点卸料。在原点、甲、乙两地都装有限位开关，当小车行走到限位开关处就会将限位开关压下而发出位置检测信号。小车向前或向后行走通过接触器 KM1 或 KM4 控制电动机正反转而实现；甲乙两个料斗的放料阀门是以两个接触器 KM2 和 KM3 控制的；小车的底部装有卸料阀门，通过接触器 KM5 来控制。小车卸料的时间是由外部 BCD 码开关来设定的，在 PLC 控制箱的操作面板上，装有八个带锁定的按钮（SB9 ~ SB16）来模拟两位 BCD 码开关。另外在操作面板上还装有启动按钮 SB1 和停止按钮 SB2（SB1 和 SB2 是不带锁定的按钮）。

为了便于观察小车的运动过程，在计算机上安装了小车运行的仿真软件，可以在仿真画面中根据 PLC 中程序的运行对应各个接触器做出同步的动作，并形象地做出小车前后行走、甲乙料斗放料、小车卸料等动态图像。同时，在小车行走到原点、甲料斗、乙料斗等处压下限位开关时能自动地向 PLC 发出位置检测信号，从而可使 PLC 依据这些位置信号来实现小车运行的控制。在进行实训或技能鉴定时，也可根据仿真画面上的动作情况来判断 PLC 应用程序执行是否正确。小车运行的仿真画面如图 26—1 所示。

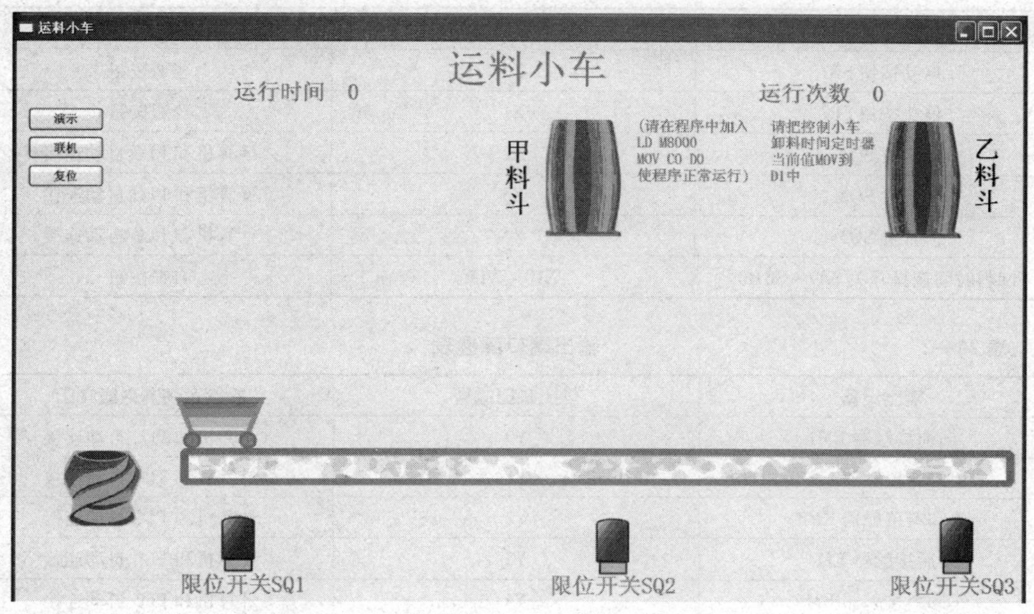

图 26—1 运料小车仿真画面

在仿真画面上标注有提示文字："请在程序中加入 LD M8000，MOV C0 D0，使程序正常运行" 和 "请把控制小车卸料时间定时器设定值 MOV 到 D1 中"。这是为了能在仿真画面上正确显示小车的运行次数及运行时间，在对 PLC 编程时应按照仿真画面上的提示来进行。

2. 控制要求

按启动按钮 SB1 小车从 SQ1 开关处启动，向前运行直到碰撞 SQ2 开关停止，甲料斗装料时间 5 s，然后小车继续向前运行直到碰撞 SQ3 开关停止，此时乙料斗装料 3 s，随后小车返回直到碰撞 SQ1 开关停止，小车卸料 *N* 秒，卸料时间结束后，完成一次循环（*N* = 1 ~5 s，可以 0.1 s 为单位，由时间选择按钮以两位 BCD 码设定）。

按了 SB1 后小车连续做三次循环后自动停止，中途按下停止按钮 SB2 则小车在完成本次循环后停止。

二、输入输出地址分配

根据运料小车模拟装置的设备情况以及对小车的控制要求，可列出对各个输入输出设备的地址分配表（I/O 分配表），见表 26—1 和表 26—2。

表 26—1　　输入端口配置表

输入设备	输入端口编号	接鉴定装置对应端口
启动按钮 SB1	X0	普通按钮
停止按钮 SB2	X1	普通按钮
开关 SQ1	X2	计算机和 PLC 自动连接
开关 SQ2	X3	计算机和 PLC 自动连接
开关 SQ3	X4	计算机和 PLC 自动连接
卸料时间选择开关 SB9 ~ SB16	X10 ~ X17	自锁按钮

表 26—2　　输出端口配置表

输出设备	输出端口编号	接鉴定装置对应端口
向前接触器 KM1	Y0	计算机和 PLC 自动连接
甲卸料接触器 KM2	Y1	计算机和 PLC 自动连接
乙卸料接触器 KM3	Y2	计算机和 PLC 自动连接
向后接触器 KM4	Y3	计算机和 PLC 自动连接
车卸料接触器 KM5	Y4	计算机和 PLC 自动连接

三、PLC 接线图

根据运料小车控制系统的 I/O 分配表，可画出 PLC 接线图如图 26—2 所示。

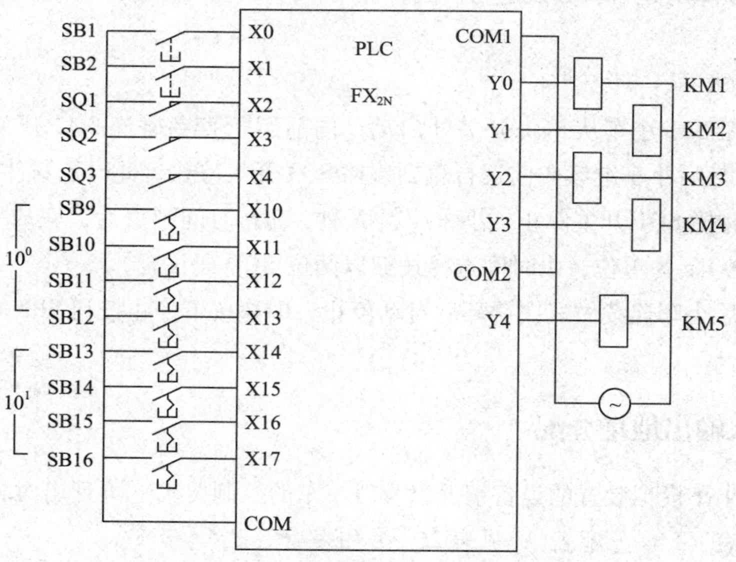

图 26—2　运料小车的 PLC 接线图

在根据接线图接线时，如果是只用仿真软件进行模拟调试，则输出端上的各个接触器不需要连接，仿真画面上会按照所连接的PLC输出继电器的状态自动产生相应的动作。同样，三个限位开关也不需要连接，其信号由仿真软件自动提供。

四、状态转移图

根据I/O分配表及对运料小车的控制要求，可画出对应小车控制流程的状态转移图，如图26—3所示。

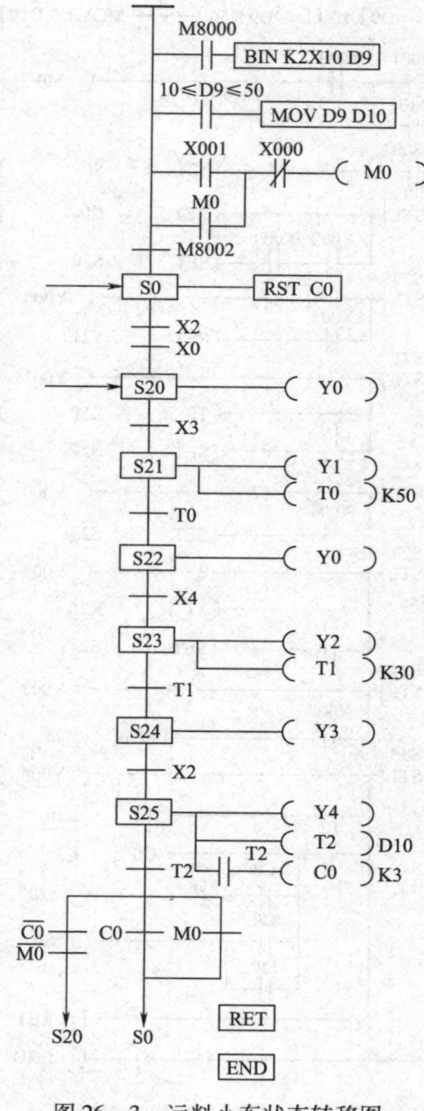

图26—3 运料小车状态转移图

五、梯形图程序

由图 26—3 所示状态转移图，可编程出对应的梯形图程序，如图 26—4 所示。

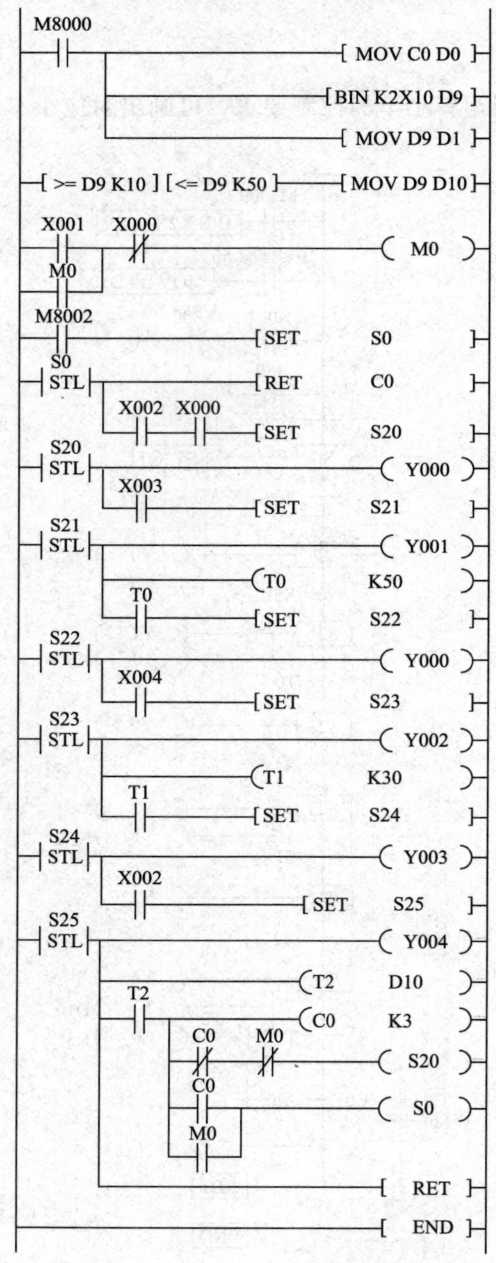

图 26—4　运料小车梯形图程序

六、语句表程序

由状态转移图可直接写出指令语句表程序，也可由梯形图写出语句表程序如下：

```
0   LD    M8000
1   MOV   C0    D0
6   BIN   K2X010 D9
11  MOV   D9    D1
16  LD >= D9    K10
21  AND <= D9   K50
26  MOV   D9    D10
31  LD    X001
32  OR    M0
33  ANI   X000
34  OUT   M0
35  LD    M8002
36  SET   S0
38  STL   S0
39  ZRST  S20   S30
44  RST   C0
46  LD    X002
47  AND   X000
48  SET   S20
50  STL   S20
51  OUT   Y000
52  LD    X003
53  SET   S21
55  STL   S21
56  OUT   Y001
57  OUT   T0    K50
60  LD    T0
61  SET   S22
63  STL   S22
64  OUT   Y000
65  LD    X004
66  SET   S23
68  STL   S23
69  OUT   Y002
70  OUT   T1    K30
73  LD    T1
74  SET   S24
76  STL   S24
77  OUT   Y003
78  LD    X002
79  SET   S25
81  STL   S25
82  OUT   Y004
83  OUT   T2    D10
86  LD    T2
87  MPS
88  OUT   C0    K3
91  ANI   M0
92  ANI   C0
93  OUT   S20
95  MPP
96  LD    M0
97  OR    C0
98  ANB
99  OUT   S0
101 RET
102 END
```

七、说明

1．在梯形图与语句表程序中，按照仿真软件的要求，加上了［LD M8000，MOV C0 D0，MOV D9 D1］这三条指令，以便在仿真画面上显示C0中的小车已循环次数及卸料时间定时器T2的设定值。

2．小车卸料时间以0.1s为单位，因此应选用100 ms定时器，程序中选用了T2。因卸料时间由外部BCD码开关设定，在程序运行过程中会变化，因此T2的定时时间设定不能用直接设定，而要用数据寄存器间接设定，程序中上使用D10来作为设定值寄存器。由八个带锁按钮作为外部BCD码开关，设定值由X10～X17输入，但定时器的设定值是以二进制的形式存储的，因此使用BCD码—二进制转换指令“BIN”将X10～X17输入的BCD码转换成二进制数字存放在D9中。D9是中间变量暂存单元，要对D9进行比较判断确定其数值在允许范围内，才能将其传送到D10作为定时器设定值使用。但要注意，当设定值被改变时，如果此时正在卸料阶段，定时器T2已经在计时，那么此时使用的延时时间仍然是原来的设定值，只有当T2重新开始计时时，才开始使用改变后的设定值。

3．本实例使用了选择循环流程。在流程的最后一步，要根据循环次数是否达到了要求来确定是返回到S20继续循环，还是返回到S0停止运行等待下一次重新启动。这里可根据循环次数计数器C0的当前值来进行判断：如果循环三次的要求尚未达到，C0的当前值不到3，C0的触点不会动作，则C0的常闭触点接通，常开触点断开，用常闭触点来返回S20；而如果计数次数已经达到三次，则计数器触点将动作，C0的常开触点接通，常闭触点断开，用常开触点来返回S0。

4．控制要求中要求当停止按钮按下后，要等当前的循环结束后才能停止，因此按下停止按钮的动作应当被记忆，等到流程进行到最后一步再来进行判断。停止按钮的动作不应放在步进流程中来记忆，这是由于当步进指令被执行时，PLC只执行当前被激活的步进阶梯，而不予执行未被激活的步进阶梯。因此，若是在步进流程中的某一步来记忆停止按钮的动作，因为该步不是始终被激活的，停止按钮的动作就不一定能被检测到。所以停止按钮的动作应在步进流程之外，也就是在第一个STL指令之前或RET指令之后来记忆。本程序中是在步进流程之前用M0来记忆停止按钮是否被按过。M0=0表示未按过停止按钮；M0=1则表示已按过。在流程最后一步根据M0的状态来确定是停止或继续循环。用M0的常闭触点与C0的常闭触点串联后转移到S20，表示只有在既未停止，也未达到循环次数时才能继续下一次循环。而M0的常开触点与C0的常开触点是并联后转移到S0的，即表示无论是按过停止按钮，还是循环次数已经达到，二者中任何一种情况发生都应转移到S0停止运行。

5．利用仿真软件进行调试时，在打开仿真画面后应单击画面上的“联机”按钮，仿真画面上的图像才能对应 PLC 程序的运行而动作。若发现画面上的动作不正确，则应结合 PLC 编程软件中对梯形图程序的监控功能来找出原因，对程序中的错误之处进行修改，重新下载后再次观察画面上的动作。重复上述过程，一直到画面动作，包括循环次数、停止按钮的操作等程序功能完全正确，符合控制要求为止。

【例 26—2】 用 PLC 实现机械滑台自动控制

一、任务描述

1．机械滑台控制过程的模拟

机械滑台可以沿着滑台的导轨进行纵向和横向运动。其纵向正向进给的方向是进行金属切削加工的方向。在纵向、横向导轨的两端以及纵向进给到开始加工的位置处装有行程开关 SI1 ~ SI6。工作台的正、反向进给用电磁阀 YV1 ~ YV5 进行控制驱动。工作台上安装有切削动力头，动力头电动机由接触器 KM1 控制。滑台循环运行的次数是由外部 BCD 码开关来设定的，在 PLC 控制箱的操作面板上，装有四个带锁定的按钮（SB9 ~ SB12）来模拟 1 位 BCD 码开关。另外在操作面板上还装有启动按钮 SB1 和停止按钮 SB2（SB1 和 SB2 是不带锁定的按钮）。

为了便于观察滑台的控制过程，在计算机上安装了机械滑台运行的仿真软件，可以在仿真画面中根据 PLC 中程序的运行对各个电磁阀及接触器对应地做出同步的动作，并形象地做出滑台纵向、横向的进给运动，动力头电动机旋转等动态图像。同时，在滑台移动到各个终端位置或开始加工位置时压下行程开关，能自动地向 PLC 发出位置检测信号，从而可使 PLC 依据这些位置信号来实现机械滑台运行的控制。在进行实训或技能鉴定时，也可根据仿真画面上的动作情况来判断 PLC 应用程序执行是否正确。机械滑台运行的仿真画面如图 26—5 所示。

在仿真画面上标注有提示文字：“请在程序中加入［LD M8000，MOV C0 D0］，使程序正常运行”。这是为了能在仿真画面上正确显示滑台的运行次数，对 PLC 编程时应按照仿真画面上的提示来进行。

2．控制要求

当工作台在原始位置时，按下启动按钮 SB1，电磁阀 YV1 得电，工作台快进，同时由接触器 KM1 驱动的动力头电动机 M 启动；当工作台快进到达 A 点时，YV1、YV2 得电，工作台由快进切换成工进，进行切削加工；当工作台工进到达 B 点时，工进结束，YV1、YV2 失电，同时工作台停留 3 s，当停留时间到时，YV3 得电，工作台做横向退刀，同时主轴电动机 M 停转；当工作台到达 C 点时，YV3 失电，横退结束，YV4 得电，工作台作纵

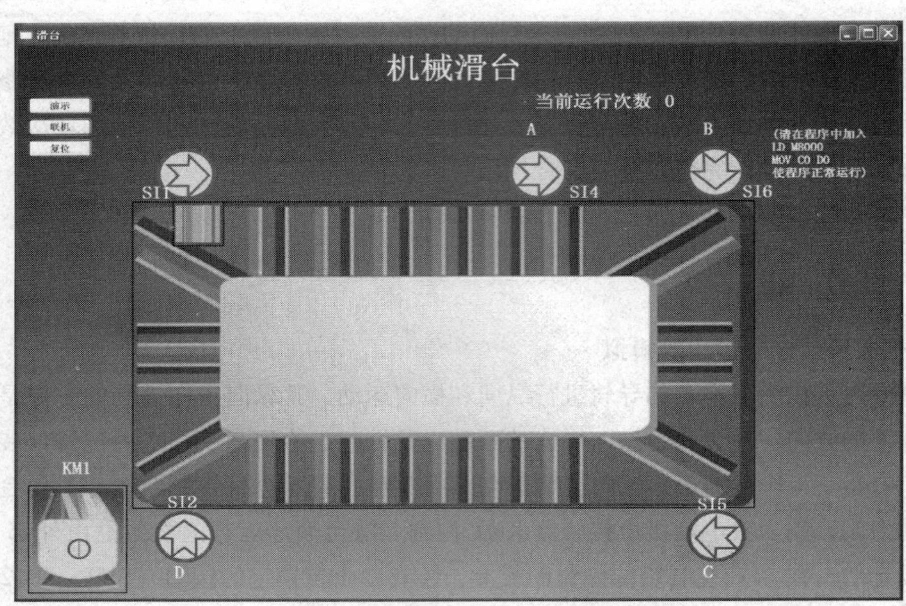

图 26—5　机械滑台仿真画面

退；工作台退到 D 点时，YV4 失电，纵退结束，YV5 得电，工作台横向进给直到原点，压合开关 SI1，此时 YV5 失电完成一次循环。

按了启动按钮 SB1 以后，工作台连续作 N 次循环后自动停止（$N=1\sim9$，可由循环次数选择按钮以 BCD 码设定）。中途按下停止按钮 SB2 机械滑台立即停止运行，并按原路径返回，直到压合开关 SI1 才能停止；当再按启动按钮 SB1，机械滑台重新计数运行。

二、输入输出地址分配

根据机械滑台模拟装置的设备情况以及对工作台的控制要求，可列出对各个输入输出设备的地址分配表（I/O 分配表），见表 26—3 和表 26—4。

表 26—3　　输入端口配置表

输入设备	输入端口编号	接鉴定装置对应端口
启动按钮 SB1	X0	普通按钮
停止按钮 SB2	X1	普通按钮
原点行程开关 SI1	X2	计算机和 PLC 自动连接
A 点行程开关 SI4	X3	计算机和 PLC 自动连接
B 点行程开关 SI6	X4	计算机和 PLC 自动连接

续表

输入设备	输入端口编号	接鉴定装置对应端口
C 点行程开关 SI5	X5	计算机和 PLC 自动连接
D 点行程开关 SI2	X6	计算机和 PLC 自动连接
循环次数选择按钮 SB9 ~ SB12	X10 ~ X13	自锁按钮

表 26—4　　输出端口配置表

输出设备	输出端口编号	接鉴定装置对应端口
主轴电动机动力头接触器 KM1	Y0	计算机和 PLC 自动连接
电磁阀 YV1	Y1	计算机和 PLC 自动连接
电磁阀 YV2	Y2	计算机和 PLC 自动连接
电磁阀 YV3	Y3	计算机和 PLC 自动连接
电磁阀 YV4	Y4	计算机和 PLC 自动连接
电磁阀 YV5	Y5	计算机和 PLC 自动连接

三、PLC 接线图

根据机械滑台控制系统的 I/O 分配表，可画出 PLC 接线图如图 26—6 所示。

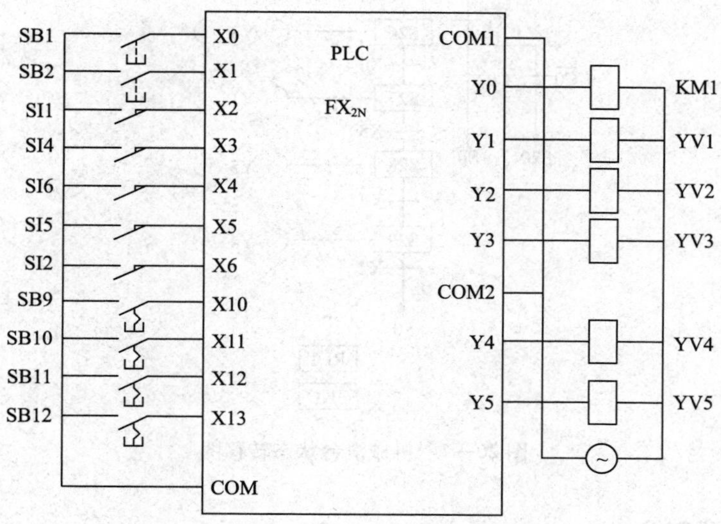

图 26—6　机械滑台的 PLC 接线图

四、状态转移图

根据 I/O 分配表及对机械滑台的控制要求，可画出对应工作台控制流程的状态转移图，如图 26—7 所示。

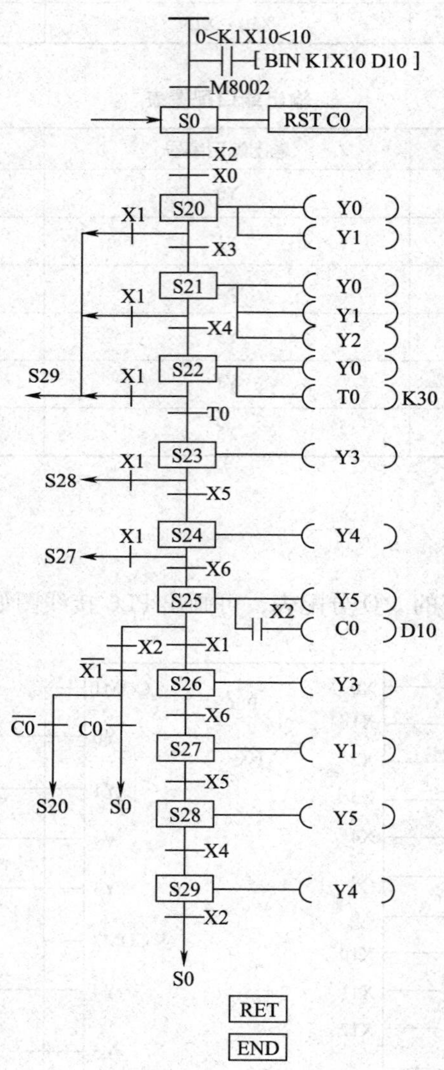

图 26—7　机械滑台状态转移图

五、梯形图程序

由如图 26—7 所示状态转移图，可编程出对应的梯形图程序，如图 26—8 所示。

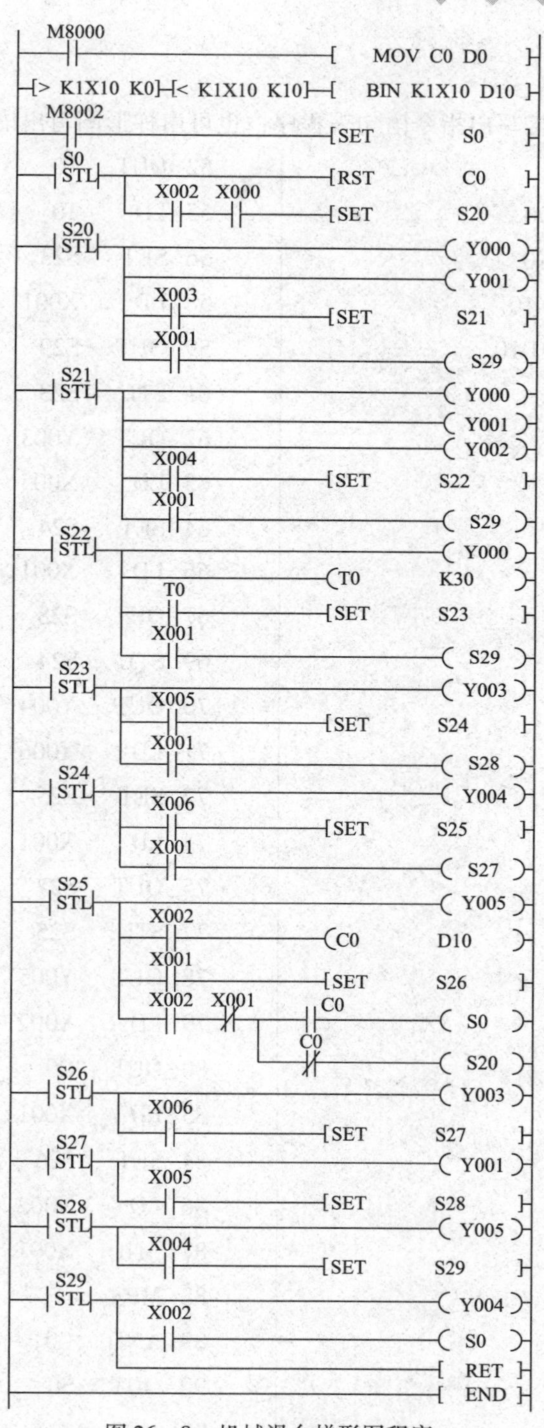

图 26—8　机械滑台梯形图程序

六、语句表程序

由状态转移图可直接写出指令语句表程序，也可由梯形图写出语句表程序如下：

```
0   LD      M8000
1   MOV     C0      D0
6   LD >    K1X10   K0
11  AND<    K1X10   K10
16  BIN     K1X010  D10
21  LD      M8002
22  SET     S0
24  STL     S0
25  RST     C0
27  LD      X002
28  AND     X000
29  SET     S20
31  STL     S20
32  OUT     Y000
33  OUT     Y001
34  LD      X003
35  SET     S21
37  LD      X001
38  OUT     S29
40  STL     S21
41  OUT     Y000
42  OUT     Y001
43  OUT     Y002
44  LD      X004
45  SET     S22
47  LD      X001
48  OUT     S29
50  STL     S22
51  OUT     Y000
52  OUT     T0      K30
55  LD      T0
56  SET     S23
58  LD      X001
59  OUT     S29
61  STL     S23
62  OUT     Y003
63  LD      X005
64  SET     S24
66  LD      X001
67  OUT     S28
69  STL     S24
70  OUT     Y004
71  LD      X006
72  SET     S25
74  LD      X001
75  OUT     S27
77  STL     S25
78  OUT     Y005
79  LD      X002
80  OUT     C0      D10
83  LD      X001
84  SET     S26
86  LD      X002
87  ANI     X001
88  MPS
89  AND     C0
90  OUT     S0
92  MPP
```

```
93  ANI   C0        106 STL   S28
94  OUT   S20       107 OUT   Y005
96  STL   S26       108 LD    X004
97  OUT   Y003      109 SET   S29
98  LD    X006      111 STL   S29
99  SET   S27       112 OUT   Y004
101 STL   S27       113 LD    X002
102 OUT   Y001      114 OUT   S0
103 LD    X005      116 RET
104 SET   S28       117 END
```

七、说明

1. 按照控制要求，滑台循环次数计数器 C0 的预置值（$N=1\sim9$）需由外部 BCD 开关设置。因此，计数器使用数据寄存器 D10 间接设置，而 D10 中的数值由 BIN 指令从输入端口 X10 ~ X13 输入。

2. 本例题中的停止按钮因为是一旦按下就需立即动作，因此不需要再用辅助继电器进行记忆。但相应地在每步中都需用停止按钮作为转移的条件，而且在不同的步中要按照不同的返回路径而转移到不同的目标步中。

【例 26—3】 用 PLC 实现机械手自动控制

一、任务描述

1. 机械手控制过程的模拟

机械手可以沿着导轨做横向的水平运动。同时机械手爪还可做上升、下降的运动。在横向导轨的左右两端以及上升、下降的终端位置处装有行程开关 ST5、ST3、ST2 及 ST0。机械手的左右横向移动及升降运动用电磁阀 KT0 ~ KT3 进行控制驱动。机械手的手爪通过电磁阀 KT4 的控制可做夹紧、放松的动作，夹紧到位及放松到位由传感器 ST1 及 ST4 检测。机械手的任务是将工件从 A 处搬运到 B 处，在 B 处装有光电开关来检测 B 处是否有物体存在而影响工件的下放，当检测到 B 处有物体时光电开关会产生信号。机械手运行的次数是由外部 BCD 码开关来设定的，在 PLC 控制箱的操作面板上，装有四个带锁定的按钮（SB9 ~ SB12）来模拟 1 位 BCD 码开关。另外在操作面板上还装有启动按钮 SB1 和停止按钮 SB2（SB1 和 SB2 是不带锁定的按钮）。

为了便于观察机械手的控制过程，在计算机上安装了机械手运行的仿真软件，可以在仿真画面中根据 PLC 中程序的运行对各个电磁阀对应地做出同步的动作，并形象地做出机械手升降、左右横向的移动及手爪的夹紧放松等动作。同时，在机械手移动到各个终端位置压下行程开关时或手爪夹紧、放松到位时能自动地向 PLC 发出位置检测信号，从而可使 PLC 依据这些位置信号来实现机械手的控制。在进行实训或技能鉴定时，也可根据仿真画面上的动作情况来判断 PLC 应用程序执行是否正确。机械手运行的仿真画面如图 26—9 所示。

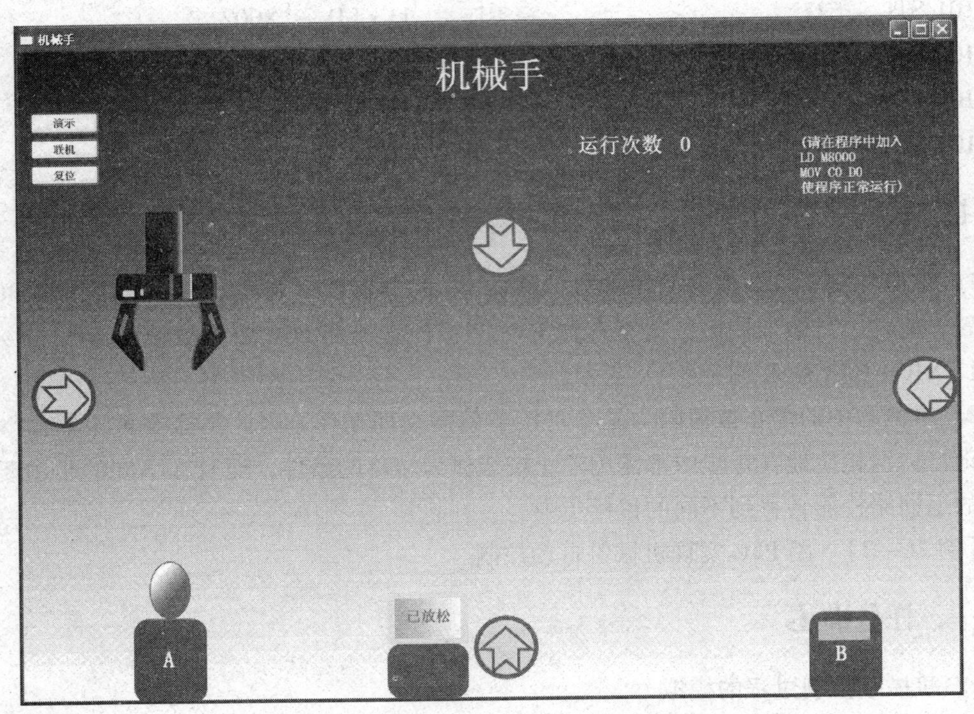

图 26—9　机械手仿真画面

在仿真画面上标注有提示文字：“请在程序中加入［LD M8000，MOV C0 D0］，使程序正常运行”。这是为了能在仿真画面上正确显示机械手的运行次数，对 PLC 编程时应按照仿真画面上的提示来进行。

2. 控制要求

定义原点为左上方所达到的极限位置，其左限位开关闭合，上限位开关闭合，机械手处于放松状态。

搬运过程是机械手把工件从 A 处搬到 B 处。

当工件处于 B 处上方准备下放时，为确保安全，用光电开关检测 B 处有无工件。只有在 B 处无工件时才能发出下放信号。

机械手工作过程：启动机械手下降到 A 处位置→夹紧工件→夹住工件上升到顶端→机械手横向移动到右端，进行光电检测→下降到 B 处位置→机械手放松，把工件放到 B 处→机械手上升到顶端→机械手横向移动返回到左端原点处。

按启动按钮 SB1 后，机械手连续作 N 次循环后自动停止（$N=1\sim9$，可由循环次数选择按钮 SB9 ~ SB12 以 BCD 码设定）；中途按下停止按钮 SB2，机械手完成本次循环后停止。

二、输入输出地址分配

根据机械手模拟装置的设备情况以及对机械手的控制要求，可列出对各个输入输出设备的地址分配表（I/O 分配表），见表 26—5 和表 26—6。

表 26—5　　输入端口配置表

输入设备	输入端口编号	接鉴定装置对应端口
启动按钮 SB1	X10	普通按钮
停止按钮 SB2	X11	普通按钮
下降到位 ST0	X2	计算机和 PLC 自动连接
夹紧到位 ST1	X3	计算机和 PLC 自动连接
上升到位 ST2	X4	计算机和 PLC 自动连接
右移到位 ST3	X5	计算机和 PLC 自动连接
放松到位 ST4	X6	计算机和 PLC 自动连接
左移到位 ST5	X7	计算机和 PLC 自动连接
光电检测开关 SB8	X0	自锁按钮
循环次数选择按钮 SB9 ~ SB12	X14 ~ X17	自锁按钮

表 26—6　　输出端口配置表

输出设备	输出端口编号	接鉴定装置对应端口
下降电磁阀 KT0	Y0	计算机和 PLC 自动连接
上升电磁阀 KT1	Y1	计算机和 PLC 自动连接

续表

输出设备	输出端口编号	接鉴定装置对应端口
右移电磁阀 KT2	Y2	计算机和 PLC 自动连接
左移电磁阀 KT3	Y3	计算机和 PLC 自动连接
夹紧电磁阀 KT4	Y4	计算机和 PLC 自动连接

三、PLC 接线图

根据机械手控制系统的 I/O 分配表，可画出 PLC 接线图如图 26—10 所示。

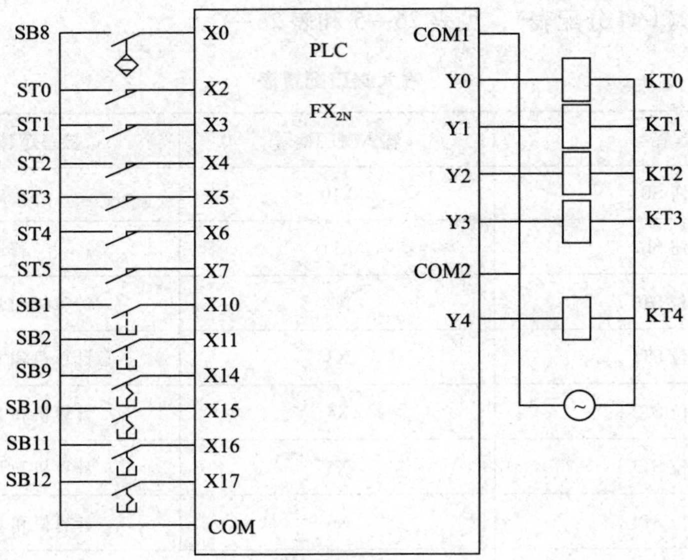

图 26—10 机械手的 PLC 接线图

四、状态转移图

根据 I/O 分配表及对机械手的控制要求，可画出对应机械手控制流程的状态转移图，如图 26—11 所示。

五、梯形图程序

由如图 26—11 所示状态转移图，可编程出对应的梯形图程序，如图 26—12 所示。

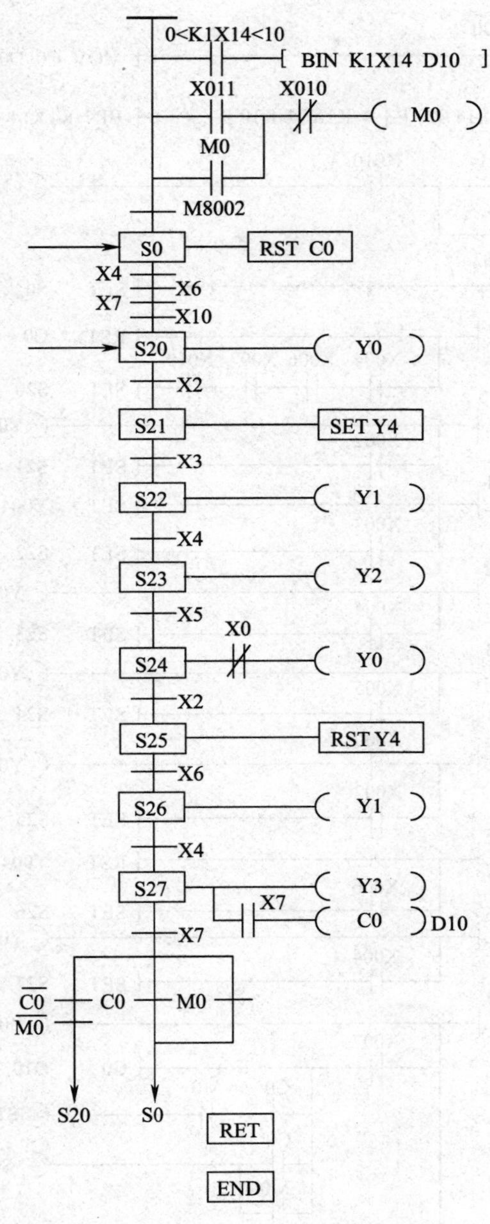

图 26—11　机械手状态转移图

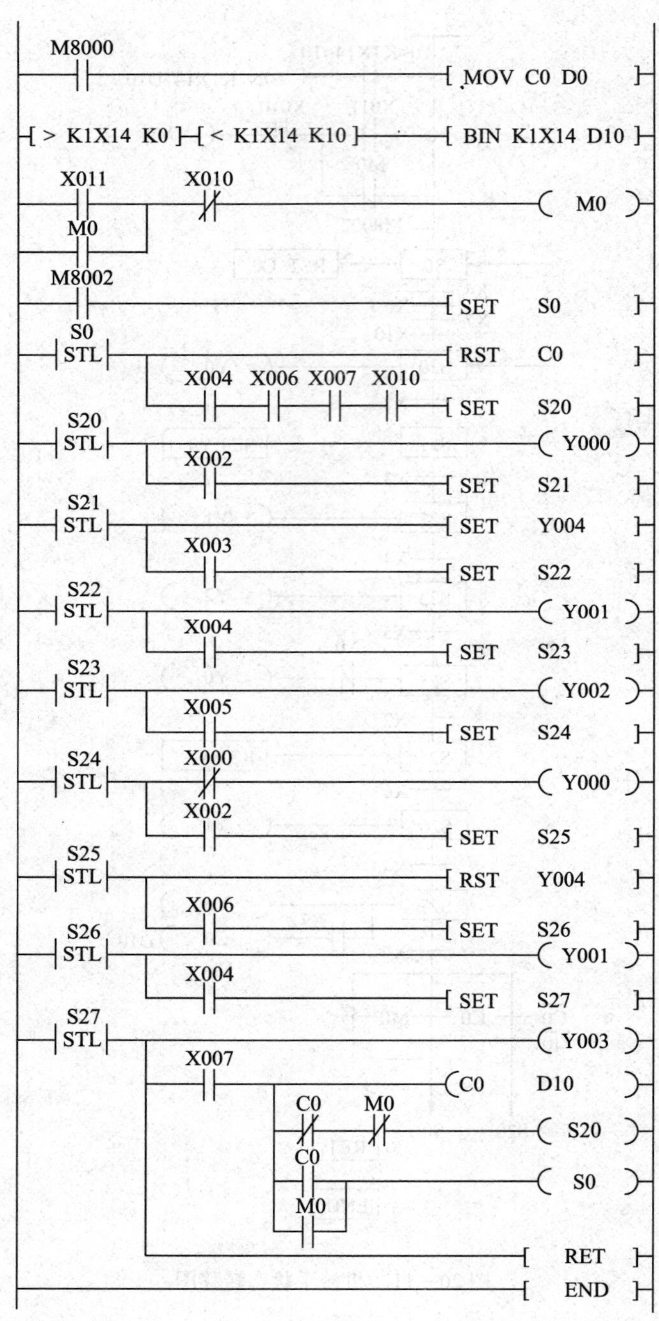

图 26—12　机械手梯形图程序

六、语句表程序

由状态转移图可直接写出指令语句表程序，也可由梯形图写出语句表程序如下：

```
0   LD     M8000
1   MOV    C0      D0
6   LD >   K1X14   K0
11  AND<   K1X14   K10
16  BIN    K1X14   D10
21  LD     X011
22  OR     M0
23  ANI    X010
24  OUT    M0
25  LD     M8002
26  SET    S0
28  STL    S0
29  RST    C0
31  LD     X004
32  AND    X006
33  AND    X007
34  AND    X010
35  SET    S20
37  STL    S20
38  OUT    Y000
39  LD     X002
40  SET    S21
42  STL    S21
43  SET    Y004
44  LD     X003
45  SET    S22
47  STL    S22
48  OUT    Y001
49  LD     X004
50  SET    S23
52  STL    S23
53  OUT    Y002
54  LD     X005
55  SET    S24
57  STL    S24
58  LDI    X000
59  OUT    Y000
60  LD     X002
61  SET    S25
63  STL    S25
64  RST    Y004
65  LD     X006
66  SET    S26
68  STL    S26
69  OUT    Y001
70  LD     X004
71  SET    S27
73  STL    S27
74  OUT    Y003
75  LD     X007
76  MPS
77  OUT    C0      D10
80  ANI    C0
81  ANI    M0
82  OUT    S20
84  MPP
85  LD     C0
86  OR     M0
87  ANB
88  OUT    S0
90  RET
91  END
```

七、说明

1. 按照控制要求，机械手循环次数计数器 C0 的预置值（$N=1\sim9$）需由外部 BCD 开关设置。因此，计数器使用数据寄存器 D10 间接设置，而 D10 中的数值由 BIN 指令从输入端口 X14 ~ X17 输入。

2. 按过停止按钮后，要在本次循环结束后才停止，因此程序中使用了辅助继电器 M0 作为停止标记，到步进流程的最后一步再来判断是否停止。停止标记应在按下启动按钮后清除，以便在重新启动后能正常运行。

3. 在步 S24 中用光电开关的常闭触点来控制机械手爪的下降，若 B 处平台上放有物体影响工件的下放时，光电开关发出信号，则其常闭触点断开，机械手爪不能下放；只有在 B 处没有物体，光电开关没有信号时，光电开关的常闭触点接通，机械手爪才能下放。

【例 26—4】 用 PLC 实现混料罐自动控制

一、任务描述

1. 混料罐控制过程的模拟

混料罐控制系统可以自动按照配方进料、搅拌及出料。在混料罐上装有两种原料的进料管，以进料泵 1 和进料泵 2 控制进料。装有混料泵，可对罐中的物料进行搅拌。配好的物料由出料泵控制放料。混料罐中的液位由高、中、低三个液位开关 SI6、SI4 及 SI1 检测。混料罐配料循环运行的次数是由外部 BCD 码开关来设定的，在 PLC 控制箱的操作面板上，装有四个带锁定的按钮（SB9 ~ SB12）来模拟一位 BCD 码开关。另外在操作面板上还装有启动按钮 SB1 和停止按钮 SB2（SB1 和 SB2 是不带锁定的按钮）。

为了便于观察混料泵的运行过程，在计算机上安装了混料罐运行的仿真软件，可以在仿真画面中根据 PLC 中程序的运行对各个泵对应地做出同步的动作，并形象地做出物料升降及搅拌等动态图像。同时，在物料上升或下降到高、中、低等液位时能自动地向 PLC 发出液位检测信号，从而可使 PLC 依据这些位置信号来实现混料泵运行的控制。在进行实训或技能鉴定时，也可根据仿真画面上的动作情况来判断 PLC 应用程序执行是否正确。混料罐运行的仿真画面如图 26—13 所示。

在仿真画面上标注有提示文字：“请在程序中加入［LD M8000，MOV C0 D0，MOV C1 D1］，使程序正常运行”。这是为了能在仿真画面上正确显示配方 1 和配方 2 运行次数，对 PLC 编程时应按照仿真画面上的提示来进行。

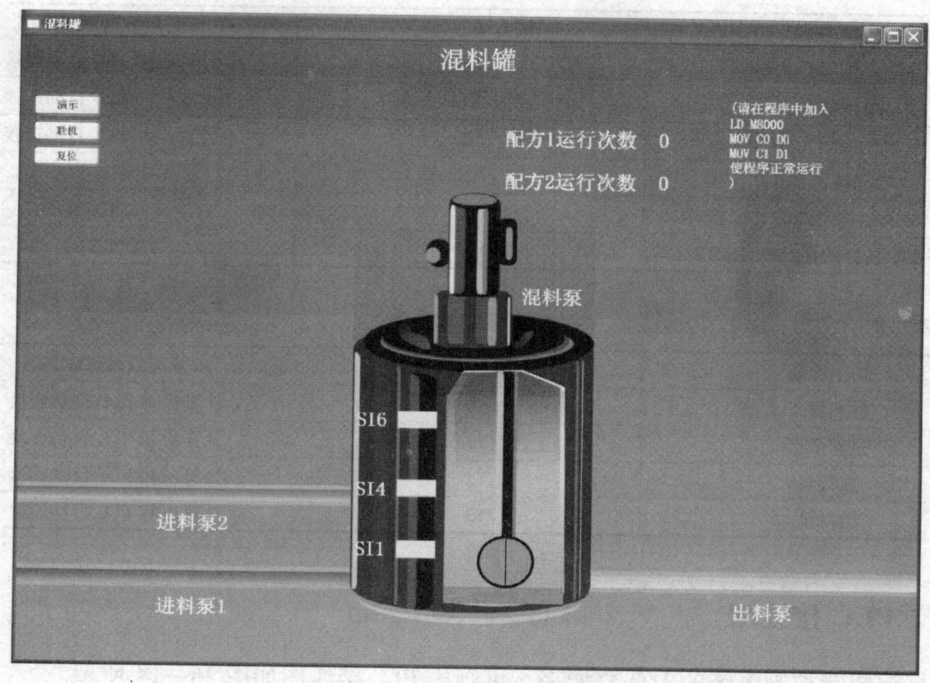

图 26—13 混料罐仿真画面

2. 控制要求

初始状态所有泵均关闭。按下启动按钮 SB1 后进料泵 1 启动，当液位到达 SI4 时根据不同配方的工艺要求进行控制：如果按配方 1 则关闭进料泵 1 且启动进料泵 2；如果按配方 2 则进料泵 1 和 2 均打开。当进料液位到达 SI6 时将进料泵 1 和 2 全部关闭，同时打开混料泵。混料泵持续运行 3 s 后又根据不同配方的工艺要求进行控制：如果按配方 1 则打开出料泵，等到液位下降到 SI4 时停止混料泵；如果按配方 2 则打开出料泵并且立即停止混料泵。直到液位下降到 SI1 时关闭出料泵，完成一次循环。

按下启动按钮以后，混料罐首先按配方 1 连续循环，循环 *N* 次后，混料罐自动转为配方 2 仍做连续循环，再循环 *N* 次后停止。（*N* = 1 ~ 9，可由循环次数选择按钮 SB9 ~ SB12 以 BCD 码设定）；按下停止按钮 SB2 混料罐在完成本次循环后停止。

二、输入输出地址分配

根据混料泵模拟装置的设备情况以及对混料泵的控制要求，可列出对各个输入输出设备的地址分配表（I/O 分配表），见表 26—7 和表 26—8。

表 26—7　　输入端口配置表

输入设备	输入端口编号	接鉴定装置对应端口
高液位检测开关 SI6	X0	计算机和 PLC 自动连接
中液位检测开关 SI4	X1	计算机和 PLC 自动连接
低液位检测开关 SI1	X2	计算机和 PLC 自动连接
启动按钮 SB1	X3	普通按钮
停止按钮 SB2	X4	普通按钮
循环次数选择按钮 SB9 ~ SB12	X10 ~ X13	自锁按钮

表 26—8　　输出端口配置表

输出设备	输出端口编号	接鉴定装置对应端口
进料泵 1	Y0	计算机和 PLC 自动连接
进料泵 2	Y1	计算机和 PLC 自动连接
混料泵	Y2	计算机和 PLC 自动连接
出料泵	Y3	计算机和 PLC 自动连接

三、PLC 接线图

根据混料罐控制系统的 I/O 分配表，可画出 PLC 接线图如图 26—14 所示。

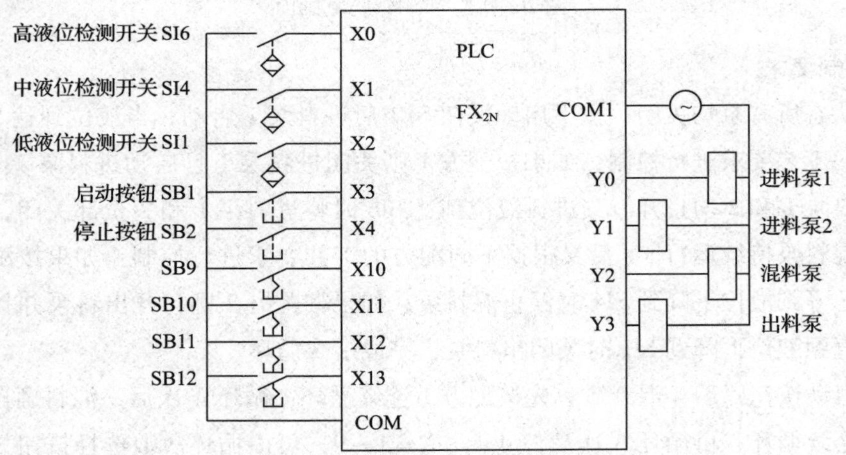

图 26—14　混料罐的 PLC 接线图

四、状态转移图

根据 I/O 分配表及对混料罐的控制要求，可画出对应混料罐控制流程的状态转移图，如图 26—15 所示。

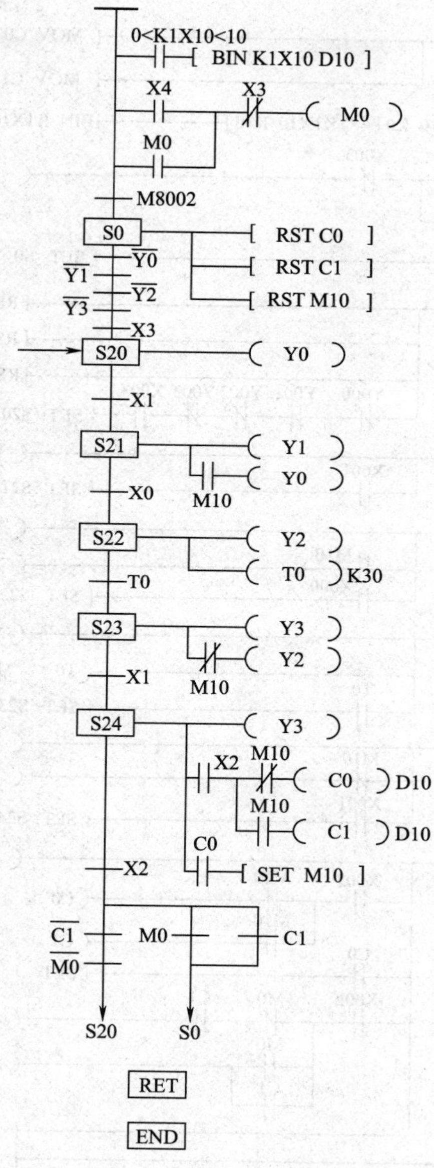

图 26—15　混料罐状态转移图

五、梯形图程序

由如图 26—15 所示状态转移图，可编程出对应的梯形图程序，如图 26—16 所示。

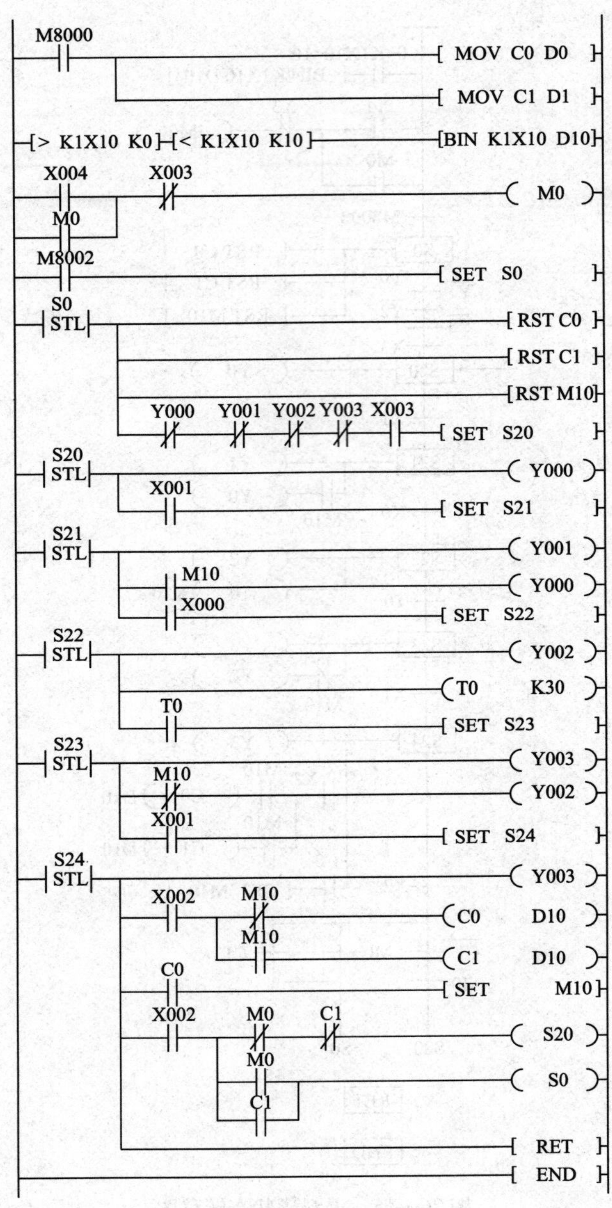

图 26—16　混料罐梯形图程序

六、语句表程序

由状态转移图可直接写出指令语句表程序，也可由梯形图写出语句表程序如下：

```
0   LD     M8000
1   MOV    C0     D0
6   MOV    C1     D1
11  LD >   K1X10  K0
16  AND<   K1X10  K10
21  BIN    K1X10  D10
26  LD     X004
27  OR     M0
28  ANI    X003
29  OUT    M0
30  LD     M8002
31  SET    S0
33  STL    S0
34  RST    C0
36  RST    C1
38  RST    M10
39  LDI    Y000
40  ANI    Y001
41  ANI    Y002
42  ANI    Y003
43  AND    X003
44  SET    S20
46  STL    S20
47  OUT    Y000
48  LD     X001
49  SET    S21
51  STL    S21
52  OUT    Y001
53  LD     M10
54  OUT    Y000
55  LD     X000
56  SET    S22
58  STL    S22
59  OUT    Y002
60  OUT    T0     K30
63  LD     T0
64  SET    S23
66  STL    S23
67  OUT    Y003
68  LDI    M10
69  OUT    Y002
70  LD     X001
71  SET    S24
73  STL    S24
74  OUT    Y003
75  LD     X002
76  MPS
77  ANI    M10
78  OUT    C0     D10
81  MPP
82  AND    M10
83  OUT    C1     D10
86  LD     C0
87  SET    M10
90  LD     X002
91  MPS
92  ANI    C1
93  ANI    M0
94  OUT    S20
96  MPP
97  LD     M0
98  OR     C1
99  ANB
100 OUT    S0
102 RET
103 END
```

七、说明

1. 按照控制要求，混料罐应先按照配方1运行N次，再以配方2运行N次后停止运行，因此在程序中设置了配方标志M10：M10=0时按配方1运行；M10=1时按配方2运行。在初始步中将M10清零，先按照配方1运行。运行N次后将M10置位，则按照配方2运行。

2. 按照仿真画面上提示的要求，以计数器C0对配方1运行次数计数；以计数器C1对配方2运行次数计数。在程序中，当M10=0，按配方1运行时，用M10的常闭触点使C0进行计数；而当M10=1，按配方2运行时，用M10的常开触点使C1进行计数。到C1计数次数到设定值时，转移到S0停止运行。

第2节　时序类控制系统的编程

被控对象的动作要满足时间上的要求，根据时间的变化来进行控制的控制系统可归类为时序类控制系统。

【例26—5】 用PLC实现红绿灯自动控制

一、任务描述

1. 交通信号灯控制过程的模拟

在十字路口装红绿灯指挥车辆及行人通行，红绿灯自动控制即为交通信号灯控制系统。红绿灯的亮暗变化按时间进行控制。其中黄灯闪烁的时间是由外部BCD码开关来设定的，在PLC控制箱的操作面板上，装有八个带锁定的按钮（SB9～SB16）来模拟2位BCD码开关。另外在操作面板上还装有启动按钮SB1、停止按钮SB2及强制按钮SB3（SB1和SB2是不带锁定的按钮，SB3是带锁按钮）。其中强制按钮SB3是在特殊场合（例如深夜车辆稀少时）使用，当SB3按下时，十字路口两个方向的黄灯同时闪烁点亮，提示两个方向的车辆自行注意避让，都可减速通过路口。这种强制状态通过在控制箱操作面板上的控制台指示灯同时进行显示。

为了便于观察交通信号灯的控制过程，在计算机上安装了交通信号灯运行的仿真软件，可以在仿真画面中根据PLC中程序的运行对各个方向的信号灯对应地做出同步的显示。交通信号灯运行的仿真画面如图26—17所示。

在仿真画面上标注有提示文字：“请把黄灯闪烁定时器设定值MOV到D0中”。这是为了能在仿真画面上正确显示黄灯闪烁时间，在对PLC编程时应按照仿真画面上的提示来进行。

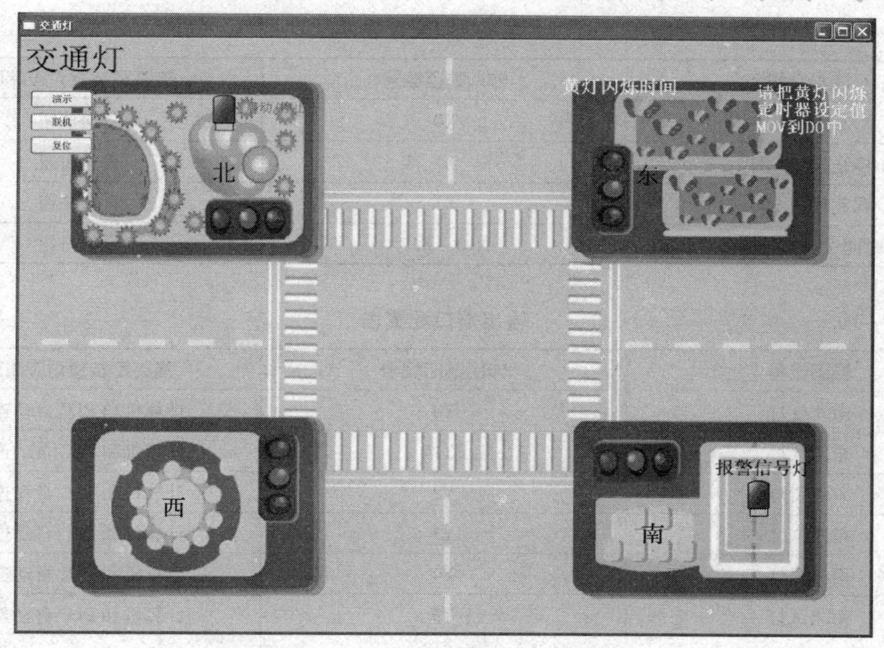

图 26—17　交通信号灯仿真画面

2. 控制要求

按下启动按钮 SB1 后，南北红灯亮并保持 15 s，同时东西绿灯亮，但保持 10 s，到 10 s 时东西绿灯闪烁三次（每次周期为 1 s）后熄灭；继而东西黄灯亮，并保持 2 s。到 2 s 后，东西黄灯熄灭，东西红灯亮，同时南北红灯熄灭且南北绿灯亮。

东西红灯亮并保持 10 s，同时南北绿灯亮，但保持 5 s，到 5 s 时南北绿灯闪烁三次（每次周期为 1 s）后熄灭；继而南北黄灯亮，并保持 2 s。到 2 s 后，南北黄灯熄灭，南北红灯亮，同时东西红灯熄灭且东西绿灯亮。

上述过程为一次循环，按下启动按钮 SB1 后就连续循环，按停止按钮 SB2 红绿灯立即熄灭。

当强制按钮 SB3 接通时，南北黄灯和东西黄灯同时亮，并不断闪烁，周期为 $2\times N$ 秒（$N=1\sim5$ s，可以 0.1 s 为单位，由时间选择按钮 SB9 ~ SB16 以 2 位 BCD 码设定）；同时将控制台报警信号灯点亮并关闭信号灯控制系统。

强制闪烁的黄灯及控制台报警信号灯在下一次启动按钮按下时熄灭。

二、输入输出地址分配

根据交通信号灯模拟装置的设备情况以及对红绿灯的控制要求，可列出对各个输入输出设备的地址分配表（I/O 分配表），见表 26—9 和表 26—10。

表 26—9　　输入端口配置表

输入设备	输入端口编号	接鉴定装置对应端口
启动按钮 SB1	X0	普通按钮
停止按钮 SB2	X1	普通按钮
强制按钮 SB3	X3	自锁按钮
黄灯闪亮时间选择按钮 SB9 ~ SB16	X10 ~ X17	自锁按钮

表 26—10　　输出端口配置表

输出设备	输出端口编号	接鉴定装置对应端口
南北红灯	Y0	计算机和 PLC 自动连接
东西绿灯	Y1	计算机和 PLC 自动连接
东西黄灯	Y2	计算机和 PLC 自动连接
东西红灯	Y3	计算机和 PLC 自动连接
南北绿灯	Y4	计算机和 PLC 自动连接
南北黄灯	Y5	计算机和 PLC 自动连接
控制台报警信号灯	Y6	计算机和 PLC 自动连接

三、PLC 接线图

根据交通信号灯控制系统的 I/O 分配表，可画出 PLC 接线图如图 26—18 所示。

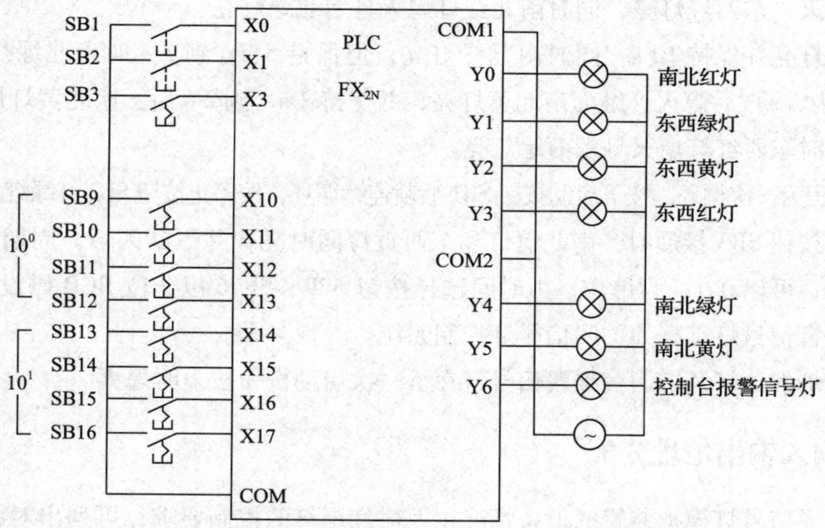

图 26—18　红绿灯控制的 PLC 接线图

四、状态转移图

根据 I/O 分配表及对红绿灯的控制要求，可画出对应红绿灯控制流程的状态转移图，如图 26—19 所示。

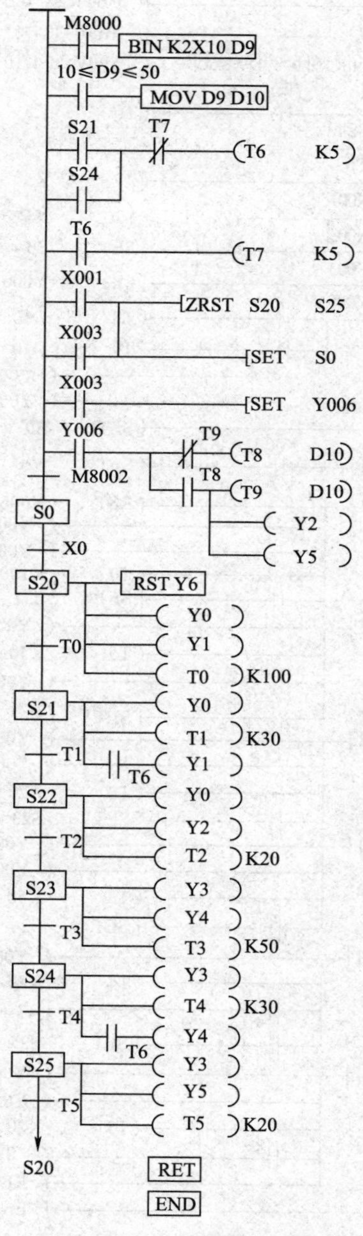

图 26—19 红绿灯状态转移图

五、梯形图程序

由如图 26—19 所示状态转移图，可编程出对应的梯形图程序，如图 26—20 所示。

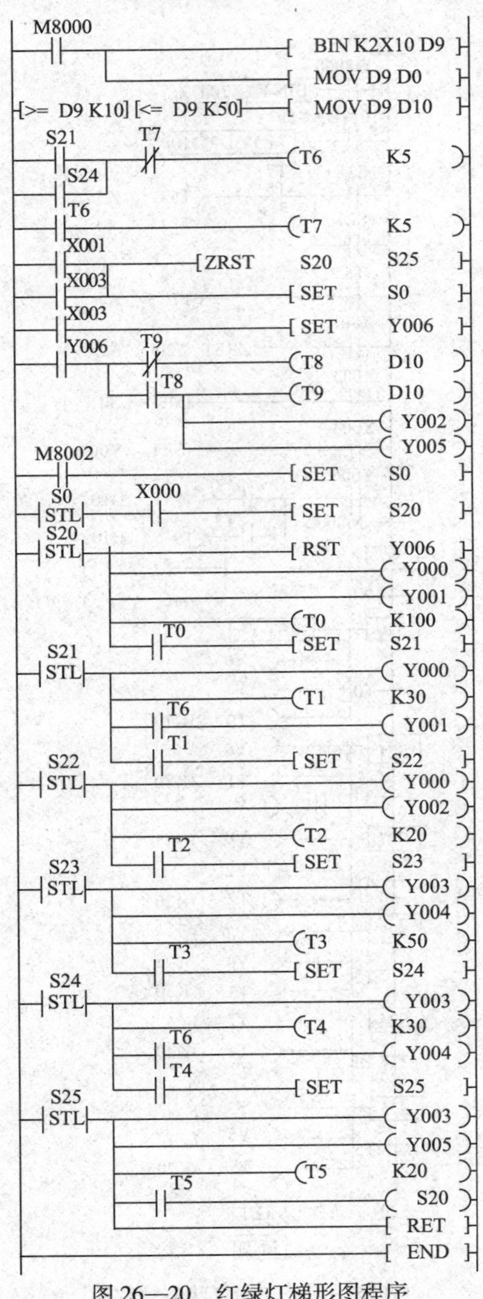

图 26—20　红绿灯梯形图程序

六、语句表程序

由状态转移图可直接写出指令语句表程序，也可由梯形图写出语句表程序如下：

```
0   LD       M8000
1   BIN      K2X10   D9
6   MOV      D9      D0
11  AND >=   D9      K10
16  AND <=   D9      K50
21  MOV      D9      D10
26  LD       S21
27  OR       S24
28  ANI      T7
29  OUT      T6      K5
32  LD       T6
33  OUT      T7      K5
36  LD       X001
37  OR       X003
38  ZRST     S20     S25
43  SET      S0
45  LD       X003
46  SET      Y006
47  LD       Y006
48  MPS
49  ANI      T9
50  OUT      T8      D10
53  MPP
54  AND      T8
55  OUT      T9      D10
58  OUT      Y002
59  OUT      Y005
60  LD       M8002
61  SET      S0
```

```
63  STL      S0
64  LD       X000
65  SET      S20
67  STL      S20
68  RST      Y006
69  OUT      Y000
70  OUT      Y001
71  OUT      T0      K100
74  LD       T0
75  SET      S21
77  STL      S21
78  OUT      Y000
79  OUT      T1      K30
82  LD       T6
83  OUT      Y001
84  LD       T1
85  SET      S22
87  STL      S22
88  OUT      Y000
89  OUT      Y002
90  OUT      T2      K20
93  LD       T2
94  SET      S23
96  STL      S23
97  OUT      Y003
98  OUT      Y004
99  OUT      T3      K50
102 LD       T3
103 SET      S24
```

```
105 STL   S24
106 OUT   Y003
107 OUT   T4    K30
110 LD    T6
111 OUT   Y004
112 LD    T4
113 SET   S25
115 STL   S25
116 OUT   Y003
117 OUT   Y005
118 OUT   T5    K20
121 LD    T5
122 OUT   S20
124 RET
125 END
```

七、说明

1．程序中制作了两个振荡器，其中一个是用 T6、T7 制作的，周期为 1 s，用于绿灯的闪烁控制；另一个是用 T8、T9 制作的，周期为 $2N$（$N=1\sim5$ s，由 SB9 ~ SB16 输入），用于强制状态时黄灯的闪烁控制。

2．停止按钮（X1）或强制按钮（X3）按下时，交通信号灯系统应立即停止运行。程序中将这两个按钮的处理放在步进流程之前，这样在每个扫描周期中都会根据这两个按钮的状态（按下）进行处理：立即将 S20 ~ S25 即所有的工作步复位、对初始步 S0 置位，则系统中所有的输出都被停止，系统停止运行。

3．强制按钮（X3）为带锁按钮，在强制按钮被按下时，程序始终在执行［ZRST S20 S25］，处于复位状态。此时即使按下启动按钮，也不能重新启动，控制台报警信号灯始终被点亮，黄灯始终在闪烁。只有在强制按钮（X3）被释放后，再按下启动按钮，才能熄灭控制台报警信号灯，停止黄灯的闪烁，重新启动正常运行。

4．本例题是连续运行流程，在步进流程的最后一步，直接返回到启动后的第一个工作步 S20，又开始新一轮的循环过程。

【例 26—6】 用 PLC 实现喷水池自动控制

一、任务描述

1．喷水池控制过程的模拟

喷水池中装有红、黄、蓝三色灯，两个喷水龙头和一个带动龙头移动的电磁阀，可以由程序来控制灯、喷水龙头及电磁阀的动作。由喷水龙头及彩色灯的组合可喷出各种颜色的水柱。喷水池中各设备的动作均由时间控制。在 PLC 控制箱的操作面板上，装有启动按钮 SB1 和停止按钮 SB2。

为了便于观察喷水池的控制过程，在计算机上安装了喷水池运行的仿真软件，可以在仿真画面中根据PLC中程序的运行对各个彩灯、喷水龙头及电磁阀对应地做出同步的动作，并形象地做出喷水池水柱喷射、色彩、移动等动态图像。喷水池运行的仿真画面如图26—21所示。

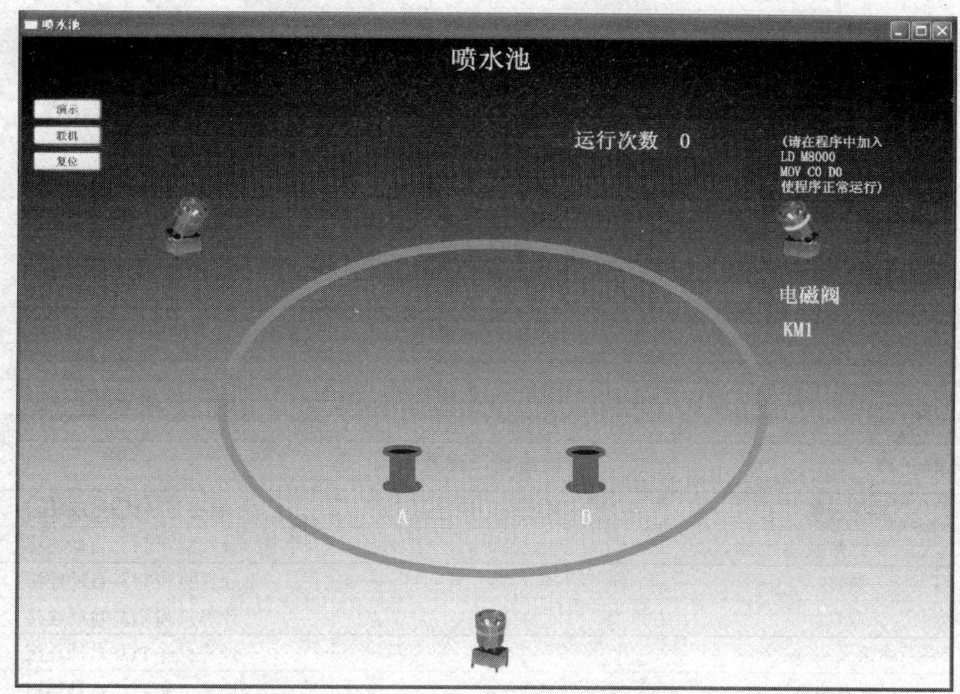

图26—21 喷水池仿真画面

在仿真画面上标注有提示文字："请在程序中加入［LD M8000，MOV C0 D0］，使程序正常运行"。这是为了能在仿真画面上正确显示喷水池的运行次数，对PLC编程时应按照仿真画面上的提示来进行。

2. 控制要求

喷水池有红、黄、蓝三色灯，两个喷水龙头和一个带动龙头移动的电磁阀，按下启动按钮后，喷水池开始动作。喷水池的动作以45 s为一个循环周期，每5 s为一个节拍，连续工作三个循环后，停10 s，如此不断循环直到按下停止按钮后，完成该次循环，整个操作停止。

灯、喷水龙头和电磁阀的动作安排如图26—22所示的状态表，状态表中的方格对应各设备有输出的节拍显示灰色，无输出为空白。

二、输入输出地址分配

根据喷水池模拟装置的设备情况以及对喷水池的控制要求，可列出对各个输入输出设备的地址分配表（I/O分配表），见表26—11和表26—12。

设备 \ 节拍	1	2	3	4	5	6	7	8	9
红灯		■					■		
黄灯				■	■			■	
蓝灯		■	■	■	■				
喷水龙头A					■	■		■	■
喷水龙头B		■	■			■	■	■	
电磁阀		■	■	■	■	■	■	■	

图 26—22　设备驱动状态表

表 26—11　　输入端口配置表

输入设备	输入端口编号	接鉴定装置对应端口
启动按钮 SB1	X0	普通按钮
停止按钮 SB2	X1	普通按钮

表 26—12　　输出端口配置表

输出设备	输出端口编号	接鉴定装置对应端口
红灯	Y0	计算机和 PLC 自动连接
黄灯	Y1	计算机和 PLC 自动连接
蓝灯	Y2	计算机和 PLC 自动连接
喷水龙头 A	Y3	计算机和 PLC 自动连接
喷水龙头 B	Y4	计算机和 PLC 自动连接
电磁阀	Y5	计算机和 PLC 自动连接

三、PLC 接线图

根据喷水池控制系统的 I/O 分配表，可画出 PLC 接线图如图 26—23 所示。

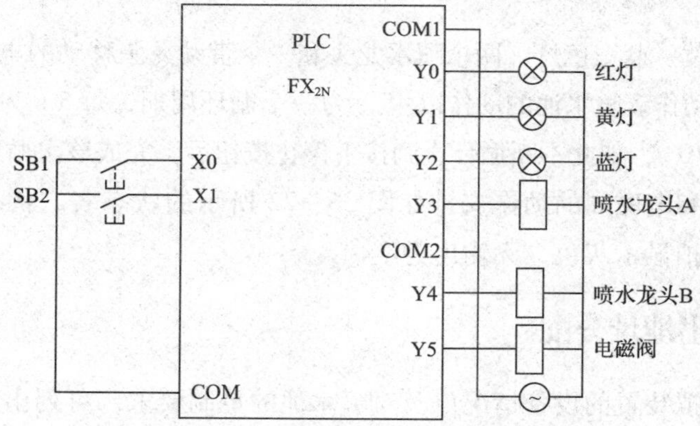

图 26—23　喷水池的 PLC 接线图

四、状态转移图

根据 I/O 分配表及对喷水池的控制要求，可画出对应喷水池控制流程的状态转移图，如图 26—24 所示。

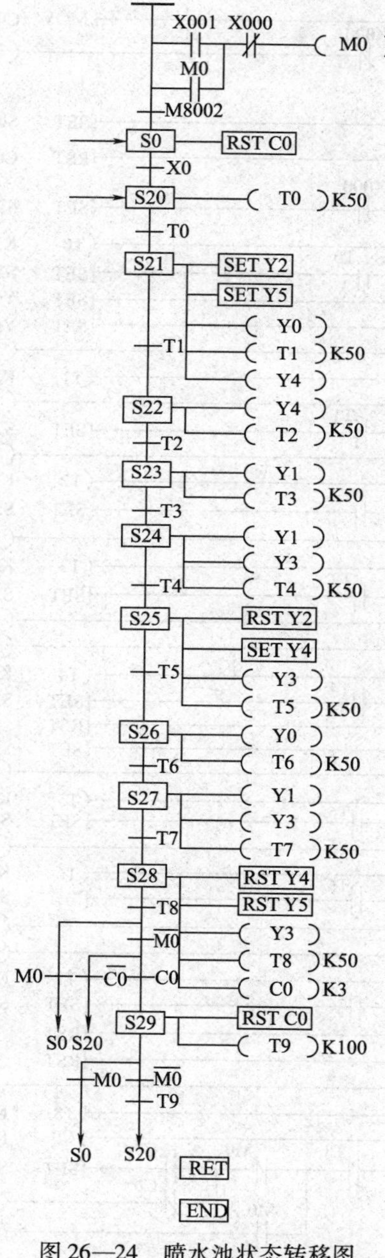

图 26—24　喷水池状态转移图

五、梯形图程序

由如图 26—24 所示状态转移图，可编程出对应的梯形图程序，如图 26—25 所示。

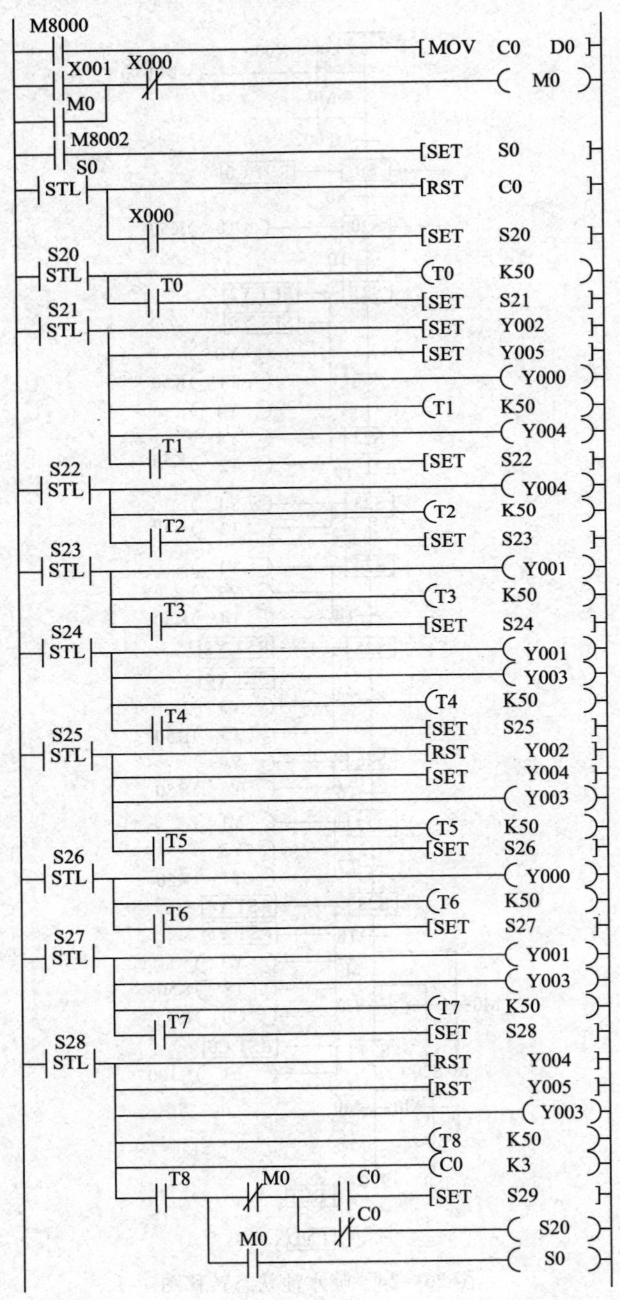

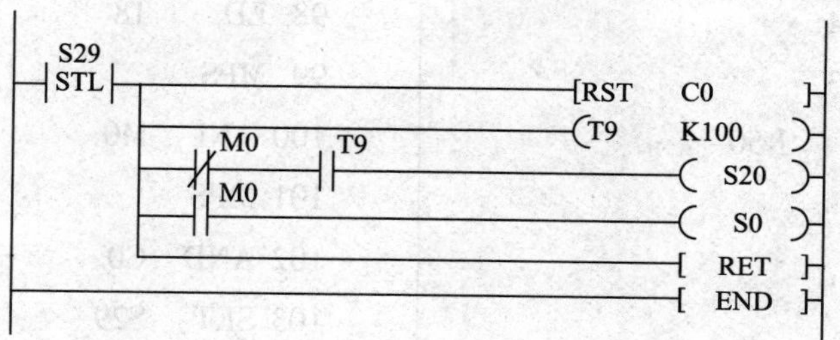

图 26—25　喷水池梯形图程序

六、语句表程序

由状态转移图可直接写出指令语句表程序，也可由梯形图写出语句表程序如下：

```
0  LD   M8000
1  MOV  C0  D0
5  LD   X001
6  OR   M0
7  ANI  X000
8  OUT  M0
9  LD   M8002
10 SET  S0
12 STL  S0
13 RST  C0
15 LD   X000
16 SET  S20
18 STL  S20
19 OUT  T0    K50
22 LD   T0
23 SET  S21
25 STL  S21
26 SET  Y002
27 SET  Y005
28 OUT  Y000
29 OUT  T1    K50
32 OUT  Y004
33 LD   T1
34 SET  S22
36 STL  S22
37 OUT  Y004
38 OUT  T2    K50
41 LD   T2
42 SET  S23
44 STL  S23
45 OUT  Y001
46 OUT  T3    K50
49 LD   T3
50 SET  S24
52 STL  S24
53 OUT  Y001
54 OUT  Y003
55 OUT  T4    K50
58 LD   T4
59 SET  S25
61 STL  S25
62 RST  Y002
```

```
63  SET   Y004
64  OUT   Y003
65  OUT   T5    K50
68  LD    T5
69  SET   S26
71  STL   S26
72  OUT   Y000
73  OUT   T6    K50
76  LD    T6
77  SET   S27
79  STL   S27
80  OUT   Y001
81  OUT   Y003
82  OUT   T7    K50
85  LD    T7
86  SET   S28
88  STL   S28
89  RST   Y004
90  RST   Y005
91  OUT   Y003
92  OUT   T8    K50
95  OUT   C0    K3
98  LD    T8
99  MPS
100 ANI   M0
101 MPS
102 AND   C0
103 SET   S29
105 MPP
106 ANI   C0
107 OUT   S20
109 MPP
110 AND   M0
111 OUT   S0
113 STL   S29
114 RST   C0
116 OUT   T9    K100
119 LDI   M0
120 AND   T9
121 OUT   S20
123 LD    M0
124 OUT   S0
126 RET
127 END
```

七、说明

1. 每一步中的输出应按照驱动状态表中的标注来确定，对于连续几步中都需驱动的设备，可用 SET 指令置位输出，则以后几步中就不需重复输出。

2. 本例中各步之间的转换都是按时间来确定的，在每步中都设置了一个定时器，延时 5 s 后转移到下一步。

3. 本例的流程是二重循环，内层循环用计数器 C0 计数，在 S28 中对 C0 的触点进行判断。循环次数未到，C0 常闭触点接通，转移到 S20 开始下一个循环；连续工作三个循环后，C0 到达计数次数，C0 常开触点接通，转移到 S29，进入外层循环，延时 10 s 后又返回 S20 重新开始循环运行。

【例 26—7】 用 PLC 实现传送带自动控制

一、任务描述

1. 传送带控制过程的模拟

物料输送系统由卸料斗与两段传送带组成。卸料斗送出的物料卸到第一条传送带上，物料由第一条传送带输送到第二条传送带上，最后输送到料仓中。卸料斗、第一条传送带及第二条传送带分别由接触器 KM1、KM2 及 KM3 控制。两条传送带电动机的控制线路中分别装有过载保护所用的热继电器 FR1 与 FR2，两个热继电器用其常闭辅助触点接到 PLC 输入端口。在电动机正常运行时热继电器不动作；当电动机发生缺相或过载故障时热继电器动作，可使电动机停止运行以起到保护作用。在电控箱操作面板上装有启动按钮 SB1 和停止按钮 SB2。

为了便于观察传送带的控制过程，在计算机上安装了传送带运行的仿真软件，可以在仿真画面中根据 PLC 中程序的运行对各个电磁阀及接触器对应地做出同步的动作，并形象地做出传送带纵向、横向的进给运动，动力头电动机旋转等动态图像。同时，在传送带移动到各个终端位置或开始加工位置时压下行程开关，能自动地向 PLC 发出位置检测信号，从而可使 PLC 依据这些位置信号来实现传送带运行的控制。在进行实训或技能鉴定时，也可根据仿真画面上的动作情况来判断 PLC 应用程序执行是否正确。传送带运行的仿真画面如图 26—26 所示。

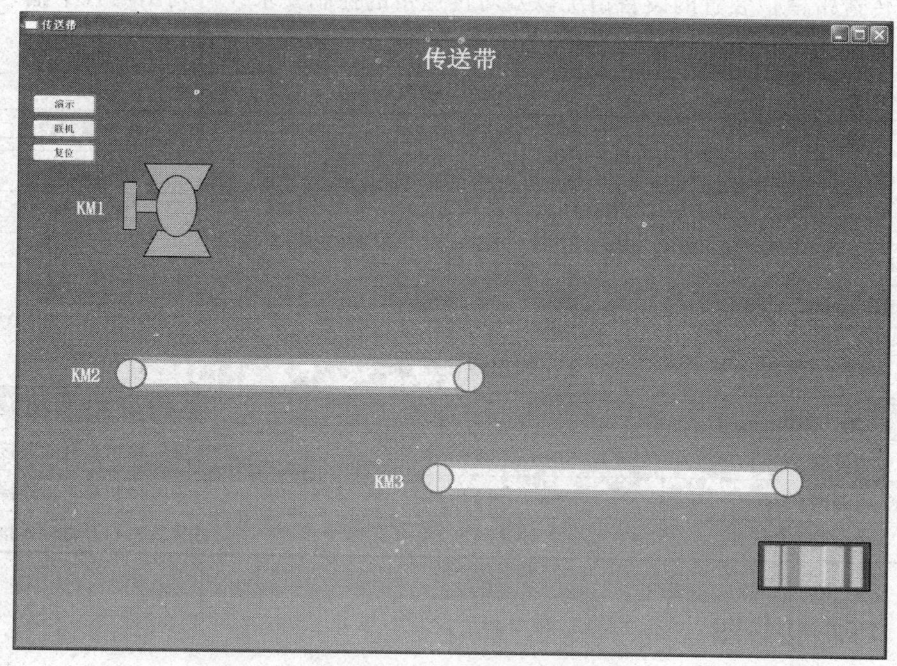

图 26—26　传送带仿真画面

2. 控制要求

启动时，为了避免在后段传送带上造成物料堆积，要求以逆物料流动方向按一定时间间隔顺序启动，其启动顺序如下。

按启动按钮 SB1，第二条传送带的电磁阀 KM3 吸合，延时 3 s，第一条传送带的电磁阀 KM2 吸合，延时 3 s，卸料斗的电磁阀 KM1 吸合。

停止时，如卸料斗的电磁阀 KM1 尚未吸合，传送带电磁阀 KM2、KM3 可立即停止；当卸料斗电磁阀 KM1 吸合时，为了使传送带上不残留物料，要求顺物料流动方向按一定时间间隔顺序停止，其停止顺序如下。

按停止按钮 SB2，卸料斗电磁阀 KM1 断开，延时 6 s，第一条传送带的电磁阀 KM2 断开，此后再延时 6 s，第二条传送带的电磁阀 KM3 断开。

故障停止：在正常运转中，当第二条传送带的电动机故障时（热继电器 FR2 常闭触点断开），卸料斗、第一条传送带、第二条传送带同时停止。当第一条传送带的电动机有故障时（热继电器 FR1 常闭触点断开），卸料斗、第一条传送带同时停止，经 6 s 延时后，第二条传送带再停止。如果热继电器未复位，此时按下启动按钮，系统将不能启动。

二、输入输出地址分配

根据传送带模拟装置的设备情况以及对传送带的控制要求，可列出对各个输入输出设备的地址分配表（I/O 分配表），见表 26—13 和表 26—14。

表 26—13　输入端口配置表

输入设备	输入端口编号	接鉴定装置对应端口
启动按钮 SB1	X0	普通按钮
停止按钮 SB2	X1	普通按钮
热继电器 FR1（常闭）	X2	自锁按钮
热继电器 FR2（常闭）	X3	自锁按钮

表 26—14　输出端口配置表

输出设备	输出端口编号	接鉴定装置对应端口
电磁阀 KM1	Y0	计算机和 PLC 自动连接
电磁阀 KM2	Y1	计算机和 PLC 自动连接
电磁阀 KM3	Y2	计算机和 PLC 自动连接

三、PLC 接线图

根据传送带控制系统的 I/O 分配表，可画出 PLC 接线图如图 26—27 所示。

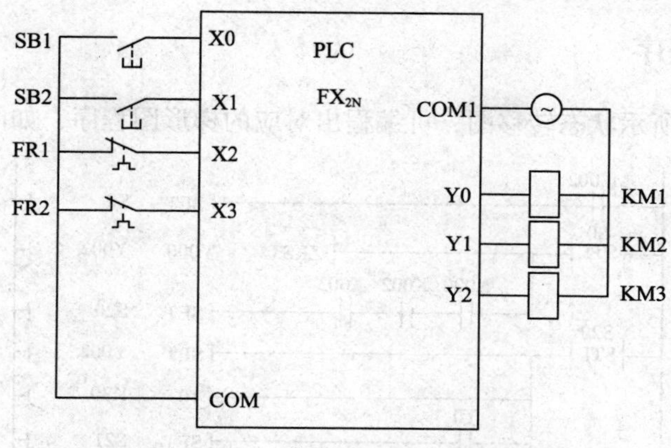

图 26—27　传送带的 PLC 接线图

注意：在进行接线时，热继电器应将其辅助常闭触点连接到 PLC 输入端子上。

四、状态转移图

根据 I/O 分配表及对传送带的控制要求，可画出对应传送带控制流程的状态转移图，如图 26—28 所示。

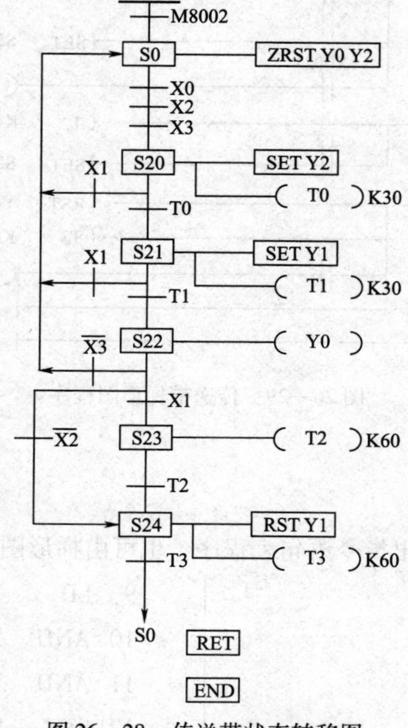

图 26—28　传送带状态转移图

五、梯形图程序

由如图 26—28 所示状态转移图，可编程出对应的梯形图程序，如图 26—29 所示。

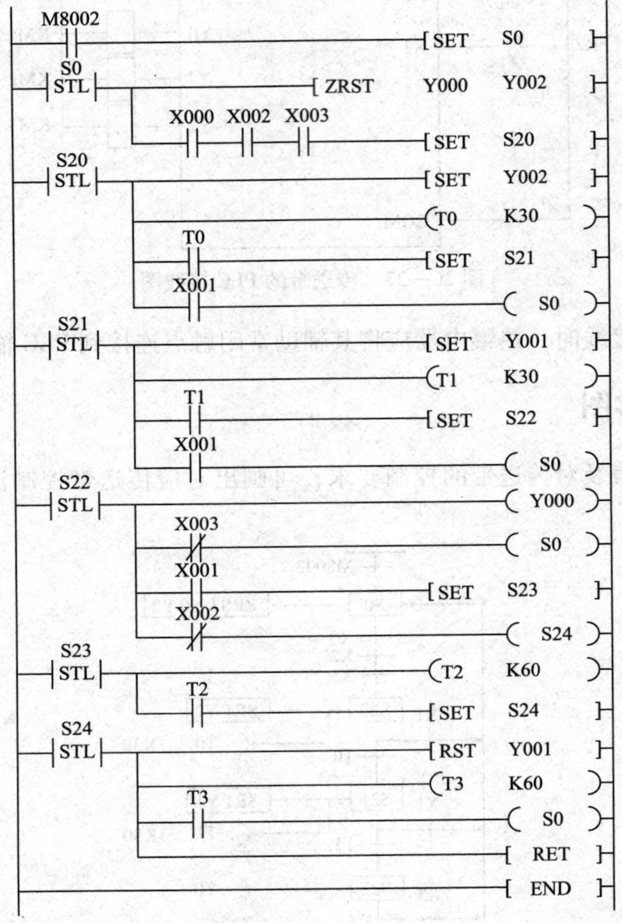

图 26—29　传送带梯形图程序

六、语句表程序

由状态转移图可直接写出指令语句表程序，也可由梯形图写出语句表程序如下：

```
0   LD    M8002
1   SET   S0
3   STL   S0
4   ZRST  Y000  Y002

9   LD    X000
10  AND   X002
11  AND   X003
12  SET   S20
```

```
14 STL  S20
15 SET  Y002
16 OUT  T0    K30
19 LD   T0
20 SET  S21
22 LD   X001
23 OUT  S0
25 STL  S21
26 SET  Y001
27 OUT  T1    K30
30 LD   T1
31 SET  S22
33 LD   X001
34 OUT  S0
36 STL  S22
37 OUT  Y000
38 LDI  X003
39 OUT  S0
41 LD   X001
42 SET  S23
44 LDI  X002
45 OUT  S24
47 STL  S23
48 OUT  T2    K60
51 LD   T2
52 SET  S24
54 STL  S24
55 RST  Y001
56 OUT  T3    K60
59 LD   T3
60 OUT  S0
62 RET
63 END
```

七、说明

1．按照控制要求，传送带在启动过程中，若有按下停止按钮 SB2 的情况发生，则要根据卸料斗电磁阀是否已经打开来确定关闭系统的顺序。如果按下停止按钮时卸料斗尚未打开，则程序立即返回到初始步 S0 停止运行；如果按下停止按钮时卸料斗已经打开，则程序应按照先关闭卸料斗电磁阀 KM1、再关闭第一条传送带接触器 KM2、最后关闭第二条传送带接触器 KM3 的顺序进行停止的操作。

2．按照控制要求，传送带在正常运行时若发生热继电器保护动作，即应进行停止操作。因此对热继电器的保护程序是放在正常运行的 S22 步中进行的。由于连接在 X2 和 X3 上 FR1、FR2 的触点是常闭触点，热继电器未动作时 X2、X3 的状态均为 ON，而在热继电器动作时其常闭触点断开，X2 或 X3 的状态变为 OFF，X2 或 X3 的常闭触点接通。因此在 S22 步中用 X2、X3 的常闭触点进行转移，一旦 FR1 或 FR2 因故障而动作时，X2 或 X3 的常闭触点接通，程序进行跳转，跳转到 S24 进行延时停止操作或返回到 S0 停止。由于当 FR2 动作时程序返回 S0，但原来控制卸料斗和传送带的输出端子 Y2、Y1 是由 SET 指令输出的，即使程序返回到 S0 时这两个输出仍然是被保持着的，因此需在 S0 中进行 Y0 ~ Y2

的复位才能使所有的输出全部关闭。

3. 由于一旦发生热继电器动作，其状态是被保持的，必须对热继电器进行复位后才能恢复正常状态。因此在程序中，需将对应热继电器的 X2、X3 常开触点与启动按钮（X0）串联在一起作为启动条件。这样，当热继电器未动作或已被复位后 X2 与 X3 的常开触点是接通的，可以进行启动。而当热继电器动作后在未复位之前，X2 或 X3 的常开触点是断开的，此时即使按下启动按钮也不能启动。

第 3 节　位置和时序综合控制系统的应用

被控对象的动作不仅要满足空间位置上的要求，通过对位置的检测来进行控制，同时在控制过程中还需满足时间上的要求，根据时间的变化来实现控制。这类系统为位置和时序综合控制系统。

【例 26—8】 用 PLC 实现污水处理过程的自动控制系统

一、任务描述

1. 污水处理控制过程的模拟

污水处理过程是在污水处理罐中进行的。在污水处理罐上接有污水进水管、两根除污剂进料管和清水排水管。在这些管道上分别安装了污水泵、一号除污剂泵、二号除污剂泵及放水泵。在污水处理罐的顶部装有搅拌泵以便对加入了除污剂的污水进行搅拌。处理罐的底板可由 PLC 控制而打开，以便将沉淀在罐底的固体污物由罐底排放。污物排放到罐底下方的污物箱中，污物箱可由电动小车拖走。这些污水泵、一号除污剂泵、二号除污剂泵、放水泵及罐底开门电动机、电动小车电动机等均由 PLC 控制。在污水处理罐上安装有测量液位以确定污水进水、除污剂进料、放清水是否到位的传感器。在 PLC 控制箱的操作面板上，装有启动按钮 SB1、停止按钮 SB2 和用于选择污水种类的选择开关（用带锁按钮 SB9 代替）。

为了便于观察污水处理系统的控制过程，在计算机上安装了污水处理系统运行的仿真软件，可以在仿真画面中根据 PLC 中程序的运行对各个泵及电动机对应地做出同步的动作，并形象地做出污水处理系统液位变化、排污过程等动态图像。同时，在污水处理系统中当液位到达各个特定位置时传感器能自动地向 PLC 发出位置检测信号，从而可使 PLC 依据这些位置信号以及污水处理工艺上规定的时间参数来实现污水处理系统运行的控制。污水处理系统运行的仿真画面如图 26—30 所示。

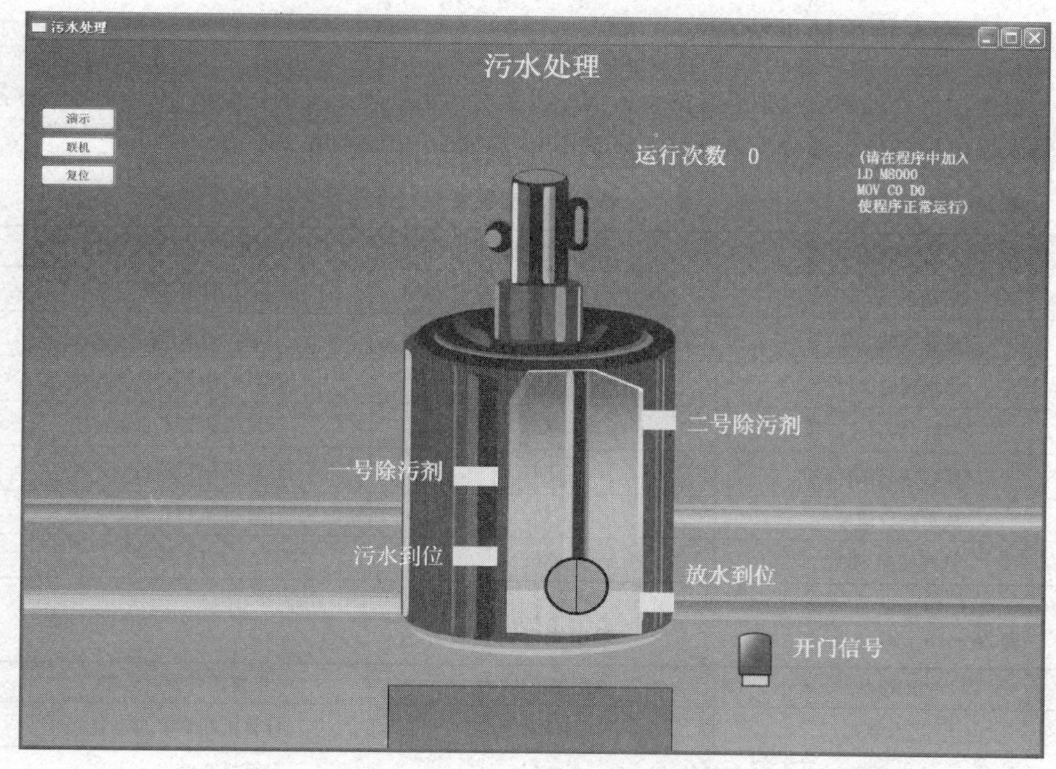

图 26—30 污水处理系统仿真画面

在仿真画面上标注有提示文字："请在程序中加入［LD M8000，MOV C0 D0］，使程序正常运行"。这是为了能在仿真画面上正确显示污水处理的运行次数，在对 PLC 编程时应按照仿真画面上的提示来进行。

2. 控制要求

按 SB9 选择按钮选择废水的程度（0 为轻度，1 为重度），按 SB1（启动按钮）启动污水泵。污水到位后发出到位信号，关闭污水泵，启动一号除污剂泵。一号除污剂到位后发出到位信号，关闭一号除污剂泵。如果是轻度污水，启动搅拌泵；如果是重度污水，还需启动二号除污剂泵。二号除污剂到位后发出到位信号，关闭二号除污剂泵，启动搅拌泵。

搅拌泵启动后延时 6 s，关闭搅拌泵，启动放水泵。放水到位后发出到位信号，关闭放水泵。延时 1 s，开启罐底的门，污物自动落下，计数器自动累加 1，延时 4 s 关门。此后延时 2 s，当计数器值不为 3 时，继续第二次排污工艺；当计数器累加到 3 时，计数器自动清零，并且启动小车，将该箱运走，调换成空箱，继续第二次排污工艺时需延时 6 s。如果按下 SB2（停止按钮），则在关闭罐底的门后，延时 2 s，整个工艺停止。

二、输入输出地址分配

根据污水处理系统模拟装置的设备情况以及对污水处理系统的控制要求，可列出对各个输入输出设备的地址分配表（I/O分配表），见表26—15和表26—16。

表26—15　　输入端口配置表

输入设备	输入端口编号	接鉴定装置对应端口
启动按钮SB1	X0	普通按钮
停止按钮SB2	X1	普通按钮
污水到位信号	X2	计算机和PLC自动连接
一号除污剂到位信号	X3	计算机和PLC自动连接
二号除污剂到位信号	X4	计算机和PLC自动连接
放水到位信号	X5	计算机和PLC自动连接
选择按钮SB9	X6	自锁按钮

表26—16　　输出端口配置表

输出设备	输出端口编号	接鉴定装置对应端口
污水泵	Y0	计算机和PLC自动连接
一号除污剂泵	Y1	计算机和PLC自动连接
二号除污剂泵	Y2	计算机和PLC自动连接
搅拌泵	Y3	计算机和PLC自动连接
放水泵	Y4	计算机和PLC自动连接
开门电动机	Y5	计算机和PLC自动连接
小车电动机	Y6	计算机和PLC自动连接
计数	C0	计算机和PLC自动连接

三、PLC接线图

根据污水处理系统控制系统的I/O分配表，可画出PLC接线图如图26—31所示。

四、状态转移图

根据I/O分配表及对污水处理系统的控制要求，可画出对应污水处理系统控制流程的状态转移图，如图26—32所示。

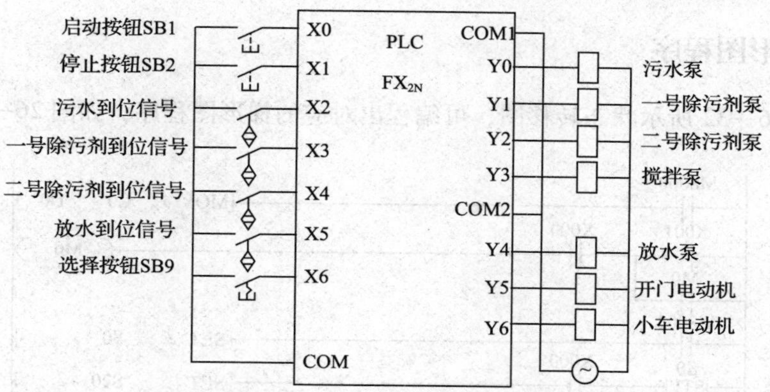

图 26—31　污水处理系统的 PLC 接线图

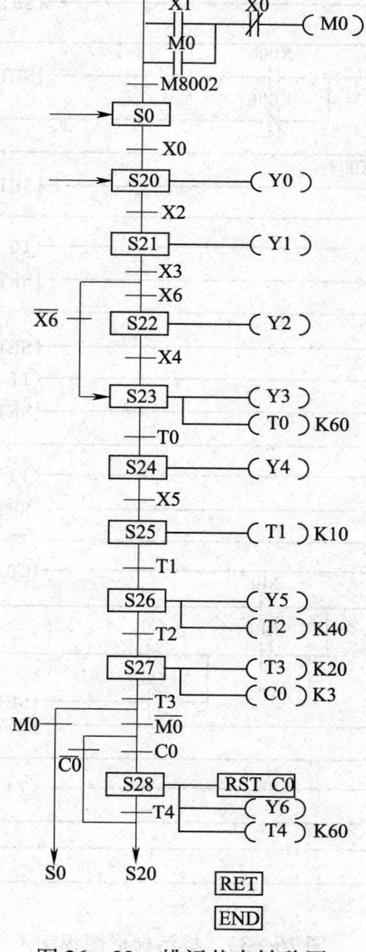

图 26—32　排污状态转移图

五、梯形图程序

由如图 26—32 所示状态转移图，可编程出对应的梯形图程序，如图 26—33 所示。

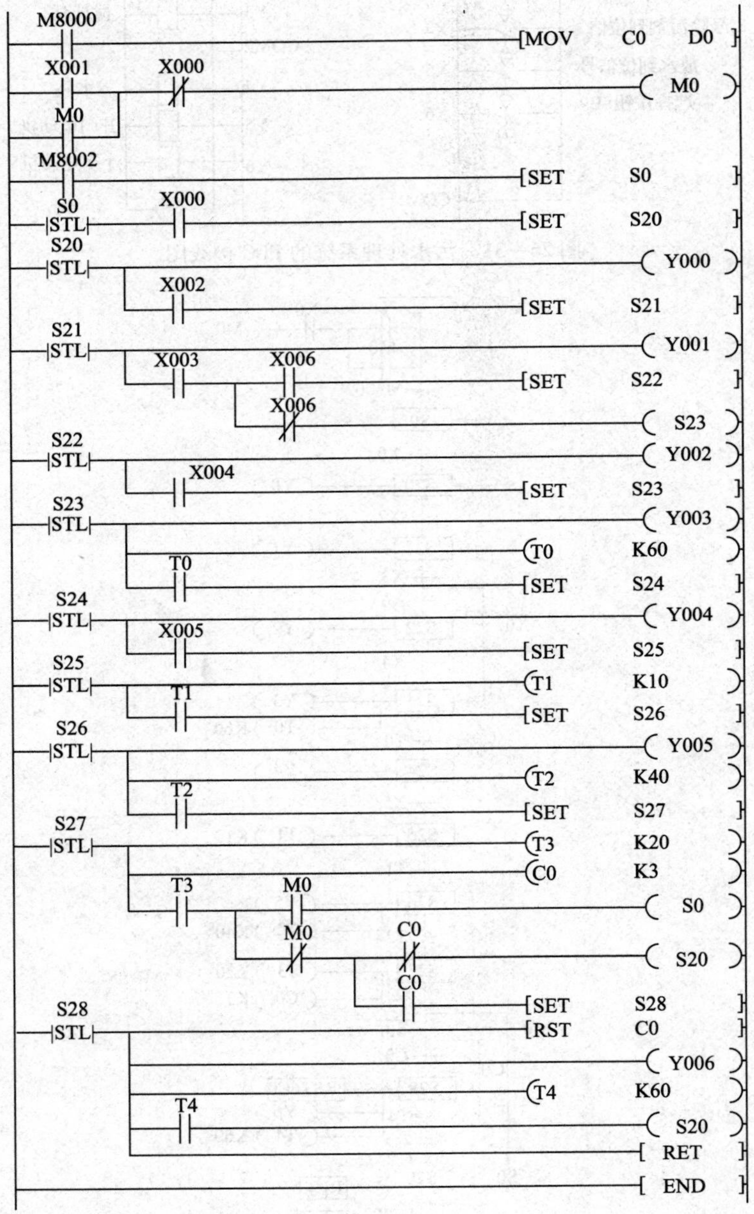

图 26—33　排污梯形图程序

六、语句表程序

由状态转移图可直接写出指令语句表程序，也可由梯形图写出语句表程序如下：

```
0  LD   M8000
1  MOV  C0    D0
6  LD   X001
7  OR   M0
8  ANI  X000
9  OUT  M0
10 LD   M8002
11 SET  S0
13 STL  S0
14 LD   X000
15 SET  S20
17 STL  S20
18 OUT  Y000
19 LD   X002
20 SET  S21
22 STL  S21
23 OUT  Y001
24 LD   X003
25 MPS
26 AND  X006
27 SET  S22
29 MPP
30 ANI  X006
31 OUT  S23
33 STL  S22
34 OUT  Y002
35 LD   X004
36 SET  S23
38 STL  S23
39 OUT  Y003
40 OUT  T0    K60
43 LD   T0
44 SET  S24
46 STL  S24
47 OUT  Y004
48 LD   X005
49 SET  S25
51 STL  S25
52 OUT  T1    K10
55 LD   T1
56 SET  S26
58 STL  S26
59 OUT  Y005
60 OUT  T2    K40
63 LD   T2
64 SET  S27
66 STL  S27
67 OUT  T3    K20
70 OUT  C0    K3
73 LD   T3
74 MPS
75 AND  M0
76 OUT  S0
78 MPP
79 ANI  M0
80 MPS
81 ANI  C0
82 OUT  S20
```

```
84  MPP
85  AND     C0
86  SET     S28
88  STL     S28
89  RST     C0
91  OUT     Y006
92  OUT     T4      K60
95  LD      T4
96  OUT     S20
98  RET
99  END
```

七、说明

本例题中使用了两种流程。其一是在 S21 步中（即一号除污剂到位信号到后）根据选择开关（X6）的状态采用了跳转流程。X6 =0 表示为轻度污水，只需加一号除污剂即可，跳转到 S23，跳过了添加二号除污剂的过程 S22 步。X6 =1 表示为重度污水，还需添加二号除污剂，因此转移到下一步 S22，等二号除污剂到位后再汇合到 S23 继续。其二是采用了二重循环，内循环为连续进行三次排污过程；在内循环完成后，进入外循环，此时启动小车，将已装满的污物箱运走，调换成空箱，这个过程需延时 6 s 完成，然后继续开始循环排污。

【例 26—9】 用 PLC 实现工件计件自动控制系统

一、任务描述

1. 工件计件控制过程的模拟

工件计件系统中有两条传送带，其中传送带 1 用于将待包装的器件传送到包装箱内，并在传送的过程中对器件进行计数。包装箱放在传送带 2 上，当包装箱满后由传送带 2 将满箱运走。在传送带 1 上方安装有一个检测传感器，每当器件经过检测传感器时，传感器会发出一个计数脉冲信号。在 PLC 电控箱的操作面板上，装有启动按钮 SB1 和停止按钮 SB2，还装有一个用来选择包装规格的选择开关 K01。

为了便于观察工件计件包装的过程，在计算机上安装了工件计件运行的仿真软件，可以在仿真画面中根据 PLC 中程序的运行，形象地做出工件计件包装过程的动态图像。同时，在工件移动到检测传感器位置时能自动地向 PLC 发出检测脉冲信号，从而可使 PLC 依据该信号来控制工件的计件及传送带的运行。工件计件运行的仿真画面如图 26—34 所示。

在仿真画面上标注有提示文字："请在程序中加入［LD M8000，MOV C0 D0］，使程序正常运行"。这是为了能在仿真画面上正确显示工件计件数，在对 PLC 编程时应按照仿真画面上的提示来进行。

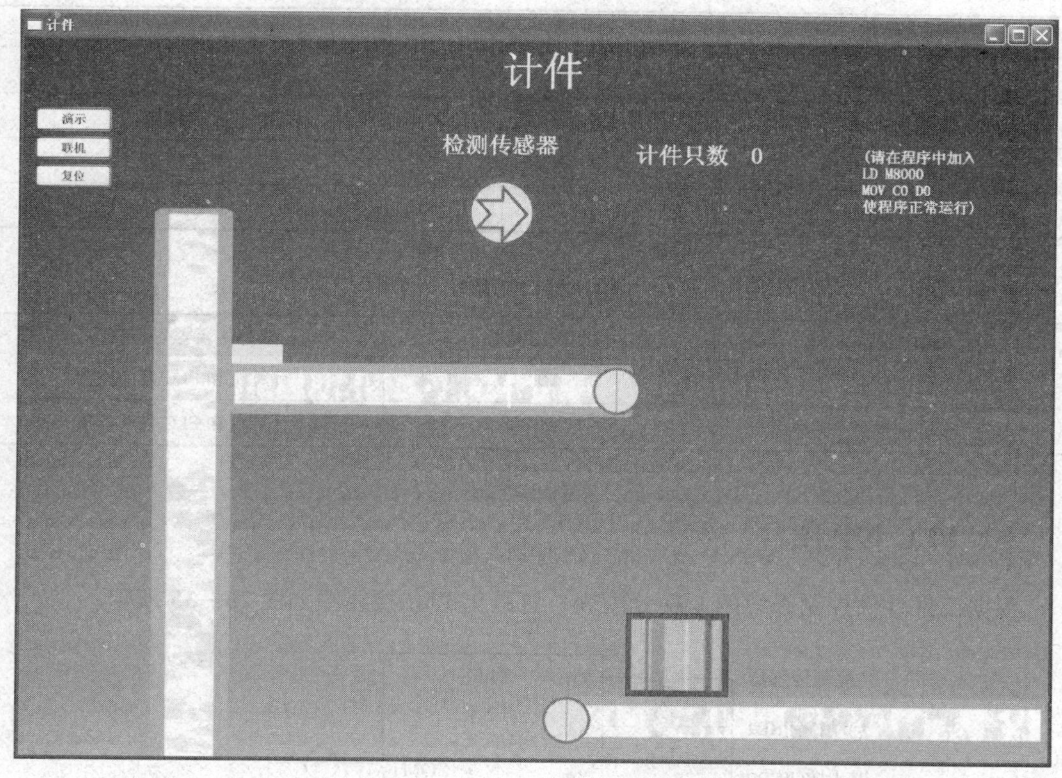

图 26—34　工件计件仿真画面

2. 控制要求

按下按钮 SB1 传送带 1 启动，传送带 1 上的器件经过检测传感器时，传感器发出一个器件的计数脉冲，并将器件传送到传送带 2 上的箱子里进行计数包装。包装分两类：当开关 K01 = 1 时为大包装，计六只器件；K01 = 0 为小包装，计四只器件。计数到达时，延时 3 s，停止传送带 1，同时启动传送带 2，传送带 2 保持运行 5 s 后，再启动传送带 1，重复以上计数过程。当中途按下了停止按钮 SB2 后，则待本次包装结束，并停止计数。

二、输入输出地址分配

根据工件计件模拟装置的设备情况以及对工件计件的控制要求，可列出对各个输入输出设备的地址分配表（I/O 分配表），见表 26—17 和表 26—18。

表 26—17　　输入端口配置表

输入设备	输入端口编号	接鉴定装置对应端口
检测传感器	X0	计算机和 PLC 自动连接
启动按钮 SB1	X1	普通按钮
停止按钮 SB2	X2	普通按钮
开关 K01	X3	自锁按钮

表 26—18　　输出端口配置表

输出设备	输出端口编号	接鉴定装置对应端口
传送带 1	Y0	计算机和 PLC 自动连接
传送带 2	Y1	计算机和 PLC 自动连接

三、PLC 接线图

根据工件计件控制系统的 I/O 分配表，可画出 PLC 接线图如图 26—35 所示。

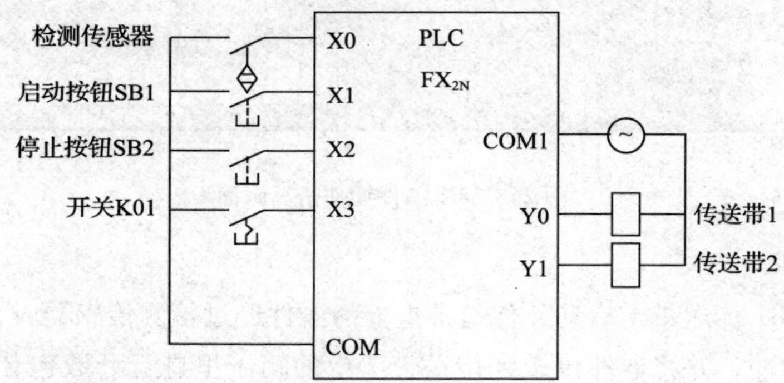

图 26—35　工件计件的 PLC 接线图

四、状态转移图

根据 I/O 分配表及对工件计件的控制要求，可画出对应工件计件控制流程的状态转移图，如图 26—36 所示。

五、梯形图程序

由如图 26—36 所示状态转移图，可编程出对应的梯形图程序，如图 26—37 所示。

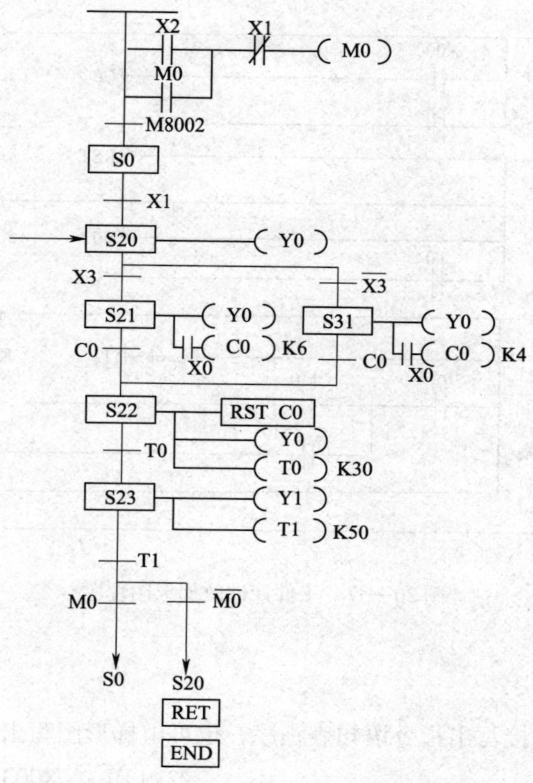

图 26—36　工件计件的状态转移图

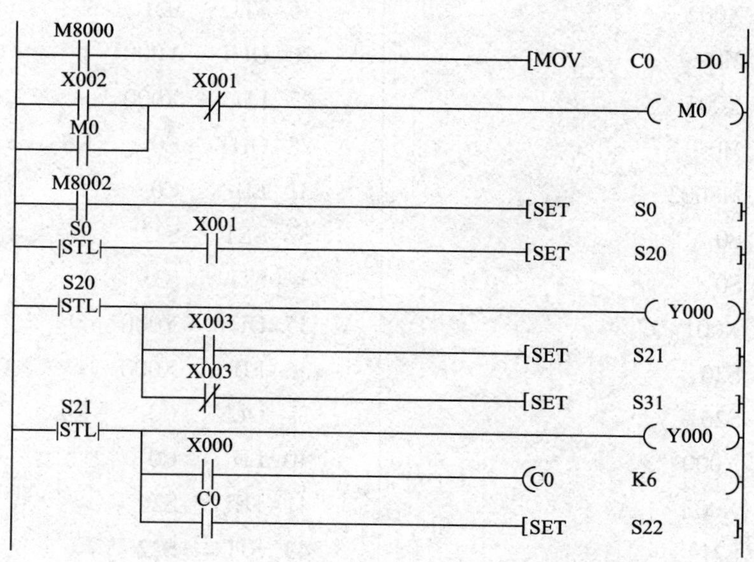

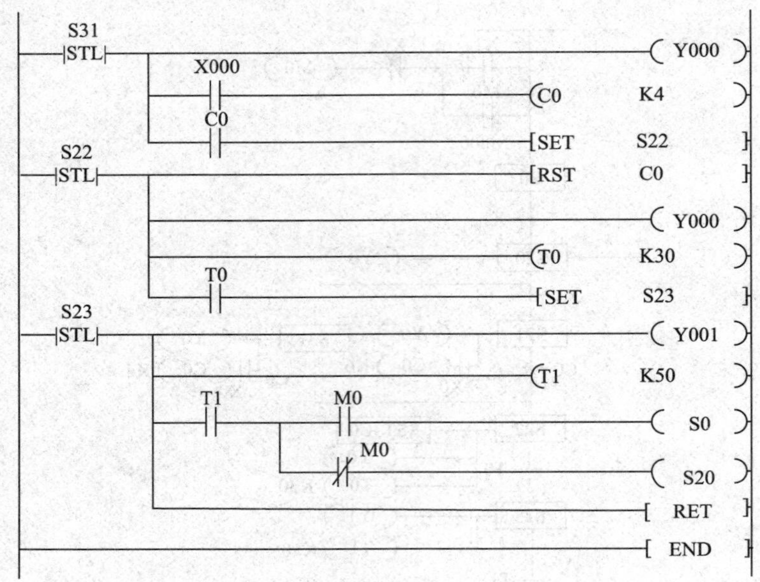

图 26—37　工件计件的梯形图程序

六、语句表程序

由状态转移图可直接写出指令语句表程序，也可由梯形图写出语句表程序如下：

```
0   LD    M8000
1   MOV   C0     D0
6   LD    X002
7   OR    M0
8   ANI   X001
9   OUT   M0
10  LD    M8002
11  SET   S0
12  STL   S0
14  LD    X001
15  SET   S20
17  STL   S20
18  OUT   Y000
19  LD    X003
20  SET   S21
22  LDI   X003
23  SET   S31
25  STL   S21
26  OUT   Y000
27  LD    X000
28  OUT   C0     K6
31  LD    C0
32  SET   S22
34  STL   S31
35  OUT   Y000
36  LD    X000
37  OUT   C0     K4
40  LD    C0
41  SET   S22
43  STL   S22
```

```
44 RST  C0
46 OUT  Y000
47 OUT  T0    K30
50 LD   T0
51 SET  S23
53 STL  S23
54 OUT  Y001
55 OUT  T1    K50
58 LD   T1
59 MPS
60 AND  M0
61 OUT  S0
63 MPP
64 ANI  M0
65 OUT  S20
67 RET
68 END
```

七、说明

1．本例中为了实现两种规格的包装，使用了选择分支的流程，根据选择开关（X3）的状态来确定转移到不同的分支。两条分支的区别仅在于计数次数的不同：X3＝0 时为小包装，计数次数为四次；X3＝1 时为大包装，计数次数为六次。在程序设计中也可采用其他方法来达到改变计数次数的目的，例如可对计数器使用数据寄存器 D10 进行计数次数的间接设置：当 X3＝0 时将预置值 4 传送到 D10 中；而当 X3＝1 时将预置值 6 传送到 D10 中。然后用 D10 作为 C0 的计数预置值。如采用这种方法编程，就不需要使用选择分支了。读者试按此方法自行编制本例的程序。

2．在到达计数次数后，要延时 3 s 再停止传送带 1，这是因为检测传感器发出计数脉冲使得到达计数次数时，工件尚在传感器位置处，还要使传送带 1 再运行一段时间将工件送入包装箱后，才能停止传送带的运行。

3．S23 步中延时 5 s 的作用是为了在这段时间中能将满箱运走，换成空箱开始重新包装。

4．两种规格的包装所使用的包装箱内容量应该是不同的，因此当一种规格的工件开始计数包装后，不应在计数的过程中扳动选择开关更改包装规格，而应在一种规格的包装完成后才能更改。程序按照这个原则进行编制，如果一旦在计数的中途更改包装规格，则工件计数的过程不能保证正确。

【例 26—10】 用 PLC 实现流水线检瓶自动控制系统

一、任务描述

1．流水线检瓶控制过程的模拟

流水线检瓶自动控制系统由传输检测及机械手两个部分组成。传输检测部分包括传送带及检测传感器 1 与传感器 2 等。传送带由电动机驱动，传感器 1 检测有无瓶子经过；传感器2检测瓶子是否合格。已经灌装的瓶子在传送带上移动，移动到X1处由检测传感器2检测瓶子是空瓶还是满瓶：是满瓶时传感器有信号产生，此瓶即为合格品；若为空瓶或未装满，则传感器就没有信号产生，此瓶即为次品。合格品被继续传送到成品箱；而次品移动到X0处当传感器1发出信号时即停止移动，由机械手将次品搬运到次品箱。机械手能进行手臂的伸出或缩回、手臂的左右回转及手爪的夹紧或放松等动作，这些动作均用电磁阀驱动液压装置来实现。在PLC控制箱的操作面板上，装有启动按钮SB1和停止按钮SB2。

为了便于观察流水线检瓶的控制过程，在计算机上安装了流水线检瓶运行的仿真软件，可以在仿真画面中根据PLC中程序的运行对各个电磁阀及接触器对应地做出同步的动作，并形象地做出流水线检瓶自动控制系统中传送带运行、机械手动作等动态图像。瓶子随传送带移动时的定位信号由传感器发出；机械手的动作顺序用时间来控制。流水线检瓶运行的仿真画面如图26—38所示。

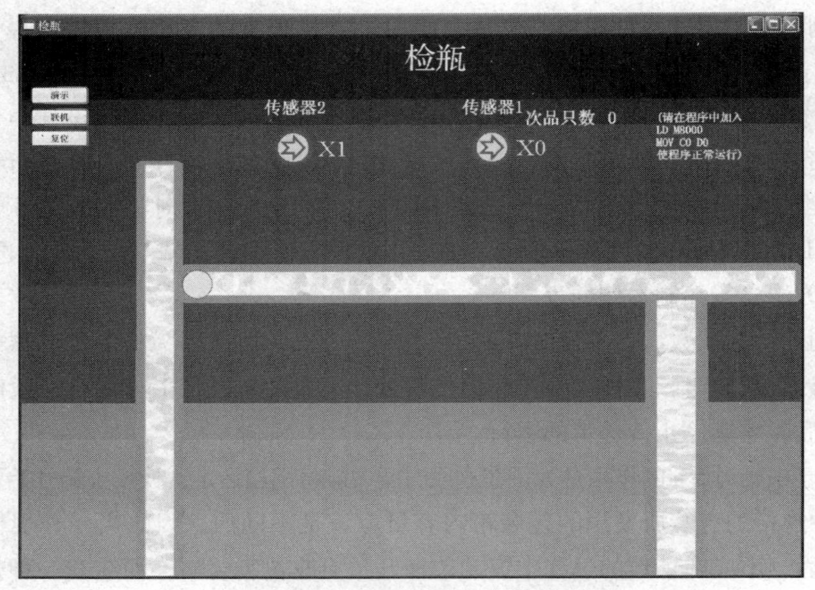

图26—38　流水线检瓶仿真画面

在仿真画面上标注有提示文字：“请在程序中加入［LD M8000，MOV C0 D0］，使程序正常运行”。这是为了能在仿真画面上正确显示流水线检瓶的次品只数，在对PLC编程时应按照仿真画面上的提示来进行。

2. 控制要求

产品在传送带上移动到X1处，由检测传感器2检验产品是否合格。当此处传感器信号X1 = 1时为合格品，X1 = 0时为次品，如果是合格品则传送带继续转动，将产品送到前方的成品箱；如果是次品则传送带将产品送到X0处，由传感器1发出信号，传送带停转，由机械手将次品送到次品箱中。

机械手动作为：伸出$\xrightarrow{1\text{ s后}}$夹紧产品$\xrightarrow{1\text{ s后}}$顺时针转 90°$\xrightarrow{1\text{ s后}}$放松$\xrightarrow{1\text{ s后}}$缩回$\xrightarrow{1\text{ s后}}$逆时针转 90°返回原位$\xrightarrow{1\text{ s后}}$停止。机械手动作均由单作用换向阀控制液压装置来实现。

当按下启动按钮 SB1 后，传送带转动，产品检验连续进行，当验出五件次品后，暂停 5 s，调换次品箱，然后继续检验。

当按下停止按钮 SB2 后，如遇次品则待机械手复位后停止检验，遇到成品时，产品到达 X0 处时停止。

二、输入输出地址分配

根据流水线检瓶模拟装置的设备情况以及对流水线检瓶的控制要求，可列出对各个输入输出设备的地址分配表（I/O 分配表），见表 26—19 和表 26—20。

表 26—19　　输入端口配置表

输入设备	输入端口编号	接鉴定装置对应端口
传感器 1	X0	计算机和 PLC 自动连接
传感器 2	X1	自锁按钮
启动按钮 SB1	X2	普通按钮
停止按钮 SB2	X3	普通按钮

表 26—20　　输出端口配置表

输出设备	输出端口编号	接鉴定装置对应端口
传送带	Y0	计算机和 PLC 自动连接
机械臂伸出缩回	Y1	计算机和 PLC 自动连接
机械手夹紧松开	Y2	计算机和 PLC 自动连接
机械臂右旋转	Y3	计算机和 PLC 自动连接
计数	C0	计算机和 PLC 自动连接

三、PLC 接线图

根据流水线检瓶控制系统的 I/O 分配表，可画出 PLC 接线图如图 26—39 所示。

四、状态转移图

根据 I/O 分配表及对流水线检瓶的控制要求，可画出对应流水线检瓶控制流程的状态转移图，如图 26—40 所示。

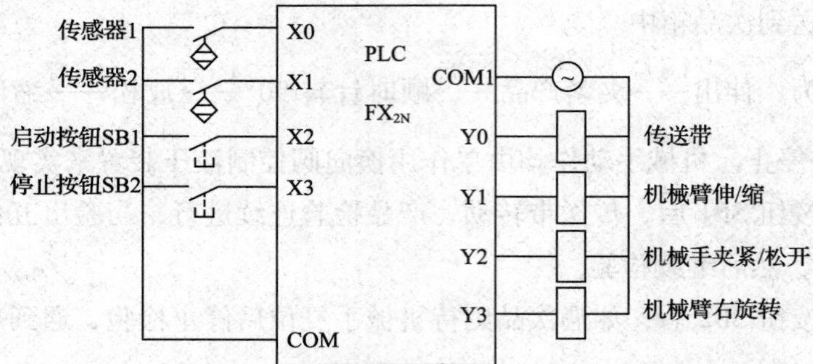

图26—39　流水线检瓶的PLC接线图

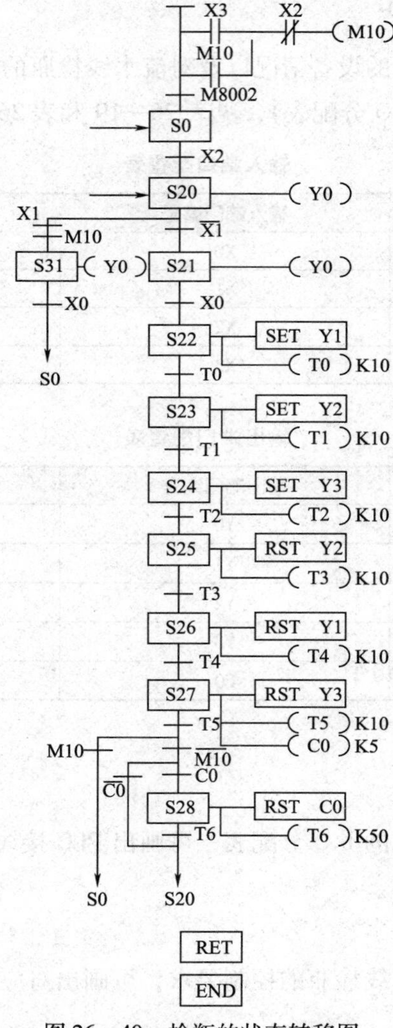

图26—40　检瓶的状态转移图

五、梯形图程序

由如图 26—40 所示状态转移图，可编程出对应的梯形图程序，如图 26—41 所示。

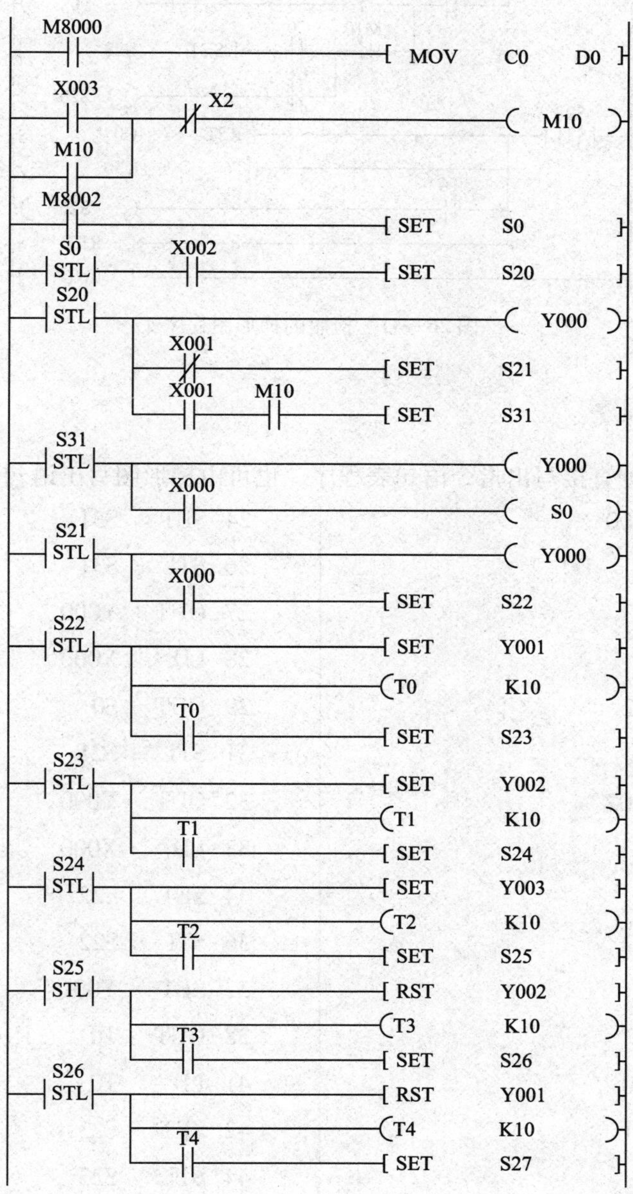

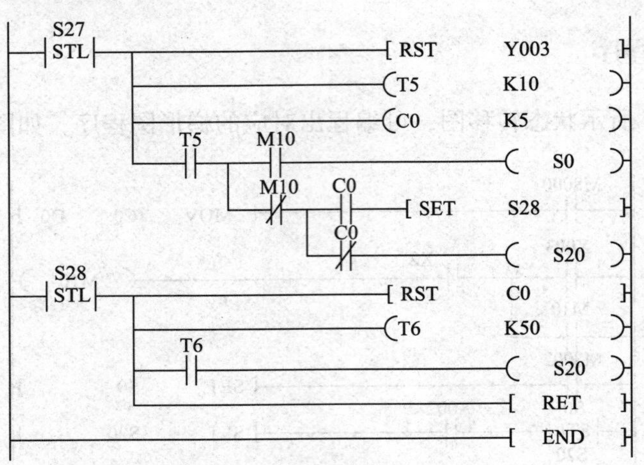

图 26—41　检瓶的梯形图程序

六、语句表程序

由状态转移图可直接写出指令语句表程序，也可由梯形图写出语句表程序如下：

```
0   LD    M8000
1   MOV   C0     D0
6   LD    X003
7   OR    M10
8   ANI   X002
9   OUT   M10
10  LD    M8002
11  SET   S0
13  STL   S0
14  LD    X002
15  SET   S20
17  STL   S20
18  OUT   Y000
19  LDI   X001
20  SET   S21
22  LD    X001
23  AND   M10
24  SET   S31
26  STL   S31
27  OUT   Y000
28  LD    X000
29  OUT   S0
31  STL   S21
32  OUT   Y000
33  LD    X000
34  SET   S22
36  STL   S22
37  SET   Y001
38  OUT   T0     K10
41  LD    T0
42  SET   S23
44  STL   S23
45  SET   Y002
46  OUT   T1     K10
```

```
49  LD   T1
50  SET  S24
52  STL  S24
53  SET  Y003
54  OUT  T2   K10
57  LD   T2
58  SET  S25
60  STL  S25
61  RST  Y002
62  OUT  T3   K10
65  LD   T3
66  SET  S26
68  STL  S26
69  RST  Y001
70  OUT  T4   K10
73  LD   T4
74  SET  S27
76  STL  S27
77  RST  Y003
78  OUT  T5   K10
81  OUT  C0   K5
84  LD   T5
85  MPS
86  AND  M10
87  OUT  S0
89  MPP
90  ANI  M10
91  MPS
92  AND  C0
93  SET  S28
95  MPP
96  ANI  C0
97  OUT  S20
99  STL  S28
100 RST  C0
102 OUT  T6   K50
105 LD   T6
106 OUT  S20
108 RET
109 END
```

七、说明

1．机械手的动作（伸出/缩回、夹紧/放松、右转/左转返回）都是以单作用电磁换向阀控制液压装置来实现的，电磁阀通电机械手可分别作伸出、夹紧或右转的动作，电磁阀断电则机械手就立即被复位，即做缩回、放松、左转返回等动作。因此在程序中机械手的伸出、夹紧或右转的动作要保持的话，就需用 SET 指令使对应输出被保持住，直到需要电磁阀断电时再用 RST 指令使对应输出复位。

2．瓶子在传送带上移动时，先后经过传感器 2 和传感器 1 进行检测。如果瓶子在被传感器 2 检测得出是否合格的信号（即 X1 的状态）并未保持住，等到瓶子移动到传感器 1 的位置时 X1 的信号已经消失，因此为了使 X1 的信号能起作用，程序中增加了 S21 和 S31 两步，可根据 X1 状态的不同而分别进入 S21 或 S31 来等待传感器 1 信号（即 X0 的状态）的到来。

3．本例的程序根据控制要求使用了二重循环的流程。内循环为连续进行五件次品的处理，只要循环次数不到，程序就在 S27 步处返回 S20 继续循环。当五次循环次数到时，即内循环完成后，进入 S28 步进行外循环，此时暂停 5 s，调换次品箱，然后重新进入内循环继续进行检验过程。

理论知识考核模拟试卷

一、判断题（第1题～第40题。将判断结果填入括号中。正确的填"√"，错误的填"×"。每题0.5分，满分20分）

1．消除低频自激振荡最常用的方法是在电路中接入RC校正电路。（　）

2．要求放大电路带负载能力强、输入电阻高，应引入电流串联负反馈。（　）

3．集成运放工作在线性区时，必须加入负反馈。（　）

4．运放组成的积分器，当输入为恒定直流电压时，输出即从初始值起线性变化。（　）

5．把十六进制数26H化为二进制数是00100110。（　）

6．对于任何一个逻辑函数来讲，其逻辑图是唯一的。（　）

7．TTL电路的OC门输出端可以并联使用。（　）

8．CMOS电路的工作速度可与TTL相比较，而它的功耗和抗干扰能力则远优于TTL。（　）

9．集成计数器40192是一个可以置数二—十进制可逆计数器。（　）

10．555定时器组成的单稳态触发器是在TH端加入正脉冲触发的。（　）

11．整流二极管、晶闸管、双向晶闸管及可关断晶闸管均属半控型器件。（　）

12．双向晶闸管的结构与普通晶闸管一样，也是由四层半导体（P1N1P2N2）材料构成的。（　）

13．三相半波可控整流电路带阻性负载时，若触发脉冲（单窄脉冲）加于自然换相点之前，则输出电压波形将出现缺相现象。（　）

14．三相全控桥式整流电路带电阻性负载，当其交流侧的电压有效值为U_2，控制角$\alpha>60°$时，其输出直流电压平均值$U_d=2.34U_2\cos\alpha$。（　）

15．在三相半控桥式整流电路中，要求共阴极组晶闸管的触发脉冲之间的相位差为120°。（　）

16．带平衡电抗器双反星型可控整流电路带电感负载时，任何时刻都有两只晶闸管同时导通。（　）

17．常用的晶体管触发电路按同步信号的形式不同，分为正弦波及锯齿波触发电路。（　）

18. 用TC787集成触发器组成的六路双脉冲触发电路具有低电平有效的脉冲封锁功能。（ ）

19. 在晶闸管组成的直流可逆调速系统中，为使系统正常工作，其最小逆变角β_{min}应选15°。（ ）

20. 三相全控桥式整流电路带电动机负载时，当控制角移到90°以后，即进入逆变工作状态。（ ）

21. 前馈控制系统建立在负反馈基础上按偏差进行控制。（ ）

22. 对积分调节器来说，当输入电压为零时，输出电压保持在输入电压为零瞬间的那个输出值。（ ）

23. 转速电流双闭环系统在电源电压波动时的抗扰作用主要通过转速调节器调节。（ ）

24. 转速电流双闭环调速系统中，转速调节器ASR输出限幅电压决定了晶闸管变流器输出电压最大值。（ ）

25. 在电枢反并联可逆系统中，当电动机反向制动时，正向晶闸管变流器的控制角$\alpha>90°$处于逆变状态。（ ）

26. 逻辑无环流可逆调速系统是通过无环流逻辑装置保证系统在任何时刻都只有一组晶闸管变流器加触发脉冲处于导通工作状态，而另一组晶闸管变流器的触发脉冲被封锁，而处于阻断状态，从而实现无环流。（ ）

27. 在SPWM脉宽调制的逆变器中，改变参考信号（调制波）正弦波的幅值和频率就可以调节逆变器输出基波交流电压的大小和频率。（ ）

28. 电压型逆变器采用大电容滤波，从直流输出端看电源具有低阻抗特性，类似于电压源，逆变器输出电压为矩形波。（ ）

29. 通用变频器的规格指标中最大适配电动机的容量，一般是以六极异步电动机为对象。（ ）

30. 步进电动机是一种把脉冲信号转变成直线位移或角位移的元件。（ ）

31. 继电器控制电路工作时，电路中硬件都处于受控状态，PLC各软继电器都处于周期循环扫描状态，各个软继电器的线圈和它的触点动作并不同时发生。（ ）

32. 可编程序控制器的输出端可直接驱动大容量电磁铁、电磁阀、电动机等大负载。（ ）

33. 可编程序控制器一般由CPU、存储器、输入/输出接口、电源及编程器共五部分组成。（ ）

34. PLC 中主要用于开关量信息的传递、变换及逻辑处理的元件，称为字元件。
（　　）

35. 能流在梯形图中只能做单方向流动，从左向右流动，层次的改变只能先上后下。
（　　）

36. 连续扫描工作方式是 PLC 的一大特点，也可以说 PLC 是“串行”工作的，而继电器控制系统是“并行”工作的。（　　）

37. PLC 机的双向晶闸管输出，适用于要求快速响应的交流负载工作场合。（　　）

38. PLC 步进指令中的每个状态器需具备：驱动有关负载、指定转移目标、指定转移条件三要素。（　　）

39. 在 STL 和 RET 指令之间不能使用 MC/MCR 指令。（　　）

40. 比较指令是将源操作数［S1］和［S2］中数据进行比较，结果驱动目标操作数［D］。（　　）

二、单项选择题（第 1 题～第 120 题。选择一个正确的答案，将相应的字母填入题内的括号中。每题 0.5 分，满分 60 分）

1. 反馈就是把放大电路（　　），通过一定的电路倒送回输入端的过程。

A. 输出量的一部分　　B. 输出量的一部分或全部

C. 输出量的全部　　D. 扰动量

2. 二级共射放大电路的输出端接一电阻到输入端则电路的反馈极性为（　　）。

A. 正反馈　B. 负反馈　C. 无反馈　D. 无法判断

3. 电流负反馈稳定的是（　　）。

A. 输出电压　B. 输出电流　C. 输入电压　D. 输入电流

4. 带有负反馈的差动放大器电路，如果信号从一个管子的基极输入、反馈信号回到另一个管子的基极，则反馈组态为（　　）。

A. 串联负反馈　B. 并联负反馈　C. 电压负反馈　D. 电流负反馈

5. 负反馈对放大电路性能的改善与反馈深度（　　）。

A. 有关　　B. 无关

C. 由串并联形式决定　　D. 由电压电流形式决定

6. 以下关于交流负反馈的说法正确的是（　　）。

A. 能稳定取样对象　　B. 能提高输入电阻

C. 能减少功耗　　D. 能稳定并提高放大倍数

7. 下列运放参数中（　　）数值越小越好。

A. 开环差模放大倍数　　B. 输入电阻

C. 输入偏置电流　　D. 最大共模输入电压

8. 以下关于理想运放概念正确的是（　　）。

A. 运放输入端为差动电路，因此它只能放大直流信号

B. 输入端电流为零，将输入端断开仍能正常工作

C. 两输入端电压相等，因此输入端短接后仍能正常工作

D. 以上判断均不正确

9. 以下集成运算放大器电路中，处于线性工作状态的是（　　）。

A. 同相型滞回比较器　　B. 同相比例放大电路

C. 反相型滞回比较器　　D. 过零电压比较器

10. 运放组成的（　　）电路，其输入电阻接近无穷大。

A. 反相比例放大电路　　B. 同相比例放大电路

C. 积分器　　D. 微分器

11. 积分器在输入（　　）时，输出变化越快。

A. 越大　　B. 越小　　C. 变动越快　　D. 变动越慢

12. 设电平比较器的同相输入端接有参考电平 +2 V，在反相输入端接输入电平 1.9 V 时，输出为（　　）。

A. 负电源电压　　B. 正电源电压　　C. 0 V　　D. 0.1 V

13. 分析数字电路的主要工具是逻辑代数，数字电路又称作（　　）。

A. 逻辑电路　　B. 控制电路　　C. 代数电路　　D. 触发电路

14. 二进制是以 2 为基数的进位数制，一般用字母（　　）表示。

A. H　　B. B　　C. A　　D. O

15. 十六进制数 FFH 转换为十进制数为（　　）。

A. 1515　　B. 225　　C. 255　　D. 256

16. BCD 码就是（　　）。

A. 二—十进制编码　　B. 十进制编码

C. 二进制编码　　D. 奇偶校验码

17. 对于任何一个逻辑函数来讲，其（　　）是唯一的。

A. 真值表　　B. 逻辑图　　C. 函数式　　D. 电路图

18. 若将一个 TTL 异或门（输入端为 A、B）当作反相器使用，则 A、B 端应（　　）连接。

A. A 或 B 有一个接 1　　B. A 或 B 有一个接 0

C. A 和 B 并联使用　　D. 不能实现

19. 已知 TTL 与非门电源电压为 5 V，则其空载输出高电平 U_{OH} =（ ）。

A. 3.6 V　　B. 0 V　　C. 1.4 V　　D. 5 V

20. 门电路的传输特性是指（ ）。

A. 输出端的伏安特性

B. 输入端的伏安特性

C. 输出电压与输入电压之间的关系

D. 输出电流与输入电流之间的关系

21. 可以采用“线与”接法得到与运算的门电路为（ ）。

A. 与门　　B. 或门　　C. 三态门　　D. OC 门

22. CMOS 的门槛电平约为（ ）。

A. 1.4 V　　B. 2.4 V　　C. 电源电压的 1/2　　D. 电源电压的 1/3

23. 组合逻辑门电路在任意时刻的输出状态只取决于该时刻的（ ）。

A. 电压高低　　B. 电流大小　　C. 输入状态　　D. 电路状态

24. 带有控制端的基本译码器可以组成（ ）。

A. 数据分配器　　B. 二进制编码器

C. 数据选择器　　D. 十进制计数器

25. 边沿触发器是接收（ ）的输入信号并在 CP 的边沿翻转的。

A. 边沿前一瞬时　　B. 边沿后一瞬时

C. CP =1 时　　D. CP =0 时

26. 触发器的 Rd 端是（ ）。

A. 高电平直接置零端　　B. 高电平直接置 1 端

C. 低电平直接置零端　　D. 低电平直接置 1 端

27. CC40194 的控制信号 S1 =0，S0 =1 时，它所完成的功能是（ ）。

A. 保持　　B. 并行输入　　C. 左移　　D. 右移

28. 某 JK 触发器，每来一个时钟脉冲就翻转一次，则其 J、K 端的状态应为（ ）。

A. J =1，K =0　　B. J =0，K =1

C. J =0，K =0　　D. J =1，K =1

29. 为了使 555 定时器组成的多谐振荡器停振，可以（ ）。

A. 在 D 端输入 0　　B. 在 USC 端输入 1

C. 在 $\overline{R}$ 端输入 0　　D. 在 R 端输入 1

30. 提高 RC 环形振荡器的振荡频率可采用（ ）。

A．增大电容 C 的容量　　B．减小电容 C 的容量

C．提高直流电源电压　　D．降低直流电源电压

31．晶闸管的关断条件是阳极电流小于管子的（　　）。

A．擎住电流　　B．维持电流　　C．触发电流　　D．关断电流

32．双向晶闸管的额定电流是（　　）。

A．平均值　　B．有效值　　C．瞬时值　　D．最大值

33．晶闸管可控整流电路承受的过电压为（　　）中所列举的这几种。

A．换相过电压、交流侧过电压与直流侧过电压

B．换相过电压、关断过电压与直流侧过电压

C．交流过电压、操作过电压与浪涌过电压

D．换相过电压、操作过电压与交流侧过电压

34．可控整流电路中用快速熔断器对晶闸管进行保护，若快速熔断器的额定电流为 I_{RD}，晶闸管的额定电流为 $I_{T[AV]}$，流过晶闸管电流有效值为 I_T，则应按（　　）的关系来选择快速熔断器。

A．$I_{RD} > I_{T[AV]}$　　B．$I_{RD} < I_{T[AV]}$

C．$I_T < I_{RD} < 1.57\ I_{T[AV]}$　　D．$1.57\ I_{T[AV]} < I_{RD} < I_T$

35．三相半波可控整流电路带大电感负载时，其输出直流电压的波形在（　　）的范围内是连续的。

A．$\alpha < 60°$　　B．$\alpha < 30°$　　C．$0° < \alpha < 90°$　　D．$\alpha > 30°$

36．共阳极接法的三相半波可控整流电路，其自然换相点的位置（　　）。

A．和共阴极接法时相同　　B．和共阴极接法时相差 180°

C．在 $\omega t = 30°$处　　D．在三相电源正半周的交点处

37．三相半波可控整流电路，变压器次级相电压有效值为 100 V，负载中流过的最大电流有效值为 157 A，考虑两倍安全裕量，晶闸管应选择（　　）。

A．KP200－10　　B．KP100－1　　C．KP200－5　　D．KS200－5

38．三相全控桥式整流电路带电阻性负载，当其交流侧的电压有效值为 U_2，控制角 $\alpha \leqslant 60°$时，其输出直流电压平均值 U_d =（　　）。

A．$1.17\ U_2 \cos\alpha$　　B．$0.675\ U_2\ [1 + \cos\ (30° + \alpha)]$

C．$2.34\ U_2\ [1 + \cos\ (60° + \alpha)]$　　D．$2.34\ U_2 \cos\alpha$

39．三相全控桥式整流电路带电阻性负载时其移相范围是（　　）。

A．0～90°　　B．0～120°　　C．0～150°　　D．0～180°

40．三相半控桥带电感性负载时，其移相范围是（　　）。

A. 0~60°　　B. 0~120°　　C. 0~180°　　D. 0~240°

41. 带平衡电抗器的双反星型可控整流电路的输出电压与三相半波可控整流电路相比（　　）。

A. 脉动增大　　B. 脉动减小　　C. 平均值提高　　D. 功率因数降低

42. 锯齿波同步触发电路具有（　　）的脉冲封锁功能。

A. 低电平有效　B. 高电平有效　C. 上升沿有效　D. 下降沿有效

43. GTO 的门极驱动电路中除了开通电路和关断电路外，还包括（　　）。

A. 抗饱和电路　B. 同步电路　C. 反偏电路　D. 缓冲电路

44. 触发电路中脉冲变压器的主要作用是（　　）。

A. 提供脉冲传输的通道

B. 阻抗匹配，降低脉冲电流增大输出电压

C. 电气上隔离

D. 输出多路脉冲滤波以消除静电干扰

45. 晶闸管触发电路输出的触发脉冲波形一般不采用（　　）波形。

A. 矩形脉冲　B. 强触发脉冲　C. 脉冲列　D. 锯齿波

46. 三相全控桥触发电路采用单宽脉冲方案时，触发脉冲的脉宽应在（　　）之间。

A. 30°~60°　B. 60°~120°　C. 120°~180°　D. 30°~120°

47. 实现有源逆变的必要条件之一是晶闸管变流器的控制角 $\alpha>90°$，（　　）。

A. 输出正的直流电压　　B. 输出电压为零

C. 输出负的直流电压　　D. 输出电流为负值

48. 在带平衡电抗器的双反星型可控整流电路中（　　）。

A. 存在直流磁化问题　　B. 不存在直流磁化问题

C. 存在直流磁滞损耗　　D. 不存在交流磁化问题

49. 晶闸管装置常用的过电流保护措施除了直流快速开关、快速熔断器之外，还有（　　）。

A. 压敏电阻　　B. 电流继电器

C. 电流检测和过电流继电器　　D. 阻容吸收

50. 斩波器也可称为（　　）交换。

A. AC/DC　　B. AC/AC　　C. DC/DC　　D. DC/AC

51. 在大功率晶闸管触发电路中，常采用脉冲列式触发器，其目的除了减小触发电源功率、减小脉冲变压器的体积，还能（　　）。

A．减小触发电路元器件数量　　B．省去脉冲形成电路

C．提高脉冲前沿陡度　　D．扩展移相范围

52．调功器通常采用双向晶闸管，触发电路采用（　　）。

A．单结晶体管触发电路　　B．过零触发电路

C．正弦波同步触发电路　　D．锯齿波同步触发脉冲

53．单相交流调压电路带电阻负载时移相范围为（　　）。

A．0～90°　　B．0～120°　　C．0～180°　　D．ϕ～180°

54．变压器存在漏抗是整流电路中换相压降产生的（　　）。

A．结果　　B．原因　　C．过程　　D．特点

55．以下（　　）情况不属于有源逆变。

A．直流可逆拖动系统　　B．晶闸管中频电源

C．绕线异步电动机串级调速系统　　D．高压直流输电

56．整流电路在换流过程中两个相邻相的晶闸管同时导通的时间用电角度表示称为（　　）。

A．导通角　　B．逆变角　　C．换相重叠角　　D．控制角

57．相控整流电路对直流负载来说是一个带内阻的（　　）。

A．直流电源　　B．交流电源　　C．可变直流电源　　D．可变电源

58．KC04锯齿波移相触发电路在每个周期中能输出（　　）脉冲。

A．一个　　B．相隔60°的两个

C．相隔120°的两个　　D．相隔180°的两个

59．常用的晶闸管触发电路按同步信号的形式不同，分为正弦波及（　　）触发电路。

A．梯形波　　B．锯齿波　　C．方波　　D．三角波

60．晶闸管整流电路中“同步”的概念是指（　　）。

A．触发脉冲与主回路电源电压同时到来，同时消失

B．触发脉冲与电源电压频率相等

C．触发脉冲与主回路电源电压在频率和相位上具有相互协调配合的关系

D．控制角大小随电网电压波动而自动调节

61．闭环控制系统中比较元件把（　　）进行比较，求出它们之间的偏差。

A．反馈量与给定量　　B．扰动量与给定量

C．控制量与给定量　　D．输入量与给定量

62．前馈控制系统是（　　）。

A. 按扰动进行控制的开环控制系统

B. 按给定量控制的开环控制系统

C. 闭环控制系统

D. 复合控制系统

63. 当理想空载转速一定时，机械特性越硬，静差率 S（　　）。

A. 越小　　B. 越大　　C. 不变　　D. 可以任意确定

64. 闭环调速系统的静特性是表示闭环系统电动机的（　　）。

A. 电压与电流（或转矩）的动态关系

B. 转速与电流（或转矩）的动态关系

C. 转速与电流（或转矩）的静态关系

D. 电压与电流（或转矩）的静态关系

65. 在转速负反馈系统中，闭环系统的静态转速降减为开环系统静态转速降的（　　）倍。

A. $1+K$　　B. $1+2K$　　C. $1/(1+2K)$　　D. $1/(1+K)$

66. 当输入电压相同时，积分调节器的积分时间常数越大，则输出电压上升斜率（　　）。

A. 越小　　B. 越大　　C. 不变　　D. 可大可小

67. 比例积分调节器的等效放大倍数在静态与动态过程中是（　　）。

A. 基本相同　　B. 无法确定　　C. 相同　　D. 不相同

68. 带正反馈的电平检测器的输入、输出特性具有回环继电特性。回环宽度与 R_f、R_2 的阻值及放大器输出电压幅值有关。R_f 的阻值减小，回环宽度（　　）。

A. 增加　　B. 基本不变　　C. 不变　　D. 减小

69. 转速负反馈调速系统对检测反馈元件和给定电压造成的转速扰动（　　）补偿能力。

A. 没有　　B. 有

C. 对前者有补偿能力，对后者无　　D. 对前者无补偿能力，对后者有

70. 采用 PI 调节器的转速负反馈无静差直流调速系统负载变化时系统（　　），比例调节起主要作用。

A. 调节过程的后期阶段

B. 调节过程的中间阶段和后期阶段

C. 调节过程的开始阶段和中间阶段

D. 调节过程的开始阶段和后期阶段

71. 电压负反馈调速系统对主回路中电阻 R_n 和电枢电阻 R_d 产生电阻压降所引起的转速降（　　）补偿能力。

A. 没有　　B. 有

C. 对前者有补偿能力，对后者无　　D. 对前者无补偿能力，对后者有

72. 在电压负反馈调速系统中加入电流正反馈的作用是当负载电流增加时，晶闸管变流器输出电压（　　），从而使转速降减小，系统的静特性变硬。

A. 减小　　B. 增加　　C. 不变　　D. 微减小

73. 转速、电流双闭环调速系统中，转速调节器的输出电压是（　　）。

A. 系统电流给定电压　　B. 系统转速给定电压

C. 触发器给定电压　　D. 触发器控制电压

74. 转速、电流双闭环直流调速系统中，在突加负载时调节作用主要靠（　　）来消除转速偏差。

A. 电流调节器　　B. 转速调节器

C. 电压调节器　　D. 电压调节器与电流调节器

75. 转速、电流双闭环调速系统中，转速调节器 ASR 输出限幅电压的作用是（　　）。

A. 决定了电动机允许最大电流值

B. 决定了晶闸管变流器输出电压最大值

C. 决定了电动机最高转速

D. 决定了晶闸管变流器输出额定电压

76. 直流电动机工作在电动状态时，电动机的（　　）。

A. 电磁转矩的方向和转速方向相同，将电能变为机械能

B. 电磁转矩的方向和转速方向相同，将机械能变为电能

C. 电磁转矩的方向和转速方向相反，将电能变为机械能

D. 电磁转矩的方向和转速方向相反，将机械能变为电能

77. 电枢反并联可逆调速系统中，当电动机正向制动时，反向组晶闸管变流器处于（　　）。

A. 整流工作状态、控制角 $\alpha<90°$

B. 有源逆变工作状态、控制角 $\alpha>90°$

C. 整流工作状态、控制角 $\alpha>90°$

D. 有源逆变工作状态、控制角 $\alpha<90°$

78. 逻辑无环流可逆调速系统中无环流逻辑装置中应设有零电流及（　　）电平检测器。

A. 延时判断　　B 零电压　　C. 逻辑判断　　D. 转矩极性鉴别

79. 当采用一个电容和两个灯泡组成的相序测试器测定三相交流电源相序时，如电容所接为 A 相，则（　　）。

A. 灯泡亮的一相为 B 相　　B. 灯泡暗的一相为 B 相

C. 灯泡亮的一相为 C 相　　D. 灯泡暗的一相可能为 B 相也可能为 C 相

80. 在转速、电流双闭环调速系统调试中，当转速给定电压为额定给定值，而电动机转速低于所要求的额定值时，应（　　）。

A. 增加转速负反馈电压值

B. 减小转速负反馈电压值

C. 增加转速调节器输出电压限幅值

D. 减小转速调速器输出电压限幅值

81. 带微处理器的全数字调速系统与模拟控制调速系统相比，具有（　　）等特点。

A. 灵活性好、性能好、可靠性高

B. 灵活性差、性能好、可靠性高

C. 性能好、可靠性高、调试及维修复杂

D. 灵活性好、性能好、调试及维修复杂

82. 正弦波脉宽调制（SPWM），通常采用（　　）相交方案，来产生脉冲宽度按正弦波分布的调制波形。

A. 直流参考信号与三角波载波信号

B. 正弦波参考信号与三角波载波信号

C. 正弦波参考信号与锯齿波载波信号

D. 三角波载波信号与锯齿波载波信号

83. 电流型逆变器采用大电感滤波，此时可认为是（　　），逆变器的输出交流电流为矩形波。

A. 内阻抗低的电流源　　B. 输出阻抗高的电流源

C. 内阻抗低的电压源　　D. 内阻抗高的电压源

84. 变频调速所用的 VVVF 型变频器具有（　　）功能。

A. 调压　　B. 调频　　C. 调压与调频　　D. 调功率

85. SPWM 型逆变器的同步调制方式是载波（三角波）的频率与调制波（正弦波）的频率之比（　　），不论输出频率高低，输出电压每半周的输出脉冲数是相同的。

A. 等于常数　　B. 成反比关系　　C. 成平方关系　　D. 不等于常数

86. 交—直—交变频器按输出电压调节方式不同可分为 PAM 与（　　）类型。

A. PYM　　B. PFM　　C. PLM　　D. PWM

87. 变频器所采用的制动方式一般有能耗制动、回馈制动、（　　）等几种。

A. 失电制动　　B. 失速制动　　C. 交流制动　　D. 直流制动

88. 选择通用变频器容量时，（　　）是反映变频器负载能力的最关键参数。

A. 变频器额定容量　　B. 变频器额定输出电流

C. 最大适配电动机的容量　　D. 变频器额定电压

89. 通用变频器的保护功能很多，通常有过电压保护、过电流保护及（　　）等。

A. 电网电压保护　　B. 间接保护

C. 直接保护　　D. 防失速功能保护

90. 三相绕组按 A→B→C→A 通电方式运行称为（　　）。

A. 单相单三拍运行方式　　B. 三相单三拍运行方式

C. 三相双三拍运行方式　　D. 三相六拍运行方式

91. （　　）是 PLC 的输出信号，用来控制外部负载。

A. 输入继电器　　B. 输出继电器

C. 辅助继电器　　D. 计数器

92. （　　）型号代表是 FX 系列基本单元晶体管输出。

A. $FX_{0N}-60MR$　　B. $FX_{2N}-48MT$

C. FX－16EYT－TB　　D. FX－48ET

93. 为了便于分析 PLC 的周期扫描原理，假想在梯形图中有（　　）流动，这就是“能流”。

A. 电压　　B. 电动势　　C. 电流　　D. 反电势

94. PLC 机的（　　）输出是无触点输出，只能用于控制直流负载。

A. 继电器　　B. 双向晶闸管　　C. 晶体管　　D. 二极管输出

95. FX 系列 PLC 内部输出继电器 Y 的编号是（　　）进制的。

A. 二　　B. 八　　C. 十　　D. 十六

96. 在断电保持数据寄存器（　　）中，只要不改写，无论运算或停电，原有数据不变。

A. D0～D49　　B. D50～D99　　C. D100～D199　　D. D200～D511

97. 下列 FX_{2N} 系列 PLC 的编程元件中，（　　）为数据类软元件，基本结构为 16 位存储单元，称为字元件。

A. X　　B. Y　　C. V　　D. S

98. 在同一段程序内，（　　）使用相同的暂存寄存器存储不相同的变量。

A. 不能　　B. 能

C. 根据程序和变量的功能确定　　D. 只要不引起输出矛盾就可以

99. 可编程序控制器的梯形图采用（　　）方式工作。

A. 并行控制　　B. 串并控制　　C. 循环扫描　　D. 连续扫描

100. 有几个并联回路相串联时，应将并联支路多的放在梯形图的（　　），可以节省指令表语言的条数。

A. 左边　　B. 右边　　C. 上方　　D. 下方

101. 在 PLC 梯形图编程中，将并联触点块串联的指令是（　　）。

A. LD　　B. OR　　C. ORB　　D. ANB

102. 在 FX_{2N}系列的下列基本指令中，（　　）指令是不带操作元件的。

A. OR　　B. ORI　　C. ORB　　D. OUT

103. PLC 程序中，END 指令的用途是（　　）。

A. 程序结束，停止运行

B. 指令扫描到端点，有故障

C. 指令扫描到端点，将进行新的扫描

D. 程序结束、停止运行和指令扫描到端点、有故障

104.（　　）为栈操作指令，用于梯形图某接点后存在分支支路的情况。

A. MC MCR　　B. OR ORB　　C. AND ANB　　D. MPS MRD MPP

105. 步进指令 STL 在步进梯形图上是以（　　）的形式来表示的。

A. 步进接点　　B. 状态元件

C. S 元件的常闭触点　　D. S 元件的置位信号

106. 并行性分支的汇合状态由（　　）来驱动。

A. 任一分支的最后状态　　B. 两个分支的最后状态同时

C. 所有分支的最后状态同时　　D. 任意个分支的最后状态同时

107. STL 指令仅对状态元件（　　）有效，对其他元件无效。

A. T　　B. C　　C. M　　D. S

108. 在 STL 指令后，（　　）的双线圈是允许的。

A. 不同时激活　　B. 同时激活

C. 无需激活　　D. 随机激活

109. 在 STL 和 RET 指令之间不能使用（　　）指令。

A. MPS \ MPP　　B. MC \ MCR　　C. RET　　D. SET \ RST

110. 功能指令的格式是由（　　）组成的。

A. 功能编号与操作元件　　B. 助记符和操作元件

C. 标识符与参数　　D. 助记符与参数

111. 功能指令可分为16位指令和32位指令，下列指令中（　　）为32位指令。

A. CMP　　B. MOV　　C. DADD　　D. SUB

112. 功能指令的操作数可分为源操作数和（　　）操作数。

A. 数值　　B. 参数　　C. 目的　　D. 地址

113. FX_{2N}有200多条功能指令，分为（　　）、数据处理和特殊应用等基本类型。

A. 基本指令　　B. 步进指令　　C. 程序控制　　D. 结束指令

114. 比较指令［CMP　K100　C20　M0］中使用了（　　）个辅助继电器。

A. 1个　　B. 2个　　C. 3个　　D. 4个

115. 在梯形图编程中，传送指令MOV功能是（　　）。

A. 源数据内容传送给目标单元，同时将源数据清零

B. 源数据内容传送给目标单元，同时源数据不变

C. 目标数据内容传送给源单元，同时将目标数据清零

D. 目标数据内容传送给源单元，同时目标数据不变

116. 在触点比较指令［= K20 C0］中，当C0当前值为（　　）时，此触点接通。

A. 10　　B. 20　　C. 100　　D. 200

117. 程序设计的步骤为：了解控制系统的要求、编写I/O及内部地址分配表、设计梯形图和（　　）。

A. 程序输入　　B. 制作控制柜

C. 编写程序清单　　D. 程序修改

118. PLC在模拟运行调试中可用计算机进行（　　），若发现问题，可在计算机上立即修改程序。

A. 输入　　B. 输出　　C. 编程　　D. 监控

119. 选择PLC产品要注意的电气特征是（　　）。

A. CPU执行速度和输入输出模块形式

B. 编程方法和输入输出模块形式

C. 容量、速度、输入输出模块形式、编程方法

D. PLC的体积、耗电、处理器和容量

120. 可编程序控制器的接地（　　）。

A. 可以和其他设备公共接地

B. 采用单独接地

C. 可以和其他设备串联接地

D. 不需要接地

三、多项选择题（第1题～第20题。选择正确的答案，将相应的字母填入题内的括号中。每题1分，满分20分）

1. 以下关于电流负反馈说法正确的是（　　）。

A. 把输出电压短路后，如果反馈不存在了，则此反馈是电流反馈

B. 电流负反馈稳定的是输出电流

C. 把输出电压短路后，如果反馈仍存在，则此反馈是电流反馈

D. 电流负反馈稳定的是输入电流

E. 电流负反馈稳定的是输出电压

2. 用运放组成的矩形波发生器一般由（　　）两部分组成。

A. 积分器　　B. 微分器　　C. 比较器

D. 差动放大器　　E. 加法器

3. 下列逻辑代数基本运算关系式中正确的是（　　）。

A. A + A = A　　B. A · A = A　　C. A + 0 = 0

D. A + 1 = 1　　E. A + A = 2A

4. 以下属于组合逻辑电路的有（　　）。

A. 寄存器　　B. 全加器　　C. 译码器

D. 数据选择器　　E. 数字比较器

5. 环形计数器的特点有（　　）。

A. 环形计数器的有效循环中，每个状态只含一个1或0

B. 环形计数器的有效循环中，每个状态只含一个1

C. 环形计数器的有效循环中，每个状态只含一个0

D. 环形计数器中，反馈到移位寄存器的串行输入端Dn－1的信号是取自Q_0

E. 环形计数器中，反馈到移位寄存器的串行输入端Dn的信号是取自Q_0

6. 三相桥式全控整流电路晶闸管应采用（　　）触发。

A. 单窄脉冲　　B. 单宽脉冲　　C. 双窄脉冲

D. 脉冲列　　E. 双宽脉冲

7. 双向晶闸管的触发方式有多种，实际应用中经常采用的触发方式组合有（　　）。

A. Ⅰ + Ⅲ －　　B. Ⅰ + Ⅲ +　　C. Ⅰ － Ⅲ －

D. Ⅰ － Ⅲ +　　E. Ⅰ + Ⅱ －

8. 下列电力电子器件属于全控型器件的是（　　）。

A. SCR　　B. GTO　　C. GTR

D. MOSFET　　E. IGBT

9. 三相半波可控整流电路带大电感负载时，在负载两端（　　）。

A. 必须接续流二极管　　B. 可以接续流二极管　　C. 避免负载中电流断续

D. 防止晶闸管失控　　E. 提高输出电压平均值

10. 晶体管触发电路一般由（　　）等基本环节组成。

A. 同步触发　　B. 同步移相　　C. 脉冲形成

D. 脉冲移相　　E. 脉冲放大输出

11. 转速、电流双闭环调速系统中，转速调节器 ASR、电流调节器 ACR 的输出限幅电压作用不相同，具体来说是（　　）。

A. ASR 输出限幅电压决定了电动机电枢电流最大值

B. ASR 输出限幅电压限制了晶闸管变流器输出电压最大值

C. ACR 输出限幅电压决定了电动机电枢电流最大值

D. ACR 输出限幅电压限制了晶闸管变流器输出电压最大值

E. ASR 输出限幅电压决定了电动机最高转速值

12. 转速、电流双闭环调速系统在突加负载时，转速调节器 ASR 和电流调节器 ACR 两者均参与调节，通过系统调节作用使转速基本不变。系统调节后，（　　）。

A. ASR 输出电压增加　　B. 晶闸管变流器输出电压增加

C. ASR 输出电压减小　　D. 电动机电枢电流增大

E. ACR 输出电压增加

13. 转速、电流双闭环调速系统调试时，一般是先调试电流环，再调试转速环。转速环调试主要包括（　　）。

A. 转速反馈极性判别，接成正反馈

B. 调节转速反馈值整定电动机最高转速

C. 调整转速调节器输出电压限幅值

D. 转速反馈极性判别，接成负反馈

E. 转速调节器 PI 参数调整

14. 可逆直流调速系统对无环流逻辑装置的基本要求是（　　）。

A. 当转矩极性信号（U_{gi}）改变极性时，允许进行逻辑切换

B. 在任何情况下，绝对不允许同时开放正反两组晶闸管触发脉冲

C. 当转矩极性信号（U_{gi}）改变极性时，等到有零电流信号后，才允许进行逻辑切换

D. 检测出“零电流信号”再经过“封锁等待时间”（或“封锁延时时间”）延时后才能封锁原工作组晶闸管触发脉冲

E. 检测出“零电流信号”后封锁原工作组晶闸管触发脉冲

15. SPWM 变频器输出基波电压的大小和频率均由参考信号（调制波）来控制。具体来说，（　　）。

A. 改变参考信号幅值可改变输出基波电压的大小
B. 改变参考信号频率可改变输出基波电压的频率
C. 改变参考信号幅值与频率可改变输出基波电压的大小
D. 改变参考信号幅值与频率可改变输出基波电压的频率
E. 改变参考信号幅值可改变输出基波电压的大小与频率

16. 可编程序控制器的控制技术将向（　　）发展。

A. 机电一体化　　B. 微型化　　C. 多功能网络化
D. 大型化　　E. 液压控制

17. 可编程序控制器的输入继电器（　　）。

A. 可直接驱动负载　　B. 接受外部用户输入信息
C. 不能用程序指令来驱动　　D. 用 X 表示
E. 八进制编号

18. PLC 的输出采用（　　）等方式。

A. 二极管　　B. 晶体管　　C. 双向晶闸管
D. 发光二极管　　E. 继电器

19. 指令执行所需的时间与（　　）有很大关系。

A. 用户程序的长短　　B. 程序监控　　C. 指令的种类
D. CPU 执行速度　　E. 自诊断

20. 定时器可采用（　　）的内容作设定值。

A. 常数 *K*　　B. 变址寄存器 V　　C. 变址寄存器 Z
D. KM　　E. 寄存器 D

理论知识考核模拟试卷答案

一、判断题

1. × 2. × 3. √ 4. √ 5. × 6. × 7. √ 8. √ 9. √ 10. ×
11. × 12. × 13. √ 14. × 15. √ 16. √ 17. √ 18. × 19. ×
20. × 21. × 22. √ 23. × 24. × 25. √ 26. √ 27. √ 28. √
29. × 30. √ 31. √ 32. × 33. √ 34. × 35. √ 36. × 37. √
38. √ 39. √ 40. √

二、单选题

1. B 2. A 3. B 4. A 5. A 6. A 7. C 8. D 9. B
10. B 11. A 12. B 13. A 14. B 15. C 16. A 17. A 18. A
19. A 20. C 21. D 22. C 23. C 24. A 25. A 26. A 27. D
28. D 29. C 30. B 31. B 32. B 33. A 34. C 35. C 36. B
37. C 38. D 39. B 40. C 41. B 42. A 43. C 44. C 45. D
46. B 47. C 48. B 49. C 50. C 51. C 52. B 53. C 54. B
55. B 56. C 57. C 58. D 59. B 60. C 61. A 62. A 63. A
64. C 65. D 66. A 67. D 68. A 69. A 70. C 71. C 72. B
73. A 74. B 75. A 76. A 77. B 78. D 79. A 80. B 81. A
82. B 83. B 84. C 85. A 86. D 87. D 88. B 89. D 90. B
91. B 92. B 93. C 94. C 95. B 96. D 97. C 98. A 99. C
100. A 101. D 102. C 103. C 104. D 105. A 106. C 107. D 108. A
109. B 110. B 111. C 112. C 113. C 114. C 115. B 116. B 117. C
118. D 119. C 120. B

三、多选题

1. BC 2. AC 3. ABD 4. BCDE 5. AD 6. BC 7. AC 8. BCDE
9. BE 10. BCE 11. AD 12. ABDE 13. BCDE 14. BCD 15. AB
16. ABCD 17. BCDE 18. BCE 19. ACD 20. AE

操作技能考核模拟试卷（一）

第1题　继电控制电路测绘、故障排除（25分）

试题单

试题名称：X62W 铣床电气控制线路测绘、故障检查及排除

考核时间：60 min

1. 操作条件

（1）X62W 铣床电气控制鉴定装置一台，专用连接导线若干。

（2）电工常用工具、万用表一套。

2. 操作内容

根据给定的 X62W 铣床电气控制鉴定装置进行如下操作：

（1）对设置有断线故障的部分电路进行测绘，并在附图—1 上画全电路原理图，并标出断线处。

（2）对机床电气控制的工作原理进行分析（抽选一个环节）。

（3）对设有器件故障的鉴定装置描述其故障现象，分析故障原因。

（4）利用工具找出实际故障点，排除故障，恢复设备的正常功能，并向考评员演示或由鉴定装置评定。

3. 操作要求

（1）根据给定的设备和仪器仪表，在规定时间内完成电路测绘、故障检查及排除工作。

（2）将完成测绘的附图—1 交卷后，才可根据电气原理图进行工作原理分析和故障检查、分析、排除操作。

（3）安全生产，文明操作，未经允许擅自通电，造成设备损坏者该项目零分。

答题卷

试题名称：X62W 铣床电气控制线路测绘、故障检查及排除

一、由鉴定装置设定一个测绘区域（其中包含一个断线故障），由考生完成测绘

根据实际装置对附图—1 虚线框中部分进行测绘，标明各外围器件所接的端子号，外围无法测量的器件根据设备端子布置图补全在图中并用虚线框框出。

二、对机床电气的工作原理进行分析（抽选一个环节）

1. 主轴电动机主电路部分。

2. 进给轴电动机主电路部分。

3. 主轴电动机控制电路部分。

4. 进给轴电动机控制电路部分。

工作原理分析：____

____

____

三、对鉴定装置中所设置的器件故障进行检查、分析、并找出故障点

故障现象：____

分析出现故障可能的原因：________________________________

____

____

写出实际故障点：____

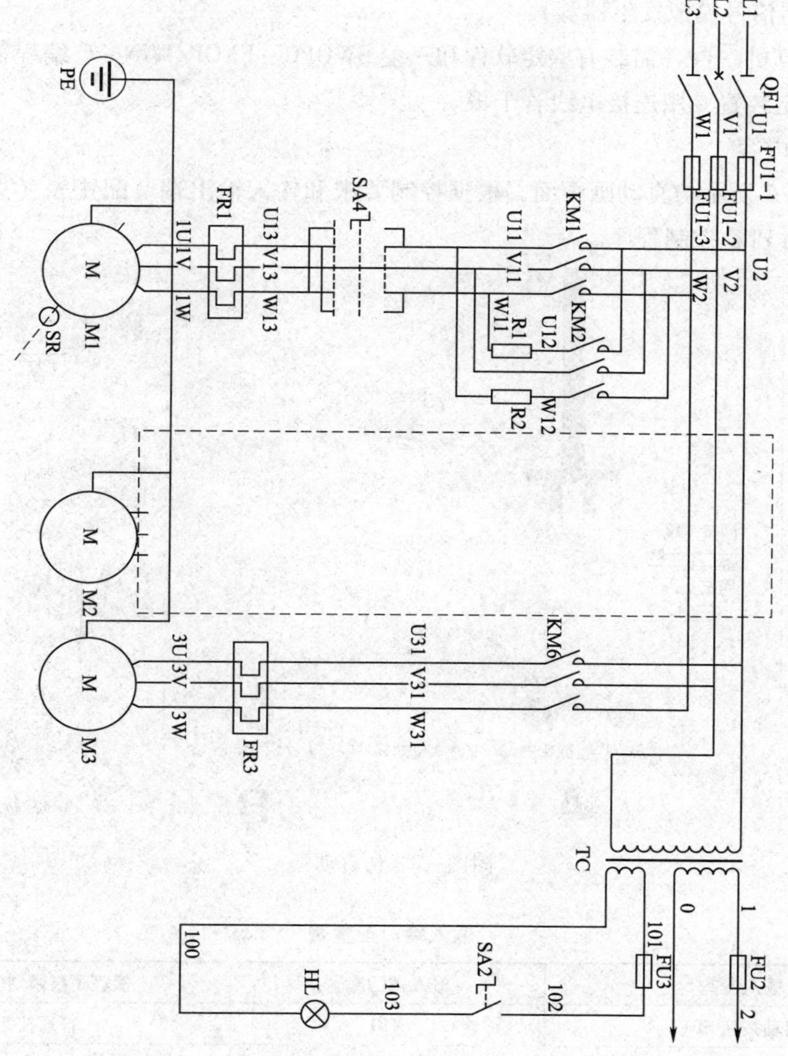

附图—1　X62W 铣床电气控制线路

第 2 题　可编程序控制器应用技术（25 分）

试题单

试题名称：用 PLC 实现机械手自动控制系统

考核时间：60 min

1. 操作条件

（1）鉴定装置一台（需配置 FX_{2N}—48MR 或以上规格的 PLC，主令电器、指示灯、传感器或传感器信号模拟发生器等）。

（2）计算机一台（需装有鉴定软件和三菱 SWOPC－FXGP/WIN－C 编程软件）。

（3）鉴定装置专用连接电线若干根。

2. 操作内容

如附图—2 所示仿真动画画面，根据控制要求和输入输出端口配置表（见附表 1、附表 2）来编制 PLC 控制程序。

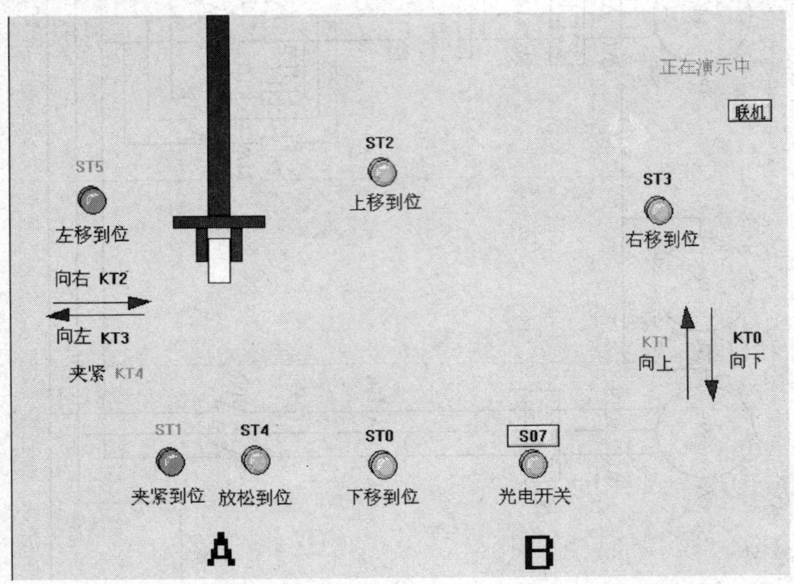

附图—2　仿真动画

附表 1　　输入端口配置表

输入设备	输入端口编号	接鉴定装置对应端口
启动按钮 SB1	X10	普通按钮
停止按钮 SB2	X11	普通按钮
下降到位 ST0	X2	计算机和 PLC 自动连接
夹紧到位 ST1	X3	计算机和 PLC 自动连接
上升到位 ST2	X4	计算机和 PLC 自动连接
右移到位 ST3	X5	计算机和 PLC 自动连接
放松到位 ST4	X6	计算机和 PLC 自动连接
左移到位 ST5	X7	计算机和 PLC 自动连接
光电检测开关 SB8	X0	自锁按钮
循环次数选择按钮 SB9～SB12	X14～X17	自锁按钮

附表 2

输出端口配置表

输出设备	输出端口编号	接鉴定装置对应端口
下降电磁阀 KT0	Y0	计算机和 PLC 自动连接
上升电磁阀 KT1	Y1	计算机和 PLC 自动连接
右移电磁阀 KT2	Y2	计算机和 PLC 自动连接
左移电磁阀 KT3	Y3	计算机和 PLC 自动连接
夹紧电磁阀 KT4	Y4	计算机和 PLC 自动连接

控制要求：

定义原点为左上方所达到的极限位置，其左限位开关闭合，上限位开关闭合，机械手处于放松状态。

搬运过程是机械手把工件从 A 处搬到 B 处。

当工件处于 B 处上方准备下放时，为确保安全，用光电开关检测 B 处有无工件。只有在 B 处无工件时才能发出下放信号。

机械手工作过程：启动机械手下降到 A 处位置→夹紧工件→夹住工件上升到顶端→机械手横向移动到右端，进行光电检测→下降到 B 处位置→机械手放松，把工件放到 B 处→机械手上升到顶端→机械手横向移动返回到左端原点处。

按启动按钮 SB1 后，机械手连续做 N 次循环后自动停止（$N=1\sim9$，可由循环次数选择按钮 SB9 ~ SB12 以 BCD 码设定）；中途按停止按钮 SB2，机械手完成本次循环后停止。

（1）根据控制要求画出控制流程图。

（2）写出梯形图程序或语句表（考生自选其一）。

（3）使用计算机软件进行程序输入。

（4）下载程序并进行调试。

3. 操作要求

（1）画出正确的控制流程图。

（2）写出梯形图程序或语句表（考生自选其一）。

（3）会使用计算机软件进行程序输入。

（4）在鉴定装置上接线，用计算机软件模拟仿真并进行调试；根据考评员要求或鉴定装置自动生成的次数要求，设置循环次数选择按钮，向考评员演示。

（5）安全生产，文明操作，未经允许擅自通电，造成设备损坏者该项目零分。

答题卷

试题名称：用 PLC 实现机械手自动控制系统

一、按工艺要求画出控制流程图

二、写出梯形图程序或语句表

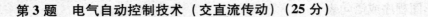

第3题　电气自动控制技术（交直流传动）（25分）

试题单

试题名称：交流变频器五段转速控制

考核时间：60 min

1．操作条件

（1）交流变频调速实训装置（含西门子MM440变频器）一台，专用连接导线若干。

（2）三相交流异步电动机YSJ7124一台（$P_N = 370$ W，$U_N = 380$ V，$I_N = 1.12$ A，$n_N = 1\,400$ r/min，$f_N = 50$ Hz）。

2．操作内容

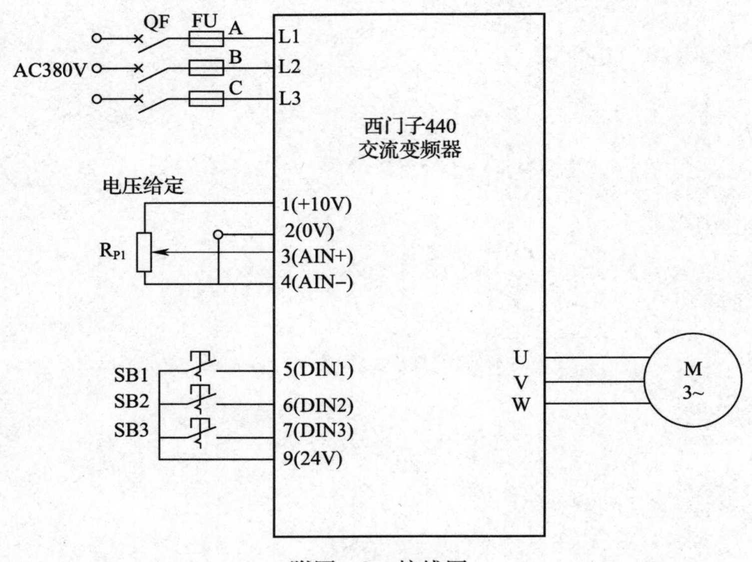

附图—3　接线图

（1）按照如附图—3所示的系统接线图在MM440交流变频调速实训装置上进行接线。

（2）将变频器设置成数字量输入端口操作运行状态，线性V/F控制方式，五段转速控制，五段转速控制运行要求为：上升时间为____s，下降时间为____s；

第一段转速为________r/min；

第二段转速为________r/min；

第三段转速为________r/min；

第四段转速为________r/min；

第五段转速为________r/min。

按以上要求写出变频器设置参数清单。

（3）变频器通电，按以上要求自行设置参数并调试运行，结果向考评员演示。

（4）将变频器设置成数字量输入端口操作及模拟量给定操作运行状态，改变给定电位器，观察转速变化情况，并根据所要求的给定转速（或给定频率），记录此时给定电压为____V，频率为____Hz，转速为____r/min，结果向考评员演示。

（5）画出以上五段速运行的 $n=f(t)$ 曲线图，要求计算有关加减速时间，标明时间坐标和转速坐标值。

（6）按要求在此电路上设置一个故障，考生根据故障现象分析故障原因，并排除故障使系统正常运行。

3．操作要求

（1）根据给定的设备和仪器仪表完成接线、调试、运行及故障分析处理工作，调试过程中一般故障自行解决。

（2）按要求写出变频器设置参数清单。

（3）按要求写出变频器模拟量给定操作运行状态时给定电压与频率、转速。

（4）测量与绘制五段速运行的 $n=f(t)$ 曲线图，要求计算有关加减速时间，标明时间坐标和转速坐标值。

（5）根据故障现象分析故障原因，并排除故障使其运行正常。

（6）安全生产，文明操作，未经允许擅自通电，造成设备损坏者该项目零分。

答题卷

试题名称：交流变频器五段转速控制

设置五段速度运行，上升时间为____s，下降时间为____s。

第一段转速为______r/min，对应的频率为______Hz；

第二段转速为______r/min，对应的频率为______Hz；

第三段转速为______r/min，对应的频率为______Hz；

第四段转速为______r/min，对应的频率为______Hz；

第五段转速为______r/min，对应的频率为______Hz。

一、写出变频器设置参数清单

二、给定电压为____V，频率为____Hz，转速为____r/min

三、画出五段运行的 $n = f(t)$ 曲线图，要求计算有关加减速时间，标明时间坐标和转速坐标

四、排故

1. 记录故障现象

2. 分析故障原因

3. 具体故障点

第4题　电力电子技术（25分）

试题单

试题名称：带电感负载的三相全控桥式整流电路

考核时间：60 min

1. 操作条件

（1）带有三相交流电源的电力电子鉴定装置一台及专用连接导线若干。

（2）配双踪示波器一台。

（3）配电阻—电感负载箱。

2. 操作内容

（1）按附图—4 的要求在电力电子鉴定装置上完成接线工作。

（2）按要求正确选择“单脉冲”或“双脉冲”，调节偏移电压 u_b，确定脉冲的初始相位，然后调节控制电压 u_C，使控制角 α 从 90°到 0°变化，输出直流电压 u_d从 0 到最大值变

化。用示波器观察当控制角 α 变化时，输出直流电压 u_d 的波形。要求输出直流电压 u_d 不缺相，波形整齐，并向考评员演示。

（3）用示波器测量并画出 α = 30°、45°、60°、75°（抽选其中之一，下同）时的输出直流电压 u_d 的波形，晶闸管触发电路功放管集电极电压 u_P 1、2、3、4、5、6 波形，晶闸管两端电压 u_{VT} 1、2、3、4、5、6 波形，及同步电压 u_s a、b、c 波形。

（4）按要求在此电路上设置一个故障，由考生判别故障，说明理由并排除故障。

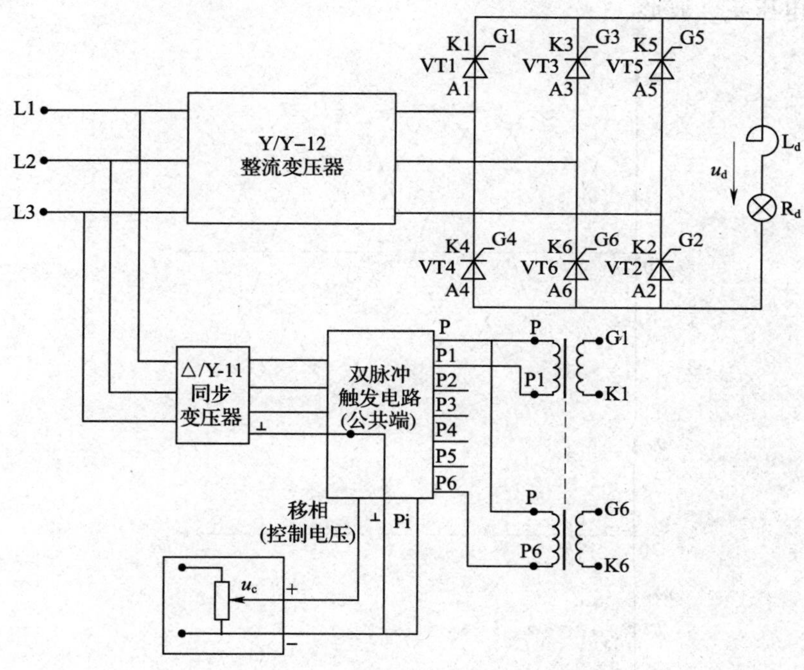

附图—4　带电感负载的三相全控桥式整流电路

3．操作要求

（1）根据给定的设备和仪器仪表，在规定时间内完成接线、调试、测量工作。

（2）调试过程中一般故障自行解决。

（3）接线完成后必须经考评员允许方可通电调试。

（4）安全生产，文明操作，未经允许擅自通电，造成设备损坏者该项目零分。

答题卷

试题名称：带电感负载的三相全控桥式整流电路

一、测量并画出 α = 30°、45°、60°、75°（抽选其中之一，下同）时的输出直流电压 u_d波形，晶闸管触发电路功放管集电极电压 u_P1、2、3、4、5、6 波形，晶闸管两端电压 u_{VT} 1、2、3、4、5、6 波形，同步电压 u_sa、b、c 波形（波形画在附图—5 上）。

1. 在波形图上标齐电源相序，画出输出直流电压 u_d的波形。

2. 晶闸管触发电路功放管集电极电压 u_P__波形。

3. 在波形图上标齐电源相序，画出晶闸管两端电压 u_{VT}__波形。

4. 同步电压 u_s__波形。

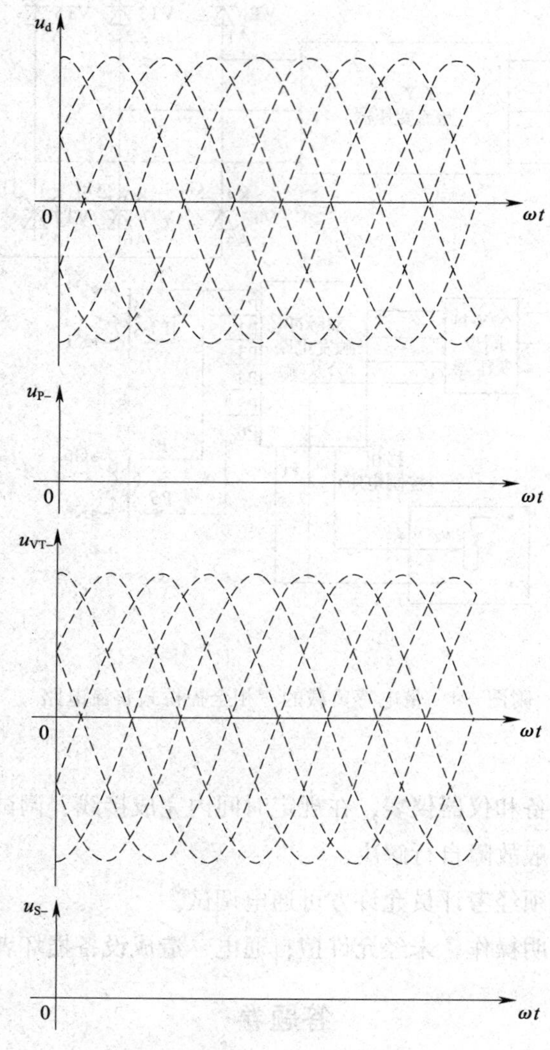

附图—5 波形图

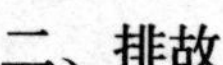

二、排故

1．记录故障现象

2．分析故障原因

3．具体故障点

操作技能考核模拟试卷（二）

第 1 题　继电控制电路测绘、故障排除（25 分）

试题单

试题名称：T68 镗床电气控制线路测绘、故障检查及排除

考核时间：60 min

1．操作条件

（1）T68 镗床电气控制鉴定装置一台，专用连接导线若干。

（2）电工常用工具、万用表一套。

2．操作内容

根据给定的 T68 镗床电气控制鉴定装置进行如下操作：

（1）对设置有断线故障的部分电路进行测绘，并在附图—6 上画全电路原理图，并标出断线处。

（2）对机床电气控制的工作原理进行分析（抽选一个环节）。

（3）对设有器件故障的鉴定装置描述其故障现象，分析故障原因。

（4）利用工具找出实际故障点，排除故障，恢复设备的正常功能，并向考评员演示或由鉴定装置评定。

3．操作要求

（1）根据给定的设备和仪器仪表，在规定时间内完成电路测绘、故障检查及排除工作。

（2）将完成测绘的附图—6 交卷后，才可根据电气原理图进行故障检查、分析、排除操作。

（3）安全生产，文明操作，未经允许擅自通电，造成设备损坏者该项目零分。

答题卷

试题名称：T68 镗床电气控制电路测绘、故障检查及排除

一、由鉴定装置设定一个测绘区域（其中包含一个断线故障），由考生完成测绘

根据实际装置对附图—6 虚线框中部分进行测绘，标明各外围器件所接的端子号（外围无法测量的器件根据设备端子布置图补全在图中并用虚线框框出）。

二、对机床电气的工作原理进行分析（抽选一个环节）

1．主轴电动机主电路部分。

2．主轴电动机控制电路部分。

工作原理分析：____

____

三、对鉴定装置中所设置的器件故障进行检查、分析、并找出故障点

故障现象：____

分析出现故障可能的原因：______________________________

____

写出实际故障点：______________________________________

____

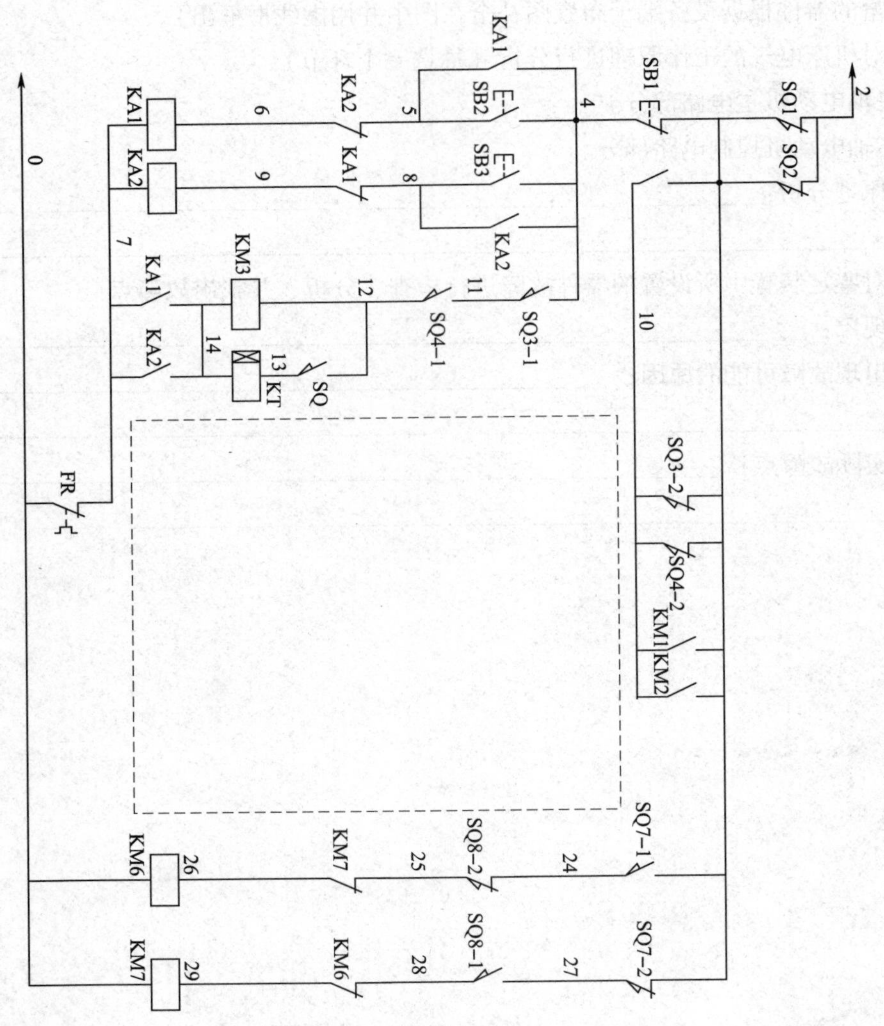

附图—6　T68 镗床电气控制线路

第 2 题　可编程序控制器应用技术（25 分）

试题单

试题名称：用 PLC 实现传送带自动控制系统

考核时间：60 min

1. 操作条件

（1）鉴定装置一台（需配置 FX_{2N}—48MR 或以上规格的 PLC，主令电器、指示灯、传感器或传感器信号模拟发生器等）。

（2）计算机一台（需装有鉴定软件和三菱 SWOPC－FXGP/WIN－C 编程软件）。

（3）鉴定装置专用连接电线若干根。

2. 操作内容

如附图—7 所示仿真动画画面，根据控制要求和输入输出端口配置表（见附表 3、附表 4）来编制 PLC 控制程序。

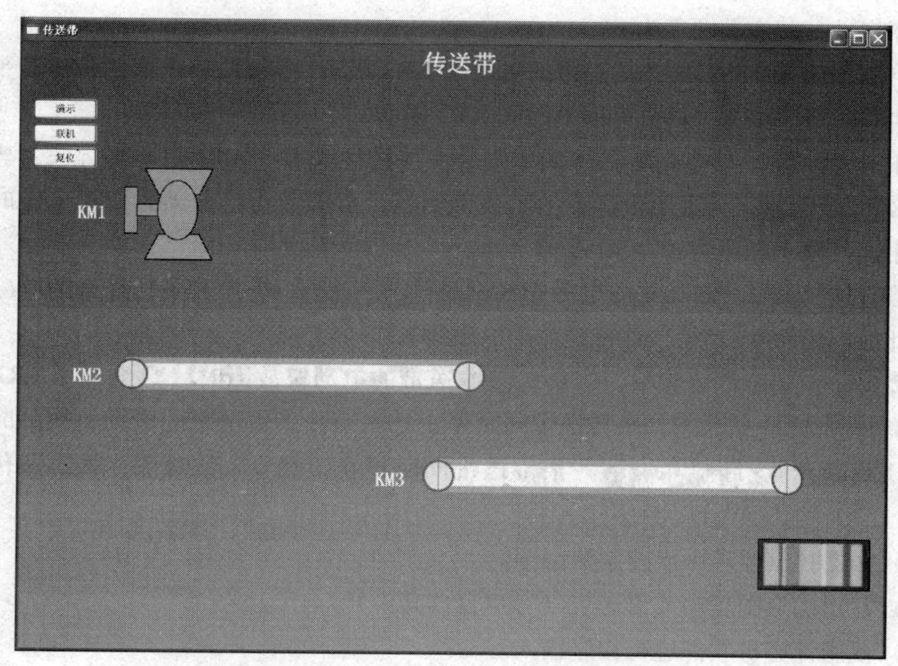

附图—7　仿真动画

附表 3　　　　**输入端口配置表**

输入设备	输入端口编号	接鉴定装置对应端口
启动按钮 SB1	X0	普通按钮
停止按钮 SB2	X1	普通按钮
热继电器 FR1（常闭）	X2	自锁按钮
热继电器 FR2（常闭）	X3	自锁按钮

附表 4　　　　输出端口配置表

输出设备	输出端口编号	接鉴定装置对应端口
电磁阀 KM1	Y0	计算机和 PLC 自动连接
电磁阀 KM2	Y1	计算机和 PLC 自动连接
电磁阀 KM3	Y2	计算机和 PLC 自动连接

控制要求：

启动时，为了避免在后段传送带上造成物料堆积，要求以逆物料流动方向按一定时间间隔顺序启动，其启动顺序为：

按启动按钮 SB1，第二条传送带的电磁阀 KM3 吸合，延时 3 s，第一条传送带的电磁阀 KM2 吸合，延时 3 s，卸料斗的电磁阀 KM1 吸合。

停止时，卸料斗的电磁阀 KM1 尚未吸合，传送带 KM2、KM3 可立即停止，当卸料斗电磁阀 KM1 吸合时，为了使传送带上不残留物料，要求顺物料流动方向按一定时间间隔顺序停止，其停止顺序为：

按停止按钮 SB2，卸料斗的电磁阀 KM1 断开，延时 6 s，第一条传送带的电磁阀 KM2 断开，此后再延时 6 s，第二条传送带的电磁阀 KM3 断开。

故障停止：在正常运转中，当第二条输送带的电动机故障时（热继电器 FR2 触点断开），卸料斗、第一条、第二条传送带同时停止。当第一条传送带的电动机故障时（热继电器 FR1 点断开），卸料斗、第一条传送带同时停止，经 6 s 延时后，第二条传送带再停止。

（1）根据控制要求画出控制流程图。

（2）写出梯形图程序或语句表（考生自选其一）。

（3）使用计算机软件进行程序输入。

（4）下载程序并进行调试。

3．操作要求

（1）画出正确的控制流程图。

（2）写出梯形图程序或语句表（考生自选其一）。

（3）会使用计算机软件进行程序输入。

（4）在鉴定装置上接线，用计算机软件模拟仿真进行调试。

（5）安全生产，文明操作，未经允许擅自通电，造成设备损坏者该项目零分。

答题卷

试题名称：用 PLC 实现传送带自动控制系统

一、按工艺要求画出控制流程图

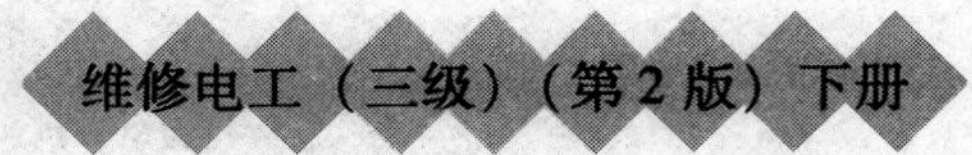

二、写出梯形图程序或语句表

第 3 题　电气自动控制技术（交直流传动）（25 分）

试题单

试题名称：逻辑无环流可逆直流调速控制 2

考核时间：60 min

1. 操作条件

（1）直流调速实训装置（含欧陆 514C 直流调速器）一台，专用连接导线若干。

（2）直流电动机—发电机组一台：Z400/20－220，$P_N=400$ W，$U_N=220$ V，$I_N=3.5$ A，$n_N=2\,000$ r/min；测速发电机：55V/2 000 r/min。

（3）变阻箱一台。

2. 操作内容

（1）按如附图—8 所示接线图在 514C 直流调速实训装置上完成接线，并接入调试测量所需要的电枢电流表、转速表、测速发电机两端电压表及给定电压表等测量仪表。

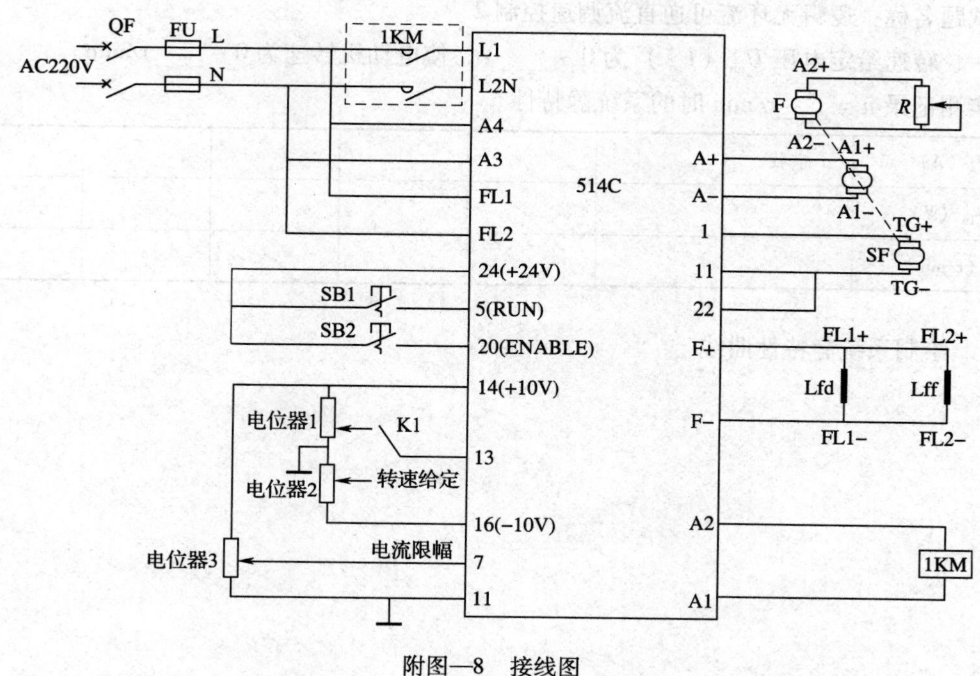

附图—8　接线图

（2）按步骤进行通电调试，要求转速给定电压 U_{gn}（U_n^*）为 0 ~ ____V，调整转速反馈电压，使电动机转速为 0 ~ ____r/min。

（3）当电动机转速为____时改变负载，实测记录电枢电流 I_d、转速 n、测速发电机两

端电压 U_{Tn}，绘制系统静特性曲线。

（4）画出直流可逆调速系统（逻辑无环流可逆直流调速系统）原理图。

（5）按要求在此电路上设置一个故障，考生根据故障现象分析故障原因，并排除故障使系统正常运行。

3．操作要求

（1）根据给定的设备和仪器仪表完成接线、调试、运行及特性测量分析工作，达到考试规定的要求，调试过程中一般故障自行解决。

（2）根据给定的条件测量与绘制静特性曲线。

（3）画出直流可逆调速系统（逻辑无环流可逆直流调速系统）原理图。

（4）根据故障现象分析故障原因，并排除故障使其运行正常。

（5）安全生产，文明操作，未经允许擅自通电，造成设备损坏者该项目零分。

答题卷

试题名称：逻辑无环流可逆直流调速控制2

一、转速给定电压 U_{gn}（U_n^*）为0～____V，使电动机转速为0～____r/min。

实测记录 n = ____r/min时的系统静特性。

I_d（A）	空载						
U_{Tn}（V）							
n（r/min）							

1．绘制系统静特性曲线

2．画出直流可逆调速系统（逻辑无环流可逆直流调速系统）原理图

二、排故

1．故障现象

2．故障原因分析

3．具体故障点

第 4 题　电力电子技术（25 分）

试题单

试题名称：三角波发生器

考核时间：60 min

1．操作条件

（1）电子技术鉴定装置一台，专用连接导线若干。

（2）双踪示波器一台。

（3）万用表一只。

（4）集成运放、电阻、电容等。

2．操作内容

（1）按如附图—9所示接线，首先完成N1电路的接线，在运放N1的输入端（R2前）输入频率为50 Hz、峰值为6 V的正弦波，用双踪示波器测量并同时显示输入电压及u_{o1}的波形，记录传输特性。

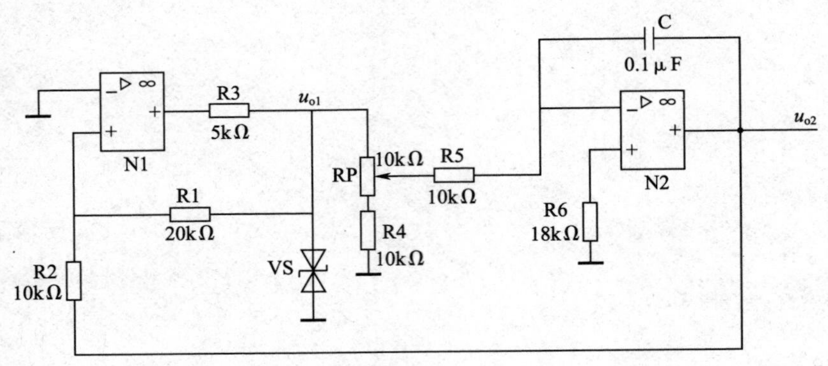

附图—9　三角波发生器

（2）然后完成全部电路的接线，用双踪示波器测量输出电压u_{o1}及u_{o2}的波形，并记录波形，在波形图中标出波形的幅度和三角波电压上升及下降的时间。向考评员演示电路已达到试题要求。

（3）在测量输出电压u_{o2}波形时，调节电位器RP，观察输出电压的波形有何变化，并记录周期调节范围。

（4）按要求在此电路上设置一个故障，由考生用仪器判别故障，说明理由并排除故障。

3．操作要求

（1）根据给定的设备和仪器仪表，在规定时间内完成接线、调试、测量工作。

（2）调试过程中一般故障自行解决。

（3）接线完成后必须经考评员允许方可通电调试。

（4）安全生产，文明操作，未经允许擅自通电，造成设备损坏者该项目零分。

答题卷

试题名称：三角波发生器

一、调试

1．在运放N1的输入端（R2前）输入频率为50 Hz、峰值为6 V的正弦波，用双踪示波器测量并同时显示输入电压及u_{o1}的波形，记录传输特性。

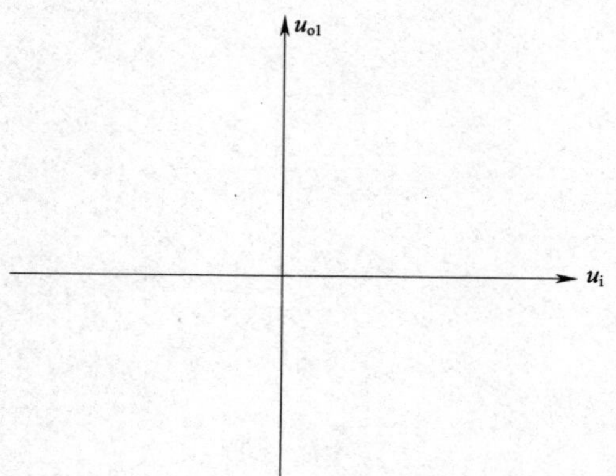

2．用双踪示波器测量输出电压 u_{o1}、u_{o2} 波形，并记录波形，在波形图中标出波形幅度和三角波电压上升及下降的时间。

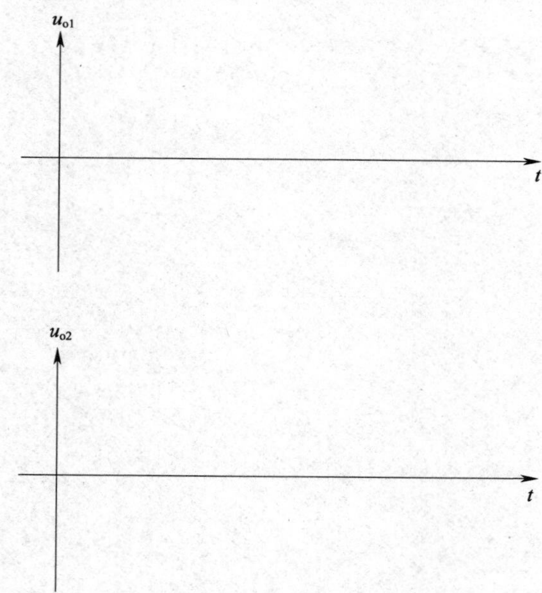

3．在测量输出电压 u_{o2} 波形时，调节电位器 RP，观察输出电压的波形有何变化，记录周期调节范围：$T=$ ______ ~ ______

二、排故

1．记录故障现象

2．分析故障原因

3．具体故障点